西北地区生态风险综合评估

刘引鸽　张俊辉　著

科学出版社

北京

内 容 简 介

本书共分三大部分,第一部分对生态风险的基本理论和研究方法模型进行了详细的阐述;第二部分主要对西北五省(自治区)(陕西、甘肃、新疆、青海、宁夏)生态环境状况进行分析,对生态系统压力状态进行了风险评价;第三部分主要对西北地区生态风险进行综合评估,建立了土地、水资源及城市生态风险评价指标体系和评价模型以及地理信息系统框架,对西北五省(自治区)生态风险进行综合评估和区划,从生态基础本底脆弱性和经济发展不稳定性方面分析了西北地区生态风险的驱动因素,基于情景分析法进行了西北地区生态风险趋势预测,提出了生态环境安全保障措施,为该区域的社会、经济和生态环境建设规划管理提供依据。

本书适合于生态领域大学本科生、研究生和科研人员阅读。

图书在版编目(CIP)数据

西北地区生态风险综合评估 / 刘引鸽,张俊辉著. —北京:科学出版社,2017.9
ISBN 978-7-03-054421-6

Ⅰ. ①西⋯ Ⅱ. ①刘⋯ ②张⋯ Ⅲ. ①区域生态环境–环境生态评价–西北地区 Ⅳ. ①X826

中国版本图书馆 CIP 数据核字(2017)第 221828 号

责任编辑:万 峰 朱海燕 / 责任校对:何艳萍
责任印制:张 伟 / 封面设计:北京图阅盛世文化传媒有限公司

科学出版社出版
北京东黄城根北街 16 号
邮政编码:100717
http://www.sciencep.com

北京教图印刷有限公司 印刷
科学出版社发行 各地新华书店经销
*

2017 年 9 月第 一 版 开本:780×1092 1/16
2018 年 1 月第二次印刷 印张:11 3/4 插页:2
字数:234 000
定价:78.00 元
(如有印装质量问题,我社负责调换)

前　言

随着全球变化进程加快，人类社会赖以生存的地球安全与健康状况及其适应研究成为研究热点，并提高到可持续发展能力建设的高度。在全球变化背景下，生态问题在中国西部地区表现更为突出，严重地制约着社会生态文明的健康发展。国际可持续战略也正在发生从生态应急管理向风险管理的重大转变，重视降低人类社会系统对生态风险的脆弱性，建立安全世界。

风险最早产生于 19 世纪末西方经济学的研究，风险管理于 20 世纪 50 年代在经济学、社会学、管理科学、环境科学和工程设计等领域得到开展研究。环境风险管理于 20 世纪 70 年代各工业国的"零风险"的环境管理逐渐暴露出弱点而产生，并得以开展研究。中国生态风险评估研究起步比较晚，我国于 2004 年将环境风险评估纳入环境影响评价管理范畴，2005 年陆续的重大环境事故发生，对社会经济构成严重威胁，使生态风险评估研究成为目前公共环境管理决策研究关注的热点问题。生态风险评估（价）就是对生命、财产、生计和人类依赖的环境等可能带来潜在威胁或伤害的致灾因子和受体的脆弱性进行分析和评价，进而判定出风险的性质、范围与程度的一种过程；是一个预测人类活动对生态系统结构和功能产生不利影响可能性的过程。目前国内外针对不同的需求开展了生态风险评估的研究与实践，概括而言主要集中在生态风险评估过程与框架研究。最典型的有 1983 年美国国家研究委员会提出了人体健康风险评价的框架，后来联合国环境规划署（UNEP）和 OECD（联合国经济合作与发展组织）从生态安全的可持续发展机理出发，提出了压力–状态–响应（pressure-state-response，PSR）概念框架。现在，针对生态风险研究关注点表现在以经济为核心，环境保护为指导，将生态的直接和间接效应风险评价、脆弱的环境评价与服务价值风险评价结合起来，进行高分辨率的时空生态风险综合评估。目前，我国正在致力于风险应急响应机制的完善，并朝着从应急管理向风险管理的方向转变。

西北地区位于中国内陆，生态环境和社会经济本底脆弱，叠加人类活动对生态环境的剧烈影响，生态压力愈来愈大，生态安全成为一个重要问题。风险是安全的反函数，生态风险小，生态就越安全。因此，根据我国西部的生态实际情况，配合西部开发和生态环境重建战略实施，从全球变化和可持续发展角度出发，通过大量调查，准确分析西北地区生态服务功能、结构特征和演化规律；构建符合西北环境背景的生态风险评价模式；探讨人类干扰和自然环境相互作用下的生态风险形成机制，生态区划方案和生态-生产-管理方式，对提高人类对生态风险的深刻理解能力，加强公共风险管理有重要作用。这些研究不但有利于发展独特的干旱区生态风险评价方法和管理理论体系，更重要的是应用这些理论、方法、规律和结果指导当地的生态环境建设和产业结构调整，为建设具有西部特色的可持续模式提供依据，对促进西北地区经济、社会和生态三者之间和谐发展规划提供科学依据。

本书对西北区域生态环境、生态风险评价的基本理论和方法进行了系统阐述，对西北地区生态系统压力状态进行分析评价，建立了生态风险信息系统框架，综合评价了典型生态系统风险，探讨了西北地区生态风险驱动因素与趋势。

本书共7章。第1章～第3章为基本理论，主要对西北生态环境、地理信息系统在生态风险中的应用进行了介绍，对生态风险评估内涵、评估方法和评估指标体系进行了描述。第4章～第5章主要对西北五省（自治区）生态风险压力进行评价，对土地、水资源及城市生态系统风险进行了综合评估。第6章～第7章主要对生态风险驱动因素进行分析，并进行趋势预测，提出安全保障对策。在写作过程中徐春迪参与了第2章的写作，文彦君参与了第7章的写作。

本书是国家社会科学基金项目"西北地区生态风险综合评估及安全保障研究（08BZZ031）"，陕西省重点实验室项目"渭河流域生态灾害风险变化模式及适应研究（13JS010）"，"陕西省生态风险及脆弱性综合研究（09JS072）"，宝鸡文理学院项目"气候变化背景下区域环境变化模拟及响应研究（ZK16061）"部分内容，并得到这些项目经费和配套经费及自然地理学陕西省重点学科（宝鸡文理学院）经费资助。在撰写和出版过程中，宝鸡文理学院的领导和同事们给予了热情支持，科学出版社万峰编辑付出了辛勤劳动，在此表示衷心感谢！本书写作过程中参考了国内外许多学者的研究成果，对此深表感谢！

限于作者水平，本书在写作过程中的缺点与不足，恳请广大读者包涵和批评指正。

作 者

2016 年 10 月

目　　录

第1章 西北地区生态环境概况

1.1 自然生态环境

西北地区包括陕西、甘肃、宁夏、青海、新疆 5 个省（自治区），见图 1.1 和图 1.2，总面积为 31089.63348 万 hm^2，占全国总面积的 32.39%。西北地区地域辽阔，自然条件复杂，地貌类型多样，难以利用的土地如沙漠、戈壁、裸岩和砾质地等广泛分布，区域气候条件差异显著，降水变率大，恶劣多变的自然条件导致西北地区区域生态环境脆弱，生态承载力相对较低。

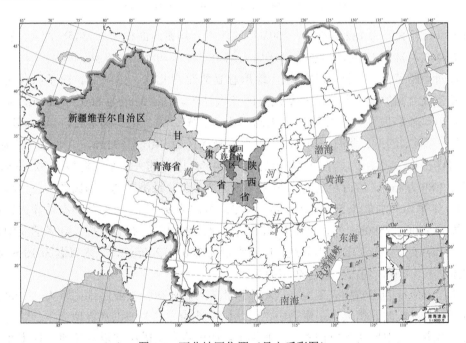

图 1.1 西北地区位置（见文后彩图）

1.1.1 陕西省概况

陕西省地处 105°29′～111°15′E，31°42′～39°35′N 之间的半湿润、半干旱地区，年平均降水量为 340～1240mm，土地面积为 20.58 万 km^2，占国土面积的 2.1%，2008 年耕地面积占全省总面积的 19.68%，林地占 50.31%，草地占 14.89%，水域占 5.11%，未利用土地占 6.24%，居民工矿用地占 3.45%，交通用地占 0.32%。土地利用率高，为 94.4%，农业用地比重大，占 88.5%。陕西人口自然增长率较高，为 4.05%，城市化率为 38.2%，

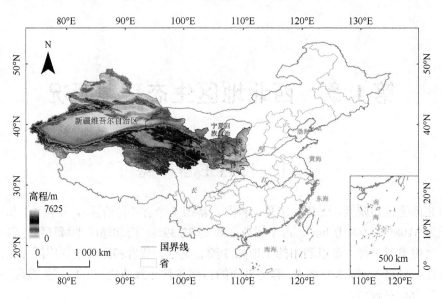

图 1.2 西北地区地形高程图（见文后彩图）

人口密度比较大，为 182 人/km²，2008 年陕西省人均耕地面积为 0.1345hm²/人，农村居民人均纯收入为 3136 元，全省城镇居民人均可支配收入为 12858 元。

陕西地跨黄河、长江两大流域，地形总趋势是南北高、中间低。白子山和秦岭把全省分为陕北高原、关中盆地和秦巴山区三大地区。北部海拔为 800～1200m，地貌类型主要为风沙高原和黄土高原。黄土高原上沟、壑、塬、梁、峁遍布，风沙高原上沙丘起伏，草滩、凹地、湖泊相间分布，年平均降水量为 340～650mm，年平均气温为 6～11℃，面积为 9.3 万 km²，约占陕西省总面积的 45%。中部的关中平原海拔为 325～800m，面积为 3.89 万 km²，约占全省总面积 19%，地势平坦，经济发达，国民经济总值约占全省 2/3，年平均降水量为 500～650mm，年平均气温为 9～14℃。南部的秦岭和大巴山平均海拔为 2000～2500m，秦岭和大巴山之间的汉江谷地中分布着海拔 540 米的汉中和海拔 250 米的安康等若干各大小盆地，年降水量为 700～1240mm，平均气温为 10～16℃，面积为 7.4 万 km²，约占全省总面积的 36%。

陕西省土地利用结构表现为：土地利用率高，为 94.4%，农业用地比重大，占 88.5%。耕地面积关中比陕北稍大，陕南最少，陕北以旱地为主，关中以水浇地为主，陕南以灌溉水田为主。关中地区人口稠密，工业集中。居民点和工矿用地以及交通用地主要分布在关中，占陕西省同类面积的 60% 和 55% 以上，其次是陕北，陕南最少。水域以关中最多，其次是陕南，陕北最少。未利用土地以关中最多，主要分布在秦岭北坡，关中平原未利用土地较少，陕北、陕南未利用土地大体相同。陕西省林地南多北少，牧草地北多南少。陕西省植被类型南北差异十分明显，水平分布自南向北依次为秦巴山地落叶阔叶—常绿阔叶混交林带、渭河谷地和黄土高原南部暖温带落叶阔叶林带、黄土高原北部森林草原带、长城沿线温带草原带。陕西地处南北过渡、东西交汇地带，植物区系成分复杂。截至 2008 年，全省已经建立的自然保护区（点）达 51 个，总面积占全省面积的 5.2%，国家级 10 个，省级 34 个，市级 4 个，县级 3 个。陕西省自然环境本底脆弱，干旱、暴雨洪涝、冰雹、沙尘等气象灾害发生频繁，滑坡、崩塌、泥石流、地面塌陷和地裂缝等地质灾害严重，水土流失、土地沙漠化现象等环境问题突出，对陕西省社会经济发展构成了巨大威胁。

1.1.2　甘肃省概况

甘肃省介于 $32°31′\sim42°57′N$，$92°13′\sim108°46′E$ 之间，地处黄河上游，是西北内陆黄土高原与青藏高原、内蒙古高原的交汇地带，总面积为 45.4 万 km^2，占全国面积的 4.7%，人均 2.27 hm^2。甘肃省地貌复杂多样，有山地、高原、平川、河谷、沙漠和戈壁等类型交错分布，地势自南向东北区倾斜，西南高，东北低，海拔在 1000m 以上，大致可分为甘南高原、陇东和中部黄土高原、陇南山地、祁连山地、走廊北山和河西走廊平原 6 个不同地形区域，山地和高原占甘肃省土地面积的 70% 以上，西北部的大片戈壁和沙漠约占 14.99%。甘南高原和祁连山地，海拔在 3000m 以上，甘南高原是青藏高原的一部分，多草滩、沼泽和湖泊。陇南山地位于甘肃省的东南部，是秦岭山脉的西延部分，地势西高东低，海拔 1800～3500m，山岭、河谷、盆地交错分布，属于长江水系，河流有白龙江和西汉水以及众多支流。陇东，中部黄土高原被南北走向的陇山主峰六盘山分割为陇东和陇西两部分。陇东黄土高原海拔 1200～1800m，陇西黄土高原（也称中部地区）海拔 2000～2500m，被黄河及其支流的大夏河、洮河、祖厉河、渭河、泾河切割成梁峁、丘陵、沟壑等。河西走廊平原位于黄河以西，祁连山与走廊北山之间，海拔 1100～1600m，走廊平原被黄山、黑山、宽滩山分为三大内陆盆地，自东向西分别为武威、永昌、张掖、酒泉、玉门一敦煌盆地。与盆地相对应的是石羊河、黑河、疏勒河三大内陆水系。盆地内水源充足的地区是灌溉绿洲，绿洲外围多为荒漠戈壁。走廊北山在走廊平原以北，由于长期剥蚀，已成为准平原化的剥蚀残山，海拔 1500～2000m，相对高度大都在 100m 以上。

甘肃省身居内陆，地跨北亚热带、暖温带、温带 3 个气候带，空气干燥，气候条件复杂多样，年平均气温 0.3℃～14.8℃，海拔 1500m 以下的地方年平均气温在 8.0℃以上，海拔 2500m 以上的年平均气温低于 4.0℃，年平均降水量在 38～800mm，自东南向西北递减。河西走廊年平均降水量为 37～200mm，祁连山区为 100～500mm，陇中为 200～510mm，陇东为 410～650mm，陇南和甘南年平均降水量为 480～800mm。

甘肃省难以利用土地多，未利用土地 1948.41 万 hm^2，沙漠、戈壁、裸岩、低洼盐碱地、高寒石山、沼泽地等约占甘肃省总面积的 42.9%，山地和丘陵地占甘肃省土地总面积 78.2%，可以进一步开发利用的荒地资源面积为 202 万 hm^2，土地利用率为 57.14%，人均耕地为 0.173 hm^2，虽然高于全国平均水平，但质量差，坡度大于 25° 的耕地为 379.340 万 hm^2。土壤类型多样，有 37 个土类。灌溉水田主要分布在陇南、张掖、白银市，占甘肃省水田的 98.7%。水浇地在甘肃省各地均有分布，主要集中在河西走廊的酒泉、张掖、武威地区和嘉峪关、金昌、白银市，总面积占甘肃水浇地的 74.5%。林地面积为 468.58 万 hm^2，牧草地面积为 1429.94 万 hm^2，水域面积为 70.24 万 hm^2，交通用地面积为 16.82 万 hm^2。旱地主要分布在河西的张掖、酒泉、武威和河东的白银市、天水、陇南、甘南等地区。甘肃省在严酷的自然条件和人类活动的增强作用下，生态环境更加脆弱，表现为植被覆盖率低、水土流失严重、草地退化、土地沙化、盐碱化、大气污染加剧、水环境恶化和自然灾害频繁等问题。

1.1.3 宁夏概况

宁夏回族自治区位于 35°14′~39°23′N，104°17′~109°39′E，居黄河中上游，北为贺兰山，南凭六盘山，黄河纵贯北部全境，总面积为 5.18 万 hm²，引黄灌区占 41%，南部山区占 59%，地势南高北低，北部为宁夏平原，南部为丘陵山地，一般海拔为 1100~2000m。气候南面凉湿，北面暖干，南端六盘山地属于温带半湿润区，南部黄土丘陵属于温带半干旱区，中部山地和山间平原、灵盐台地和北部平原属于温带干旱区。宁夏经济发展层次低，为开放程度较小的少数民族地区。宁夏可分为 3 个农业地理单元：宁夏平原引黄灌区，人口稠密，经济发达；黄土丘陵区，旱作农业为主，水土流失严重，自然灾害频繁，为西北著名贫困区；盐同香山干旱风沙区，地广人稀，以草场牧业为主。宁夏有大小平原 7 个，总面积占自治区总面积的 25.73%，山地面积占自治区总面积的 20.92%，山地海拔一般 1500~3500m，属于中山。宁夏北部的西、北、东三面被腾格里沙漠、乌兰布和沙漠以及毛乌素沙地环绕，境内包括流动沙丘、固定和半固定沙丘、浮沙地、戈壁等，沙漠面积为 12600km²，占自治区总面积的 24.3%。主要分布在中卫县北部、银川平原西部，灵盐陶台地、南山台子和清水河河谷平原北部，以及红寺堡平原西北部等地区。宁夏气候干旱少雨，蒸发强烈、风沙大，自然灾害较多。年平均气温为 4~9℃，六盘山地区为 4~6℃，黄土丘陵区为 6~7℃，中北干旱风沙区和引黄灌区为 8~9℃。年平均降水量固原地区大于 400mm，盐池一带约 300mm，银川平原为 200mm，六盘山、贺兰山南北年平均降水量分别为 680.3mm 和 421.9mm。宁夏年蒸发量为 1330~2803mm，中北部大于南部。宁夏荒地类型有荒草地、盐碱地、天然草场、风沙地、沼泽地、裸露地等。宁夏大部分土壤质地轻，沙土、沙壤土和轻壤土的面积占总土壤面积的 81.23%，有机质含量低，有机质含量<1.5%的土壤面积占总土壤面积的 85%。土地利用分 5 个区：宁夏平原灌溉农业工业区，灌溉农业发达，城镇化水平高，土壤盐渍化较重，水域面积较大；六盘山林牧农区，森林较多，草场丰富；西海固会同丘陵农林牧区，垦殖率高，以旱作农业为主，水土流失严重；贺兰山林矿区，宁夏天然林蓄积量最大和矿产集中地区，浅山草场退化严重；宁中山地与山间平原牧农矿区，土地利用率低，林业比重小，天然草场面积大，土地沙化与草场退化严重，农牧业生产极不稳定。林地及草地是宁夏主要自然植被，占宁夏自然植被面积的 59.5%。宁夏生态环境问题突出表现为水土流失严重、土地沙化、土壤盐渍化、自然灾害、环境污染等问题。

1.1.4 青海概况

青海位于青藏高原的东北部，31°39′~39°19′N，89°35′~103°04′E 之间。东西长约 1200km，南北宽约 800km，总面积为 72.23 万 km²，其中，平地占 30.1%，丘陵占 18.7%，山地占 51.2%，水域占 1.7%；海拔在 3000m 以下的面积占 26.3%，海拔为 3000~5000m

的面积占 67%，海拔在 5000m 以上的面积占 5%。青海地形多样，分带性显著。北依祁连山地，西为柴达木盆地，东跨黄土高原，南为青藏高原。海拔最高点（昆仑山主峰布喀达坂峰）为 6860m，最低点（民和县下川口湟水出省境处）为 1650m。海拔超过 3000m 的高原、山地面积占省区总面积的 4/5 以上。地势具有西南高、北东低与南北高、中部低和山地多、平原少的组合特征。青海气候干寒，年均气温介于 -5.9～8.7℃，其中，年均气温 -2℃ 等值线以下的多年冻土区分布面积约 33.32 万 km²。降水时空差异大，年均降水量介于 16～750mm，全省降水量多年平均值约为 285.6mm。

青海地形复杂，植被类多样，以草甸植被为主，其次为荒漠植被和草原植被，森林植被很少。冰川、戈壁、沙漠、风蚀残丘、石山、雪山等面积占全省面积的 30%。现有天然草地面积 3645 万 hm²，占全省面积的 50.5%，可利用草地面积为 3162.3 万 hm²，占全省面积的 43.8%。森林资源少，覆盖率低，森林面积为 317.2 万 hm²，森林覆盖率仅为 4.4%。境内有湿地面积 412.6 万 hm²，荒漠化面积 1916.6 万 hm²。截至 2008 年年底，已建成省级以上自然保护区 11 处，保护区面积占全省面积的 30.21%。青海耕地主要分布于东部地区，青海湖盆地、玉树、果洛地区也有少量分布，全省耕地中水浇地占 28%，旱地占 71%，林地主要分布在祁连山东段的东南部，柴达木盆地的东部也有少量分布，有一定面积水域，其中，湖泊水面较大，江河湖泊水域面积为 135.1 万 hm²，相当于青海省耕地面积的 1.6 倍。青海土地利用分 5 个区：东部山地农林牧渔区、海南牧农林渔区、海北牧农林区、柴达木盆地农牧渔工矿区、青南高原牧林区。由于受高寒环境的影响，青海广大地区不利于农作物和树木的生长，但能生长发育天然牧草，草原面积大，形成了以牧业发展为主的格局。青海土地资源总特点是土地面较大，质量差，平均生产率偏低，土地类型多样，土地高寒干旱，太阳辐射强烈。

青海土地利用空间变化大，农业生产有明显高原特色，有 85% 的地区在海拔 3000m 以上，95% 的土地不能发展农业，耕地大部分在海拔为 1800～3200m 的宜农地带，主要分布在柴达木盆地、东部农业区和青南高原局部地区，属于春作区，春种秋收，一年一熟，以春小麦、青稞为主，水果、蔬菜类仅分布在河湟谷地的局部地区。全省耕地复种指数为 80%，东部热量较好的河谷复种指数较高，山区耕作粗放，每年有 10% 的轮歇地。全省戈壁、沙滩、寒漠地、冰川与永久积雪、盐滩、风蚀劣地面积发达，这些地表没有植物，或植物非常稀少，土地面积为 3038.4 万 hm²，占全省面积的 42%。

青海省地域辽阔，人口稀少、密度小，但是，由于自然环境的独特性和社会经济快速发展，给生态环境造成了很大压力，主要表现为水土流失、植被破坏、大气污染、废水、固体污染等问题。

1.1.5　新疆概况

新疆地处 73°21′～96°25′E，34°15′～49°10′N 之间，跨经度 23° 以上，东西长 1900km，南北长 1500km，面积为 166.04 万 km²，占全国面积的 1/6，地貌格局是三山夹两盆。2008 年耕地为 412.46 万 hm²，可利用草地为 4800.68 万 hm²，未利用土地为 10216.51 万 hm²。气候干旱，属于大陆性温带干旱气候区，年平均降水量为

200mm，北疆年降水量为 100～300mm，南疆年降水量为 10～100mm，年蒸发量为 2000～4000mm，北疆 12 月至翌年 1 月多阴雾天气，南疆 4～7 月多浮尘天气。南疆地处暖温带，年平均气温为 10～15℃，月最低气温为-5℃，月最高气温为 28℃；北疆为中温带，年平均气温为 5～8℃，月最低气温为-15℃，月最高气温为 25℃。全疆多年平均降水量为 145mm，蒸发量为 2000～2500mm，干燥度在 4～16。北疆西北部、东疆和南疆东部多大风地区，塔里木盆地 7 级以上大风日数一般为 30 天，北疆和东疆大部分地区在 20 天以下。新疆主要受西风带大气的影响，大气中含水分的气流经过远距离输送，到达新疆已经干燥，西来气流在新疆西部高耸的帕米尔高原西侧受到阻挡，分成南北两路，南路气流影响中国东部，北路气流向北翻越天山向东影响新疆。这些气流自西向东流动影响北疆，经过吐鲁番盆地，自东北向西南进入南疆地区。在这种大气和地貌影响下，新疆出现的大气降水北疆比南疆多。新疆上空全年有 12000 多亿吨水汽运行，这些水汽中 80%向东流入甘肃、青海和蒙古国，只有 20%左右的水汽，即 2400 亿 t 水汽以雨、雪形式降落在新疆各地，其中，33%补给河流，7.5%补给冰川，扣除蒸发，新疆的河流从自然降水，山区地下水和冰川补给，共得到 900 亿 m^3，200 亿 m^3 流出中国。2008 年主要湖泊博斯腾湖、乌伦古湖、赛里木湖、艾比湖流域面积分别为 972 km^2、736 km^2、454 km^2、898 km^2，河流流域总面积为 88588 km^2，总长度为 4467 km，年总径流量为 139.07 亿 m^3。冰川面积总计 23020 km^2，冰川储量 21349 亿 m^3，冰川年融水量 198.50 亿 m^3。水资源总量 863.807 亿 m^3，地表水资源量 816.67 亿 m^3，地下水资源量 514.17 亿 m^3。

新疆土地中，流动、半流动、固定沙丘（地）、戈壁、盐漠、无植被生长的裸地等荒漠土地 79 万 km^2，占新疆土地总面积的 48%；绿洲耕地、林地、草地、水域、人类生活居住或工业区等非荒漠土地 86 万 km^2，占新疆土地面积的 52%，非荒漠土地中有绝大部分山区，适合人类生存的绿洲面积仅有约 8 万 km^2，占新疆土地总面积的 5%。因此，新疆可供人类利用的土地面积十分有限。新疆农用地面积占新疆土地总面积的 38.08%。北疆东南区包括乌鲁木齐、昌吉回族自治州、石河子市和克拉玛依市，城镇密集、工矿业集中，农业发达，人口多，农用地为 734.28 万 hm^2。东南部的吐鲁番、哈密，气候极端干旱，水资源短缺，适宜棉花、园艺作物生长，矿产丰富，农用地为 523.23 万 hm^2，是棉花和瓜果生产基地。南疆东北部包括巴音郭楞蒙古自治州和阿克苏地区，有丰富水资源和后备土地资源，农用地为 1526.47 万 hm^2，土地利用上以农、木、园艺和石油工业为主。南疆西南区，包括克孜勒苏柯尔克孜自治州和喀什地区、和田地区，属于温带干旱气候，人多地少，风沙危害严重，农用地为 1043.013 万 hm^2，以农业、园艺畜牧业为主。新疆森林覆盖率为 2.94%，天然草地总面积为 5130.14 万 hm^2，可利用草地面积为 4800.68 万 hm^2。新疆天然草地的理论载畜量为 3224.86 万只羊单位，羊单位理论占有草地面积为 1.49 hm^2。活立木总蓄积量为 31419.68 万 m^3，林地蓄积量为 28039.68 万 m^3，灌溉绿洲面积为 5.87 万 km^2，占新疆土地面积的 3.54%，灌溉用水来自各大山系的冰川和积雪。随着经济快速发展和叠加人类活动影响，新疆生态环境问题突出，主要表现为河流流程缩短、河水咸化、土壤盐渍化、土地肥力下降、生物资源破坏、物种减少、土地沙化集中、环境污染日益严重。

1.2 西北发展与环境问题

进入 21 世纪后西北五省（自治区）经济继续保持高速增长，2008 年国内生产总值（GDP）达 16290.8 亿元，占全国 GDP 的 5%，五省（自治区）对全国 GDP 的贡献率分别为 2.27、1.05、0.36、0.30、1.39，五省（自治区）总计贡献率为 5.41%。西北平均第一产业、第二产业、第三产业所占比例为 12.78%、52.02%、35.22%，第一、第二产业分别比全国高 1.48% 和 3.42%，第三产业比全国平均低 4.88%。

2008 年西北五省（自治区）人口总共为 9693 万，占全国人口的 7.29%，全国平均人口密度为 138.33 人/km²，西北地区平均人口密度为 31.17 人/km²，但分布不均衡，陕西省、甘肃、宁夏、青海、新疆人口密度分别为 182.80 人/km²、57.83 人/km²、93.08 人/km²、7.72 人/km²、12.80 人/km²，人口出生率分别为 10.29‰、13.22‰、14.31‰、14.49‰、16.05‰，除陕西省外，其他省比全国平均 12.14‰高。自然增长率分别为 4.08‰、6.54‰、9.69‰、8.35‰、11.17‰，除陕西省外，其他省比全国平均 5.08‰高。

2008 年西北五省（自治区）城市化率分别为 42.1‰、32.15‰、44.97‰、40.8‰、39.64%。西北平均地方财政收入总计 1383.9 亿元，占全国的 4.83%，居民消费价格指数平均为 108.26，比全国高 2.36，城镇居民平均可支配收入为 11966.2 元，比全国低 3814.8 元，农民纯收入平均为 3221.16 元，比全国低 1539.44 元。农林牧生产总产值总计为 3643.3 亿元，占全国的 6.28%，国际旅游人数为 174.5 万，只占全国的 1.34%，外汇收入为 174.5 亿元，占全国的 2.02%。虽然西北地区环境保护总投资力度在不断加大，城市空气质量也在不断改善，但西部经济的快速发展、自然环境的脆弱性、土地利用不合理、水土流失、沙漠化、水资源短缺、自然灾害强度增加，以及大气、水土污染仍然比较严重，成为西北地区面对的主要环境问题。

参 考 文 献

甘肃省统计局，国家统计局甘肃省调查总队. 2009. 甘肃统计年鉴 2004-2009. 北京：中国统计出版社
刘纪远，岳天祥，鞠洪波，等. 2006. 中国西部生态环境系统综合评估. 北京：气象出版社
宁夏统计局，国家统计局青海调查总队. 2009. 宁夏统计年鉴 2004-2009. 北京：中国统计出版社
青海省统计局，国家统计局青海调查总队. 2009. 青海统计年鉴 2004-2009. 北京：中国统计出版社
陕西省统计局，国家统计局甘肃省调查总队. 2009. 陕西统计年鉴 2004-2009. 北京：中国统计出版社
新疆统计局，国家统计局新疆调查总队. 2009. 新疆统计年鉴 2004-2009. 北京：中国统计出版社

第 2 章 西北地区生态风险评估理论与方法

2.1 生态风险评估内涵

生态风险评价是风险学与经济学、社会学、生态学、环境科学、地学等多种学科相互交叉的边缘学科。风险概念最早产生于 19 世纪末西方经济学的研究中，于 20 世纪 70 年代各工业国"零风险"的环境管理逐渐暴露出弱点而产生并得以开展研究。通常风险（risk）被定义为一个不理想事件发生的概率及其导致的可能严重后果。所谓生态风险（ecological risk）指的是生态子系统中的各种自然资源衰竭、资源生产能力下降、生态环境污染和退化给社会和生产造成的短期和长期不利影响（损失）和不确定性。也就是指一定区域内，具有不确定的事件或灾害对生态系统及其组分、生态系统结构和功能可能产生损伤作用，从而威胁生态系统的安全和健康。也反映了生态灾难和生态毁坏，以及生产系统和项目因受到污染和经济活动过程中的破坏而不能正常运转的概率和规模。美国最早于 20 世纪 70 年代开始生态风险评价工作的研究，1983 年美国国家研究委员会提出了人类生态健康风险评价，1992 年美国环境保护局（EPA）提出用于支持环境决策的生态风险评价理论。接着世界卫生组织（WHO）、美国国家环境保护局（USEPA）、欧洲共同体（EC）、联合国经济合作与发展组织（OECD）进行合作，将人类和环境融为一体，提出生态风险形成的综合影响因素，认为风险是由物理因子（由于人类活动导致的生物栖息地的丧失或减少等）、生物因子（物种入侵）、环境因子（大气污染、水污染）、自然灾害等共同作用造成的。联合国环境规划署（UNEP）和联合国经济合作开发署（联合国经济合作与发展组织）进一步从生态安全的可持续发展机理出发，提出了压力-状态-响应概念框架。Barnthous 和 Suter 等提出了选择终点，定性和定量描述风险源和环境效应，评估暴露的区域生态风险评价等研究步骤。还有许多学者采用不同的实验方法对土壤、河流水质和大气污染进行风险评价研究，初步形成了生态风险评价理论和方法体系。生态风险评价为政府部门提供不同的管理决策依据，可以用于指导生态脆弱区重大项目的生态风险防范管理。

中国生态风险研究起步比较晚，20 世纪 90 年代得到关注与研究。2005 年陆续的重大环境事故发生，重大自然灾害频繁，生态风险成为我国发展的一大障碍，对社会经济构成严重威胁，使生态风险研究成为目前关注的重大问题。目前国内外的生态风险研究主要集中于国家和区域尺度上广泛内涵理论实践研究。生态风险评价是目前学术界研究的热点问题之一，多数研究主要集中在化学物质的生态风险评价上，以及区域景观的生态风险评价的探索。

　　生态风险研究必须进行研究区的界定和分析。"区域"是指在空间上伸展的非同质性的地理区。区域生态风险评价是利用环境学、生态学、地理学、生物学等多学科的综合知识，采用数学、统计学等风险分析手段，以及遥感、GIS 等先进的空间分析技术，在区域尺度上描述和评估区域的环境污染、人为活动或自然灾害对生态系统及其组分产生不利作用的可能性和大小的过程，目的在于为区域风险管理提供理论和技术支持。因此，在进行区域生态风险研究之前，首先必须对所要研究的区域有所认识和了解，根据研究目的和可能的干扰及终点，恰当而准确地界定研究区的边界范围和时间范围，并对区域中的社会、经济和自然环境状况进行分析和研究。只有熟知评价区域的这些基本情况，生态风险研究才能顺利进行，研究结果也才更具有可信性。

　　生态风险包括 3 个要素，风险源、受体暴露、生态终点。也就是说生态风险是 3 个要素的函数，即 $ER = f(R, E, V)$，这三要素的变化影响生态风险发生的频率、强度和程度。

　　风险源（stressors）又称压力或干扰，指可能对生态系统产生不利影响的一种或多种化学的、物理的或其他的风险来源，如气象、水文、地质等方面的自然灾害、污染物、生境破坏、物种入侵以及严重干扰生态系统的人类活动。不同区域生态环境中生态风险源发生的强度、频率和影响程度是不同的。首先要对风险源进行分析，包括对区域内的风险源进行识别、分析和度量。风险源大体可分为自然源和人为源两类。自然生态风险源就是以自然变异为主造成的危害生态系统结构与功能的事件或现象。人为生态风险源是指导致危害或严重干扰生态系统的人为活动。自然源包括气象、地质、水文灾害、生物病虫害等，人为风险源包括大气污染、土壤污染、水污染、过度围垦、水土流失、城镇化、流域大型工程建设威胁性影响等。风险源强度取决于区域所面临的可能风险压力。

　　受体暴露（receptors）即风险承受者，指风险评价中生态系统可能受到来自风险源不利作用的组成部分，它可能是生物体、非生物体、生态系统不同组建层次子系统。区域生态包括多个类型生态系统，如农田生态系统、森林生态系统、草原生态系统、水域生态系统和城市生态系统等，而不同生态系统在区域整体的生态功能方面发挥的作用存在差异，对生态风险源的暴露影响是不同的。风险受体的暴露度反映面临风险源的压力潜在可能发生风险的大小。

　　生态终点（ecological end points）即风险表征。指在具有不确定性的风险源作用下，风险受体可能受到的损害，以及由此发生的区域生态系统结构和功能的损伤。生态学中，从个体、群落到生态系统水平上不同组织尺度的可能生态终点不同。风险效应值反映生态系统及其组分对当前风险源强的响应，从反映自然生态系统和社会经济-人类复合生态系统的功能性角度考虑，可选取土地、水质、植被、源强等级距离指数，以及 GDP、人口密度等指标。

　　生态风险评价基于两种因素，即后果特征和暴露特征，是在大量的基础数据和生态环境调查，试验研究和评价模型的论证以及评价方法的研究基础上进行的，是一个复杂过程。但为了使生态风险评价便于应用和操作，一般在风险评价过程中进行必要简化。

2.2　区域生态风险特征

生态风险除了具有一般意义上"风险"的涵义外,还具有如下特点。

(1) 不确定性。区域生态系统具有各种风险和造成风险的危害是不确定的。人们事先难以准确预料危害性事件是否会发生,以及发生的时间、地点、强度和范围。只能通过这些事件以前发生的概率信息去推断和预测生态系统所具有的风险类型和大小。不确定性还表现在灾害或事故发生之前对风险已经有一定的了解,而不是完全未知。如果某一种灾害以前从未被认知,评价者就无法对其进行分析,也就无法推断它将要给某一生态系统带来何种风险了,因此,风险是随机性的,具有不确定性。

(2) 危害性。区域生态风险评价所关注的事件是灾害性事件,危害性是指这些事件发生后的作用效果对风险承受者(这里指生态系统及其组分)具有的负面影响。这些影响将有可能导致生态系统结构和功能的损伤,生态系统演替过程的中断或改变,生物多样性的减少等。虽然某些事件发生以后对生态系统或其组分可能具有有利的作用,但是,进行生态风险评价时将不考虑这些正面的影响。

(3) 内在价值性(健康和完整性)。区域生态风险评价的目的是评价具有危害和不确定性事件对生态系统及其组分可能造成的影响,在分析和表征生态风险时应体现生态系统自身的价值和功能。这一点与通常经济学上的风险评价和自然灾害风险评价不同,在这些评价中,通常将风险用经济损失来表示,但针对生态系统所做的生态风险评价是不可以将风险值用简单的物质或经济损失来表示的。虽然生态系统中物质的流失会给人们造成经济损失,但生态系统更重要的价值在于其本身的健康、安全和完整。因此,分析和表征生态风险一定要与生态系统自身的结构和功能相结合,以生态系统的内在价值为依据。

(4) 客观性。任何生态系统都不可能是封闭的和静止不变的,它必然会受诸多具有不确定性和危害性因素的影响,也就必然存在风险。由于生态风险对于生态系统来说是客观存在的,所以,人们在进行区域开发建设等活动,尤其是涉及影响生态系统结构和功能活动的时候,对生态风险要有充分的认识,在进行生态风险评价时也要有科学严谨的态度。

(5) 整体性和空间异质性。区域生态风险评价的受体和风险源在区域内存在空间异质性,即不同风险源在整个区域内的风险强度范围不同,同一风险源对区域内不同类型的生态系统以及相同类型不同区位的生态系统的危害结果不同。例如,基于 RS 和 GIS 技术将区域尺度的空间范围分解成小尺度的空间单元,首先评价每个空间单元上的生态风险,再将评价结果表达在区域尺度上,实现区域生态风险整体评价。

综合生态风险区域特征,结合西北地区生态环境特点和实际研究需要,构建出西北地区生态风险评价思路框架(图 2.1)。

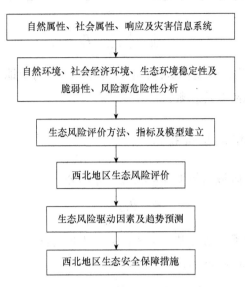

图 2.1 西北地区生态风险综合评价流程框图

2.3 生态风险评估方法及模型

目前，生态风险评价方法还处于探索与实践阶段，本研究借鉴已有的研究方法和模型，结合西北地区的实际情况，对数据进行筛选和处理，采用以下方法和模型进行西北地区生态风险评估研究。

2.3.1 综合指数评价法

1. 综合指数法

综合指数法是目前常用的估算生态风险大小的方法，此方法能够体现生态系统整体性、综合性和层次性。通过确定不同风险源指标的权重，进行求和可以计算出生态风险综合指数，利用自然断点确定风险等级。生态风险综合指数计算公式如下：

$$ER = \sum_{i=1}^{n} A_i \times W_i \tag{2.1}$$

式中，ER 为生态风险综合指数；A_i 为各生态风险指标标准化值；W_i 为生态风险评价指标权重；n 为指标个数。

2. 土地利用结构指数法

生态风险评价中，土地利用生态风险是最重要的风险。由于土地利用类型分类较多，影响程度判断难度较大，因此，可以利用各种类型土地面积比重，构造土地利用结构生态风险指数（ecorisk index，ERI），计算公式为

$$I_{ER} = \sum_{i=1}^{n} \frac{S_i}{S} \times P_i \qquad (2.2)$$

式中，I_{ER} 为土地利用生态风险指数；i 为土地类型；S_i 为土地类型面积；S 为总面积；P_i 不同类型土地生态风险强度指数。

3. 耕地垦殖指数和植被覆盖指数

耕地垦殖指数反映区域内耕地开垦状况，计算公式为

$$U = \frac{S}{L} \times 100\% \qquad (2.3)$$

式中，U 是耕地垦殖指数；S 是耕地面积；L 为土地总面积。

植被覆盖指数反映区域内植被状况。计算公式为：

$$C = \frac{F + G}{L} \times 100\% \qquad (2.4)$$

式中，C 是植被覆盖指数；F 为林地面积；G 为草地面积；L 为土地总面积。

2.3.2　基于景观结构生态风险评价方法

1. 景观综合指数法

景观格局特征解释综合性生态影响的程度和范围，可以准确显示出各种生态影响的空间分布和梯度变化特征，使空间分析手段成为可能。景观生态学中的景观生态指数可以定量化描述景观结构、功能和变化与土地资源利用的关系。土地资源退化也必然导致区域景观结构和功能的失调或退化。斑块-廊道-基质是景观的基本结构，其结构、功能、稳定性和抗干扰能力等直接影响到土地资源生态安全状态。景观格局及其变化是自然和人为多种因素相互作用所产生的一定区域生态环境体系的综合反映，因此，对某区域景观空间格局的研究，是揭示该区域土地生态状况及空间变异的有效手段。景观生态学注重空间的异质性和空间格局的研究，已有研究提出了不同的定量判别指标，如景观的多样性指数、均匀度、优势度、分离度、生境破碎化指数等，为土地景观空间格局的分析奠定了基础。

在分析土地状态变化的基础上，基于景观格局可以构造不同景观损失指数和综合风险指数作为区域景观生态风险评价指标，并利用空间分析方法对风险指数进行变量空间化，通过对生态风险指数采样结果进行半方差分析和空间插值，揭示区域土地利用格局的生态风险。

（1）根据生态风险与景观格局之间的经验关系，构建景观生态风险综合指数，将每一单元格网内生态风险的程度用格网内景观结构类型的生态环境指数和脆弱度指数表示，计算公式为

$$\mathrm{EIR} = \sum_{i=1}^{n} \frac{A_{ki}}{A_k}(10 \times E_i \times F_{ri}) \qquad (2.5)$$

式中，EIR 为生态风险指数；n 为景观类型数量；A_{ki} 为第 k 个小区 i 类景观组分的面积；A_k 为第 k 个小区的总面积；E_i 为生态环境指数；F_{ri} 为脆弱性指数。

（2）根据景观组分的面积比重，考虑不同景观类型对不同生态风险的抵抗能力差异，以及各种景观要素对于改善区域生态环境质量的作用不同，构建景观生态风险指数，计算公式为

$$E = \sum_{i=1}^{N}\sum_{j=1}^{M} \beta_{ij} P_{ij} \qquad (2.6)$$

式中，E 为景观生态风险指数；β_{ij} 为景观组分 i 受到第 j 种风险干扰的损失度，表明不同景观组分相对不同风险干扰的相对脆弱性；P_{ij} 为第 j 种风险在第 i 种组分的发生概率。

研究景观生态系统受到外界干扰的损失情况时，要充分考虑生态风险在不同地区的作用强度和方式的差异，也要考虑各种景观要素类型的抵抗力。景观要素的抵抗力是由气候因子、地质条件、地面属性和社会经济特征决定的，如水文状况、植被、土壤、地形、降水、气温、人口、交通等，表现为该景观要素在某种生态风险影响下的生态功能的退化或对人类社会经济的支撑能力下降。因此，在某种景观类型上发生生态风险的损失度为该种景观要素在样区内的面积比重，该种景观要素对于某种生态风险源的脆弱度，以及在样区或区域内的生态功能重要性的函数，计算公式为

$$\beta = \frac{S}{S_L} E_i \cdot F_j \qquad (2.7)$$

式中，S 为样区内该种景观类型的面积；S_L 为样区中各种景观要素类型的总面积；F 为景观生态功能指数；E 为景观生态脆弱度；E_i 是描述景观组分 i 在外界风险作用下偏离其稳定状态或遭受巨大破坏的难易程度的指标，跟各种景观生态风险与景观组分之间的作用方式以及景观组分自身属性密切相关。了解各种生态风险对景观组分作用方式，根据景观组分在其作用下发生逆向变化的容易程度评分，最后归一化处理，可得其脆弱性相对权重，即为其景观生态脆弱度指数。

（3）景观多样性指数是描述斑块类型的多少和各类型在空间上分布的均匀程度，即表征景观中斑块的复杂性、类型的齐全程度或多样性状况。计算公式为

$$D = -\sum_{i=1}^{n} P_i \log_2(P_i) \qquad (2.8)$$

式中，P_i 为第 i 种土地利用类型占总面积的比；n 为研究区的土地利用类型的总数。

（4）景观破碎度指数度表示景观的破碎化程度。反映景观空间结构的复杂性，采用单位面积上的斑块数表示，计算公式为

$$\mathrm{SN}_i = \sum_{i=1}^{N} N_i \Big/ A_i \qquad (2.9)$$

式中，SN_i 为第 i 类景观破碎化指数；A_i 为第 i 类面积；N_i 为第 i 类斑块个数。

（5）景观分离度 S_i：指某一景观类型中不同斑块数个体分布的分离度，公式为

$$S_i = \frac{D_{ij}}{A_{ij}} \qquad (2.10)$$

式中，S_i 为景观类型 i 的分离度；D_{ij} 为景观类型 i 的距离指数；A_{ij} 为景观类型 i 的面积指数。

对于土地利用来说，景观指数反映了土地利用类型的结构构成和空间配置的特征，应用景观指数能定量地描述景观格局，可以对区域土地利用的物理风险进行比较，研究它们的结构、功能和过程的异同。一般来说，多样性指数增加，说明景观的异质性程度在增加，而景观类型的比例差异略有减小，表现在耕地、林地、草地面积减少，水域、城镇用地面积增大，使得区域多样性指数增大。土地利用破碎度增加说明区域土地利用的破碎化程度随时间不断增加。从破碎度看，耕地、草地和未利用地的破碎度在增加，林地、水域、未利用地破碎度有所降低，城镇破碎度基本不变。说明，在城市化的作用下，原城镇周边的土地类型，如耕地、坡地、林地等被大量占用，未利用地被开发，原来分散的村庄、城镇彼此相连，变得集中起来。而原先大片的耕地、草地、林地、水域等由于城镇的分割而越来越分散，土地利用趋于破碎化。土地利用指数、耕地垦殖指数、植被覆盖指数、多样性及优势度指数越大，风险程度越小。

2. 空间分析方法

区域生态风险指数本身是一种空间变量，空间分析方法是利用统计学方法进行空间特征分析，充分考虑到空间变量的空间变化特征（相关性和随机性），并以变异函数作为工具，来研究空间变量的有关问题。变异函数的主要参数有块金方差（nugget variance）、基台值（Sill）、变程（Range）、分维数（Fractal dimension）、块金方差与基台值之比和各向异性，用这些参数定量地描述各要素的空间异质性程度、组成、尺度和格局的特征，用半变异函数来衡量其在空间上的变化规律，即空间各向同性和空间异质性。最主要的 3 个参数中，块金值代表一种由非采样间距所造成的变异；变程值反映了空间变异特性，在变程值以外，生态风险具有空间独立性，在变程值以内，是空间非独立的；基台值是指在不同采样间距中存在的半方差极大值。半方差函数计算公式为

$$Y(h) = \frac{1}{2N(h)} \sum_{i=1}^{N(h)} \left[Z(x+h) - Z(x) \right]^2 \qquad (2.11)$$

式中，$Y(h)$ 是样本距为 h 的半方差；$N(h)$ 是间距为 h 的样本总个数；$Z(x)$ 为位置 x 处的数值；$Z(x+h)$ 是在距离为 $x+h$ 处的数值。半方差函数一般有 3 个主要参数：块金值、变程和基台值。

2.3.3　信息扩散理论生态灾害风险评价方法

信息扩散就是为了弥补信息不足而考虑优化利用样本模糊信息的一种对样本进行集值化的模糊数学处理方法。该方法可以将一个有观测值的样本变成一个模糊集，即将单值样本变成集值样本。主要用于对灾害生态风险进行评价。

首先采用简单的正态扩散模型，把观测值样本 y 依正态函数 $f(u_i)$ 将其信息扩散给 u_i 中的所有点，公式如下：

$$f(u_i) = \frac{1}{\eta\sqrt{2\pi}}\exp\left[-\frac{(y-u_i)}{2\eta^2}\right] \tag{2.12}$$

式中，η 为扩散系数；则单值样本 y 变成了一个以 $\mu_y(u_i)$ 为隶属函数的模糊集 y^*。相应模糊子集的隶属函数公式如下：

$$\mu_{y_j}(u_i) = \frac{f_j(u_i)}{\sum\limits_{i=1}^{n} f_j(u_i)} \tag{2.13}$$

求得它们的归一化信息分布 $\mu_{y_j}(u_i)$，则样本落在 u_i 处的概率值计算公式如下：

$$p(u_i) = \frac{\sum\limits_{j=1}^{m}\mu_{y_j}(u_i)}{\sum\limits_{i=1}^{n}\sum\limits_{j=1}^{m}\mu_{y_j}(u_i)} \tag{2.14}$$

式中，m 为样本个数；n 为论域个数；$p(u_i)$ 为频率估计值。

设 X 为灾害损失指标，则超越 X 的频率分布定义为灾害风险，取 X 为 u_i 中的某一元素，显然，超越 u_i 的概率值计算公式如下：

$$P(u_i) = \sum\limits_{k=1}^{n} p(u_k) \tag{2.15}$$

$P(u_i)$ 就是我们所要求的风险估计值。

一般将灾害指数论域取为 $U = \{u_1, u_2, u_3, \cdots, u_{51}\} = \{0, 0.02, 0.04, \cdots, 1\}$，即估算出生态灾害风险值，即灾害风险发生概率值。

2.3.4　生态风险综合测度方法

用风险度可以描述事件产生风险的大小，通常风险事件的概率分布越分散，即实际结果偏离期望值的概率越大，标准差越大，其风险也越大。

设在某风险事件的综合评价中有 n 个样方，$x_0(k)$ 为第 k 个样方中的指标变量（标准化值），$x_i(k)$ 为第 k 个样方中第 i 个风险因子的标准化值（$k = 1, 2, \cdots, n$；$i = 1, 2, \cdots, m$）。

若 $x_i(k)$ 与 $x_0(k)$ 之间呈负相关,即风险变量值的增加引起指标变量减少而产生损失性风险,则有如下评价模型:

$$ER1_i = \frac{1}{n-1}\sum_{k=2}^{n}\left(1 - \frac{\Delta_{\min} + \theta \cdot \Delta_{\max}}{\Delta_{xoj}(k) + \theta \cdot \Delta_{\max}}\right) \tag{2.16}$$

其中, $\Delta_{xoj}(k) = \left| x_o(k) - x_j(k) \right|$;

$$\Delta_{\min} = \min_{j}\min_{k}\left| x_o(k) - x_j(k) \right|$$

$$\Delta_{\max} = \max_{j}\max_{k}\left| x_o(k) - x_j(k) \right|$$

θ 为模型参数, $(0 \leqslant \theta \leqslant 1)$,一般计算为 0.163。

对于指标与因素呈正相关的风险评价模型如下:

$$ER2_i = \sqrt{\frac{1}{n}\sum_{k=1}^{n}\left[x_j(k)/x_o(k) \right]^2} \tag{2.17}$$

单因素生态风险评价是以某个因素所产生的风险变化或影响的程度来评价效益或效果。生态风险测度综合评价是在单因素生态风险评价的基础上对各因素的生态风险强度进行加权求和,公式如下:

$$ER = \sum\left(\alpha\sum_{i=1}^{n}ER_i + \beta\sum_{i=1}^{n}ER_i + \gamma\sum_{i=1}^{n}ER_i + \cdots\right) \tag{2.18}$$

式中,ER 为综合风险强度; $\sum_{i=1}^{n}ER_i$ 为某因素中各生态风险因子的求和; α , β , γ … 为个单因素生态风险的权重。

2.3.5 生态风险评价概念模型和决策模型

1. 生态风险评价的概念模型

目前生态风险评价方法模型还处在实践和探索阶段,由于生态系统的复杂性,已有研究针对不同对象和研究目的提出了不同的研究思路,具有代表性的生态风险评价概念模型和步骤归纳为 4 个方面。

(1) USEPA(1998)采用的问题形成、风险阶段和风险表征;

(2) Louks(1985)提出的危害评价、暴露评价、受体分析和风险表征;

(3) Suter et al(1999)提出的选择终点,定性和定量描述风险源,鉴别和描述环境效应;

(4) 殷浩文(1995)提出源分析、受体评价、暴露风险、危害评价、风险表征的步骤。

(5) 联合国环境规划署(UNEP)和经济合作与发展规划等部门反映可持续发展机理的概念框架——压力–状态–响应框架。

本研究根据此框架构建西北地区压力–状态–响应风险评价模型框架(图 2.2)。

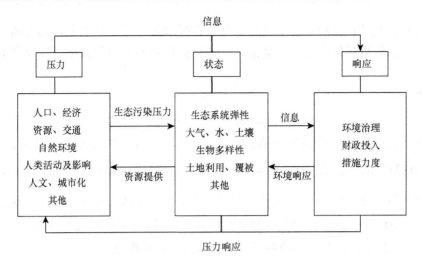

图 2.2　西北生态压力-状态-响应风险评价模型框架

2. 生态风险决策模型

生态风险决策模型为生态风险控制与防范对策措施服务，为区域经济发展中资源管理与优化利用等风险问题的解决提供了一些新的定量模型。

生态风险决策模型是通过概率分布所计算的风险函数的期望值进行风险决策的，该决策法是以多种状态下风险函数 $P(H, P(x))$ 值的平均值来确定的，即

$$r(\sigma) = E_\theta[\rho(0, \sigma(x)] \tag{2.19}$$

随机变量的决策方法是以风险值最小为所对应的决策法则是最佳决策法则。

（1）以风险指数和整体损失性测度最小，资源恢复性测度最大为其最佳决策模型计算方法如下：

$$\text{ERP} = P(W \geqslant S) = P\{x_i \in M\}, \quad M \in \{W > S\} \tag{2.20}$$

其中，ERP 为生态风险指数；W 为总需水量；S 为水资源的承载能力；x_i 为水资源利用 i 时刻状态；M 为缺水状态。

$$\alpha = \sum_{j=1}^{n} p_j \upsilon_j \tag{2.21}$$

式中，α 为损失性测度；n 为缺水的总次数；p_j 为缺水的发生概率；υ_j 为损失程度。

$$\beta = \frac{p\{x_i \in B, x_{i-1} \in M\}}{p(x_{i-1} \in M)} \tag{2.22}$$

式中，B 为正常用水状态；$B \in \{W \leqslant S\}$，$S \in \{M < N\}$；其余变量同上。

可靠性指数计算公式如下：

$$\gamma = 1 - \text{ERP} \tag{2.23}$$

（2）生态风险决策的多目标模型。

生态系统是一个复杂系统，涉及的目标因素较多，生态风险决策分析中，往往面

临多个目标、决策，需要从几个备选方案中选择最优方案，由于多目标之间量纲的不可公度性，需要将目标矩阵元素规范化，多目标决策问题中的目标，以建模效益型目标为例。

设其目标为

$$f_{ijk} = g_{ijk}/g_{max} \ (1 \leqslant i \leqslant m, 1 \leqslant j \leqslant n) \tag{2.24}$$

式中，g_{ijk} 与 g_{max} 为第 i 个方案中第 j 个状态下第 k 个目标的结果值与最大值。

并设规范化后的决策目标矩阵为 $A = (f_{ijk})$ $(1 \leqslant i \leqslant m, 1 \leqslant j \leqslant n, 1 \leqslant k \leqslant l)$；目标间的加权向量为 $W = (w_1, w_2, \cdots, w_l)^T$；令 W 满足标准化条件 $W^T W = 1$；并规定各分量 $w_i(i = 1, 2, \cdots, l)$ 有下限值 ε_i，即权向量的分量满足条件 $w_i \geqslant \varepsilon_i (i = 1, 2, \cdots, l)$

根据加权法可知，各方案的期望评价目标值计算公式如下：

$$E_i(w) = \sum_{j=1}^{n} P_{ij} \sum_{i=1}^{m} f_{ijk} w_i \ (i = 1, 2, \cdots, m, j = 1, 2, \cdots, n) \tag{2.25}$$

式中，P_{ij} 为第 i 个备选方案中第 j 个状态的概率。

评价目标向量记 $E(w)$

则

$$E(w) = (E_1(w), E_2(w), \cdots, E_m(w))^T$$

一般元素 $E_i(w)$ 值越大，相应的方案 i 越优先。由此可得最大化多目标决策模型如下：

$$\max E(w) = \max \left\{ E_1(w), E_2(w), \cdots, E_m(w) \right\}$$

$$\text{st} \begin{cases} w^T w = 1 \\ w_i \geqslant \varepsilon_i \ (i = 1, 2, \cdots, m) \end{cases} \tag{2.26}$$

若设 $\tilde{E}_i$ 是以下单目标决策的最优值，则上述多目决策模型的求解可化为如下等价的单目标优化求解：

$$miR(W) = \sum_{i=1}^{m} (E_i(W) - \tilde{E}_i)^2 \tag{2.27}$$

$$\text{st} \begin{cases} W^T W = 1 \\ W_i \geqslant \varepsilon_i \ (i = 1, 2, \cdots, m) \end{cases}$$

2.3.6　灾害生态风险评价模型

考虑灾害生态风险的组成结构，采用层次分析法建立灾害生态风险指数模型：

$$EDR = H \cdot E \cdot V \cdot R \tag{2.28}$$

其中，
$$H = w_{H_1} x_{H_1} + w_{H_2} x_{H_2} + w_{H_3} x_{H_3} + \cdots + w_{H_n} x_{H_n}$$

$$E = w_{E_1} x_{E_1} + w_{E_2} x_{E_2} + w_{E_3} x_{E_3} + \cdots + w_{E_m} x_{E_m}$$

$$V = w_{V_1} x_{V_1} + w_{V_2} x_{V_2} + w_{V_3} x_{V_3} + \cdots + w_{V_K} x_{V_K}$$

$$R = w_{R_1} x_{R_1} + w_{R_2} x_{R_2} + w_{R_3} x_{R_3} + \cdots + w_{R_l} x_{R_l}$$

式中，EDR 是灾害生态风险指数，用于表示灾害生态风险程度，其值越大，则灾害生态风险程度越大；H、E、V、R 的值相应地表示危险性、暴露性、脆弱性和防灾减灾能力因子指数；x_i 为第 i 个指标量化后的值；w_i 为第 i 个指标的权重，表示各指标对形成灾害生态风险的主要因子的相对重要性。指标权重确定采用变异函数计算。

2.3.7　马尔可夫预测法

马尔可夫预测法是一种适用于生态环境和风险源都具有一定范围的随机变动性的预测方法，可用该方法预测人类活动影响的土地利用变化趋势带来的风险。马尔可夫概率模型为

$$P_{ij} = A_{ij} / A_i \qquad P_{ij} = 1，\quad P_{ij} \geqslant 0 \qquad \pi_1 = \pi_0 P_{ij} \tag{2.29}$$

式中，P_{ij} 为研究时段内土地利用类型 i 转化为土地利用类型 j 的转移概率；A_{ij} 为土地利用类型 i 转化为 j 的面积；A_i 为土地利用类型 i 在研究时段内的初始面积。其中，π 为一级转移后的状态向量。根据马尔可夫链的性质，可计算出 n 级转移矩阵及 n 级状态向量，以此为依据可进行土地利用变化和生态风险预测。

2.3.8　生态风险综合评价模型

西北生态风险评价中，选用的每一个单项指标都是从不同角度评价发生生态风险的状况，为了反映生态风险的综合情况就必须进行综合评价。在西北地区生态风险综合评价中将这些研究范围和方法及模型综合构建生态风险综合评价模型，实现西北地区生态风险综合评估。

设生态风险综合评价模型为

$$\text{RE} = W \cdot R \tag{2.30}$$

式中，RE 为评价区域生态风险矩阵；W 为生态系统中风险评价要素的权矩阵，$W = (w_1, w_2, \cdots, w_n)$；$R$ 为生态风险评价要素对各级风险标准的特征矩阵。

设系统由 m 个待优选的对象组成选择对象集，由 n 个评价因素组成系统的评价指标集，每一个对象判断用特征值表示，则系统可由 $m \times n$ 阶对象特征值矩阵 $R = \{R_{ij}\} m \times n$

$$R = \begin{bmatrix} R_{11} \cdot R_{12} \cdots R_{1n} \\ R_{21} \cdot R_{22} \cdots R_{2n} \\ \vdots \quad\ \vdots \quad\ \vdots \\ R_{n1} \cdot R_{n2} \cdots R_{nn} \end{bmatrix} \tag{2.31}$$

$$R_{ij} = (w_1' w_2' \cdots w_k') \begin{pmatrix} r_{1j} \\ r_{2j} \\ \vdots \\ r_{kj} \end{pmatrix} \qquad (2.32)$$

式中，$R_{ij}(i=1,2,\cdots,n, j=1,2,\cdots,m)$ 为第 j 个被选择评价指标中第 i 个评价因素下的特征值；w_k' 为评价要素中对第 k 个要素所赋予的权重；r_{kj} 为第 k 个指标对第 j 个标准的隶属度。

2.4 生态风险评价指标体系框架

生态系统是一个复杂系统，涉及的风险源、暴露体和终点比较多，在选择指标时遵循以下原则。

（1）完整性原则：选择指标体系能够尽可能全面反映生态环境各方面，即生态风险评价的框架内容；

（2）简明性原则：综合考虑指标的可得性与可操作性，概念明确；

（3）独立性原则：对指标进行择优筛选，保留重要指标，避免反映信息重复；

（4）区域性原则：指标应量化后并可进行区域之间的比较。充分考虑各生态系统差异性，构建具有可比性、一致性的指标。

（5）层次性原则：由于生态风险评价的过程较为复杂，在建立指标体系时应在不同层次的水平上各有侧重。

根据以上原则，从西北地区自然、社会经济环境和政策状况出发，构建生态风险评价框架模型，一般包括目标层、准则层（因子层）、指标层和对象层。西北地区生态风险综合评价指标体系框架见图 2.3。在后面实际评价中根据需要选定特定指标进行生态风险评估。

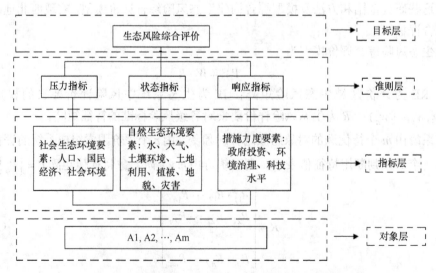

图 2.3 西北地区生态风险综合评价指标体系框架

2.5　生态风险评估权重计算方法

生态风险评价中，权重的确定是很重要的，因为权重体现了各风险因素对受体（承载体）产生生态风险的贡献率（影响度）。根据风险评价的实际需要，本研究主要采用以下方法确定权重。包括层析分析法（AHP）、特尔菲法（Delphi）（专家打分）、主成分分析、熵值法和变异函数法。专家打分法具有主观性，主成分分析、熵值法和变异函数法比较客观，但有些指标的重要性会受影响，在实际生态风险综合评价中采用多方法结合。

2.5.1　熵值法计算权重

信息论中，信息熵是系统无序程度的度量，信息是系统有序程度的度量，两者绝对值相等，符号相反。某项指标的值变异程度越大，信息熵越小，该指标提供的信息量越大，相应权重也越大，反之，权重越小。根据各项指标的变异程度可以客观地计算出各指标的权重。

（1）计算比重 P_{ij}，其中，X_{ij} 是第 j 个指标下第 i 个区域的标准化值。

$$P_{ij} = \frac{X_{ij}}{\sum_{i=1}^{N} X_{ij}} \tag{2.33}$$

（2）计算第 j 个指标的熵值 S_j，其中，$K = \dfrac{1}{\ln N}$，N 为区域的个数。整个信息的不确定性度量用熵表示

$$S_j = -K \sum_{i=1}^{N} P_{ij} \ln(P_{ij}) \tag{2.34}$$

（3）计算权重 W_j（第 j 个指标的权重），其中，M 为指标个数。权重向量：$W = (W_1, W_2, \cdots, W_M)$

$$W_j = \frac{(1 - S_j)}{\sum_{j=1}^{M} (1 - S_j)} \tag{2.35}$$

当某个指标下各对象的贡献度区域一致时，S_i 趋于 1，而贡献度一致，说明该指标在评价所有的对象时可有可无，当 $S_i = 1$ 时，则指标权重为 0，定义 b_j 为指标对象下的贡献一致性：$b_j = 1 - S_j$，b_j 是指标对识别起作用大小的确定性度量。

2.5.2　主成分分析法计算权重

设原始指标数据矩阵为 $C = \{a_{ij}\} m \times n$。

判断矩阵如下：

$$A = \begin{bmatrix} a_{11}a_{12}\cdots a_{1n} \\ a_{21}a_{22}\cdots a_{2n} \\ \vdots \quad \vdots \qquad \vdots \\ a_{n1}a_{n2}\cdots a_{nn} \end{bmatrix} \tag{2.36}$$

其中，$a_{ij}=1/a_{ji}$（$i \neq j$）（i，$j=1,2,\cdots,n$），$a_{ij}=1$（$i=j$），A矩阵具有正值，互反性、基本一致性。采用方根法求解矩阵A归一化特征向量和特征值，直到满足一致性检验，所求特征向量就是各因子的权重排序，即各种类型的生态风险指数。

2.5.3 变异系数法计算权重

设一评价指标体系包括n个指标，则

$$\delta_j = D_j / X_j \tag{2.37}$$

$$W_j = \delta_j \Big/ \sum_{j=1}^{n} \delta_j \tag{2.38}$$

式中，δ_j，D_j，X_j，W_j分别为第j指标的变异系数、均方差、均值、权重值。

2.6 数据来源和评价指标量化方法

生态风险评价数据主要来源于西北五省（自治区）（陕西省、甘肃省、宁夏、青海、新疆）统计年鉴、国土资源公报、环境公报、水资源公报和实际调研数据。一些数据可以直接用于评价，还有一些数据需要按评价指标的意义进行量化处理，为了去除量纲差异，必须进行数据标准化处理，缺少数据进行线性插值。本研究中主要采用效应函数法进行数据归一化处理。

设某区域m年的生态风险评价指标体系包括n个指标，原始指标数据矩阵为$X = \{x_{ij}\}m \times n$，效应指标标准化方法如下。

对于数值越大，风险越大的效应型指标：

$$Y = \begin{cases} 1 \cdots\cdots\cdots\cdots\cdots\cdots X_{ij} \geqslant X_{\max} \cdot \\ \dfrac{X_{ij}-X_{\min}}{X_{\max}-X_{\min}} \cdots\cdots X_{\max} \geqslant X_{ij} \geqslant X_{\min} \\ 0 \cdots\cdots\cdots\cdots\cdots\cdots X_{ij} \leqslant X_{\min} \end{cases} \tag{2.39}$$

对于数值越大，风险越小的效应指标：

$$Y = \begin{cases} 0 \cdots\cdots\cdots\cdots\cdots\cdots X_{ij} \geqslant X_{\max} \cdot \\ 1 - \dfrac{X_{ij}-X_{\min}}{X_{\max}-X_{\min}} \cdots\cdots X_{\max} \geqslant X_{ij} \geqslant X_{\min} \\ 1 \cdots\cdots\cdots\cdots\cdots\cdots X_{ij} \leqslant X_{\min} \end{cases} \tag{2.40}$$

式中，X_{ij} 为指标的现状值；X_{max} 为该项指标参考值的最大值；X_{min} 为该项指标参考值的最小值。

采用线性插值的标准化方法，使指标值分散在 0～1，不是集中在某个阈值内，为生态风险综合评价量化分级提供了条件。

标准值的确定根据以下原则确定单项指标的标准值：采用国家或国际标准值；参考具有良好生态环境现状值；依据现有社会、经济、环境、生态协调发展理论定量化做出标准值；参考国内生态现状值做趋势外推确定标准值；对有重要作用的指标，在缺乏数据时用相似指标替代。

参 考 文 献

陈辉, 刘劲松, 曹宇, 等. 2006. 生态风险评价研究进展. 生态学报, 26(5): 1558～1566

付在毅, 许学工. 2001. 区域生态风险评价. 地球科学进展, 16(2): 267～271

郭仲伟. 1986. 风险分析与决策. 北京: 机械工业出版社

汉斯 U·盖伯. 1997. 数学风险论导引. 成世学, 严颖译. 北京: 世界图书出版公司

黄宝荣, 欧阳志云, 郑华, 等. 2006. 生态系统完整性内涵及评价方法研究综述. 应用生态学报, 17(11): 2196～2202

黄崇福, 王家鼎. 1995. 模糊信息优化处理技术及应用. 北京: 北京航空航天出版社

荆玉平, 张树文, 李颖. 2008. 基于景观结构的城乡交错带生态风险分析. 生态学杂志, 27(2): 229～234

李自珍, 何俊红. 1999. 生态风险评价与风险决策模型及应用. 兰州大学学报, 35(3): 149～156

刘引鸽, 徐春迪. 2010. 土地生态风险分析与对策. 宝鸡文理学院学报(自然科学版), 30(3): 76～78

卢宏玮, 增光明, 谢更新, 等. 2003. 洞庭湖流域区域生态风险评价. 生态学报, 23(12): 2520～2530

马德毅, 王菊英. 2003. 中国主要河口沉积物污染及潜在生态风险评价. 中国环境科学, 23(5): 521～525

王明涛. 1999. 多指标综合评价中权系数确定的一种综合方法. 系统工程, (3): 56～61

卫伟, 陈利项. 2007. 生态系统评价: 问题分析与研究展望. 资源开发与市场, 23(7): 627～630

文传浩等. 2008. 流域环境变迁与生态安全预警理论与实践——以珠江上游为例. 北京: 科学出版社

肖笃宁. 1991. 景观生态学: 理论、方法及应用. 北京: 中国林业出版社

阳文锐, 王如松, 黄锦楼, 等. 2007. 生态风险评价研究进展. 应用生态学报, 18(8): 1869～1876

殷浩文. 1995. 水环境生态风险评价程序. 上海环境科学, 14(11): 11～14

于川, 潘振锋. 1986. 风险经济学导论. 北京: 中国铁道出版社

曾辉, 刘国军. 1999. 基于景观结构的区域生态风险分析. 中国环境科学, 20(1): 43～45

张继, 梁警丹, 周道玮. 2007. 基于 GIS 技术的吉林省生态灾害风险评价. 应用生态学报, 18(8): 1765～1770

张金屯, 邱扬, 郑凤英. 2000. 景观格局的数量研究方法. 山地学报, 18(4): 346～352

诸克军, 张新兰, 肖荔谨. 1997. AHP 方法及应用. 系统工程理论与实践, (12): 64～69

左军. 1988. 层次分析法中判断矩阵的间接给出法. 系统工程, 6(6): 56～63

Astles K L, Holloway M G, Steffe A, et al. 2006. An ecological method for qualitative risk assessment and its use in the management of fisheries in New South Wales. Australia Fisheries Reseach, 82: 290～303

Efroyn son R A, Murphy D L. 2001. Ecological risk assessment of multmedia hazardous air pollutants. Estimating exposure and effects Science of the Total Environment, 274: 219～230

FAO Proceedings. 1997. Land quality indicators and their use in sustainable agriculture and rural development. Proceedings of the Workshop organized by the Land and Water Development Division FAO Agriculture Department, (2): 5

Fmendez M D, Cagigal E, Vega M M, et al. 2005. Ecological risk assement of contam inated soils through direct toxicity assessment. Ecotoxicology and Environmenttal Safety, 62(2): 174~184

Kaman C C, Reerink H G. 1998. Dynamic assessment of the ecological risk of the discharge of produced water frome oil and gas producing platforms. Joumal of Hazandous Materials, 61: 43~51

Louks O L. 1985. Looking for surprise in managing stressed ecosystems. Bioscience, 35(7): 428~432

Mc Daniels T L, Axelrod L J, Cavanagh N S, Slovic P. 1997. Perception of ecological risk to water environments. Risk Anal, 17(3): 291~298

Mc Daniels T L, Axelrod L J, Slovic P. 1995. Characterizingperception of ecological risk. Risk Anal., 15(5): 575~588

Munns W R, Kroes R, Vbeith G, et al. 2003. Approaches for integrated risk assessment Human and Ecological Risk Assessnment, 9(1): 267~272

Naito W, Miyamoto K, Nakanishi J, et al. 2002. Application of an ecosystem model for aquatic ecological risk assessment of chemicals for a Japanese lake. Water Research, 36: 1~14

Noss R F. 2000. High risk ecosystems as foci for considering biodiversity and ecological integrity in ecological risk assessments. Environmental Science and policy, 3(6): 321~332

Rai S N, Krewski D. 1998. Uncertainty and variability analysis in nultiplicative risk models. Risk Anal., 18(1): 34~42

Rainer WALZ. 2000. Development of Environmental Indicator Systems: Experiences from Germany. Environmental Management, (6): 613~623

Suter G W. 2001. Applicability of indicatormonitoring to ecological risk assessment. Ecological Indications, 1: 101~112

Suter G W II, Barnthouse L W, Efroymson R A, et al. 1999. Ecological risk assessment in a large river-reservoir: 2. Introduction and background. Environmental Toxicology Chemistry, 18(4): 589~598

USEPA. 1998. Guidelines for Ecological Risk Assessment EPA 630-R-95-002E

USEPA. 1998. Guidelines for ecological risk assessment. Federal Register, 61(4): 501~507

Zandbergen P A. 1998. Urbab watershed ecological risk assessment using GIS: A case study of Brunette River watershed in British Columbia. Canada Joumal of HazardousM ATERIALS, 61: 163~173

第 3 章　西北地区生态风险信息系统

3.1　GIS 技术在生态风险评价中应用

3.1.1　国内外发展及应用状况

GIS 技术是 1962 年加拿大人 Roger Tomlinson 首先提出的地理信息系统的概念，并领导建立了国际上第一个具有实用价值的地理信息系统，即加拿大地理信息系统（Canada Geography Information Systems），简称"CGIS"以来，地理信息系统在全球范围内获得了长足的发展。20 世纪 50 年代，由于测绘和制图学的发展，人们开始尝试利用计算机来收集、编辑各类地理空间信息。1956 年，奥地利率先利用计算机建立了地籍数据库，随后这一技术在世界各国开始广泛应用，并用于自然资源管理和规划。这一时期初步确定了计算机处理地理数据的基本概念和方法。20 世纪 70 年代，随着计算机技术的迅速发展，地理信息系统在处理空间数据的速度上有很大的改善，使得地理信息系统商品化成为可能，这一时期，大约有 300 多个系统投入使用，使 GIS 得以巩固发展，并注重空间地理信息的管理。由于计算机硬件的发展，GIS 向着实用化方向发展，20 世纪 80 年代注重 GIS 空间决策分析，主要是美国、日本、加拿大等国家积极参与了地理信息系统的应用和开发。地理信息系统技术应用从简单的基础设施规划转向复杂的区域开发管理和决策。20 世纪 90 年代至今，成为 GIS 的用户时代。随着全球经济信息化推进，服务器、工作站、图形终端、微机通过网络联结成分布式的系统，地理信息系统成为信息社会的重要技术基础。

我国的地理信息系统进入发展阶段的标志是第 7 个五年计划，它标志着我国在地理信息系统领域开始进行舆论准备，开始组建队伍，以及进行探索性试验工作。经过五年多的努力，地理信息系统在全国性的应用，区域规划管理以及决策中取得实际效益。20 世纪 70 年代初期，我国已经在测量、制图等方面开始尝试使用计算机技术。自 1974 年开始引进美国地球资源卫星图像，用于遥感图像处理与解译工作。进入 80 年代后，中国科学院遥感应用研究所成立我国第一个 GIS 研究室，我国在理论探索、硬件要求、软件开发、规范制定、人员培训等方面积极开展工作，取得了较大进步和经验，为地理信息系统在我国的广泛应用奠定了基础。20 世纪 90 年代后至今，地理信息技术已经在国内各个部门得到广泛使用，如在"十五"期间，我国有 120 多个城市建设了城市规划管理信息系统。地理信息系统已经和国民经济发展紧密结合在一起，并在实际应用中产生了巨大效益。

地理信息系统（Geographic Information System 或 Geo-Information system，GIS）有时又称为"地学信息系统"或"资源与环境信息系统"，它是一种特定的十分重要的空间信息系统，是一种基于计算机应用的信息工具，可以对在地球上存在的事物和发生的事件进行成图和分析。它是一门集计算机科学、信息科学、现代地理学、测绘遥感学、环境科学、城市科学、空间科学和管理科学为一体的新兴边缘学科。在计算机硬件、软件系统的支持下，它作为一种十分重要的空间信息系统，是对整个或部分地球表层空间中的有关地理分布数据进行采集、存储、管理、分析和描述整个或部分地理（球）表面（包括大气层）乃至太空、宇宙间的信息为一体的空间信息系统。由于地球是人类赖以生存的基础，所以 GIS 是与人类社会的生存、发展和进步密切相关的一门信息科学与技术，受到人们越来越多的关注。地理信息系统的迅速发展不仅为地理学信息的科学管理提供契机，而且可为人类适时提供多种空间和动态的规划、管理、决策的有用信息。

GIS 主要由 4 个部分组成，即计算机硬件系统、计算机软件系统、地理空间数据库和系统开发、管理和使用人员，具有以下特征。

（1）具有采集、管理、分析以及输出不同类别的空间数据和属性数据的能力，这些信息通过系统数据库管理联系在一起。

（2）地理信息系统强调空间分析，通过利用空间解析式模型来分析空间数据。地理信息系统的成功应用依赖于空间分析模型的研究与设计。

（3）计算机系统虽然是地理信息系统的重要技术支撑，但是系统开发管理者等人为因素在地理信息系统的发展中起着不可或缺的作用，并且随着地理信息系统在各个领域的应用越来越广泛，人的作用将更加明显。

3.1.2　GIS 在生态环境风险研究中的意义

随着计算机软、硬件技术的飞速发展，3S 技术的崛起和 3S 技术与模型技术的结合，以及计算机数据库技术、局域网技术、万维网技术的兴起，给区域生态风险研究的发展提供了新的契机。

生态环境风险评价是目前学术界研究的热点问题之一，区域生态环境风险评价是利用多学科综合知识，采用数学、统计学等风险分析手段，以及遥感、GIS 等先进的空间分析技术来预测、分析和评价具有不确定性的灾害或事件对生态系统及其组分可能造成的损伤，因而，GIS、RS 被广泛应用于区域生态环境风险研究之中。国内外学者综合应用了 GIS 和 RS 技术，基于 GIS 的专业模型扩展分析，进行生态风险评估研究。

区域生态风险评价中，风险源、压力因子和风险受体都存在着显著的空间异质性。具有强大的空间关联和分析能力的 GIS 技术已越来越广泛地应用到区域风险评价中，GIS 技术在风险评估中应用，可以大大地提高评价的精度和速度，为监测生态环境变化及解决生态环境方面的重大问题，为区域生态环境安全的建设，以及合理的区域资源开发与区域发展策略提供技术支持。

3.2　西北地区生态风险信息系统软件平台

GIS 软件平台是生态风险系统的核心，它关系到后续基础数据获取的便利性、数据格式的兼容性和功能定型等。GIS 软件平台提供存储、处理、分析、显示空间数据的功能，主要包括数据输入与编辑、数据管理、数据操作，以及数据显示和输出等。由计算机专业技术人员组成的科研集体开发而成的，技术水平较高，近几年来，特别是随着 GIS 技术的更加广泛的使用，GIS 系统软件技术日臻完善。目前比较常用的国外的主要 GIS 工具软件有 MapInfo、ArcGIS、Intergraph 等，国产软件主要有 GeoStar、MapGIS、SuperMap 等。它们都有较为理想的空间数据可视化分析处理功能，许多软件已经具备了强大的二次开发能力，而生态风险评估信息系统仅仅是一个实用的 GIS 系统，具有区域性和专用性，利用已有的 GIS 工具软件，在通用编程软件上，尤其是 Delphi、Visual C++、Visual Basic、Visual FoxPro、Java、C++、Power Builder 等可视化开发工具上进行二次开发无疑是一条捷径。

西北地区生态风险评估信息系统（Ecological Risk Assessment Information System，ERAIS）的二次开发采用两种方法。一是基于 GIS 平台软件上进行应用系统开发。大多数 GIS 平台软件都提供了可供用户进行二次开发的脚本语言，如 ESRI 的 ArcView 提供了 Avenue 语言，MapInfo 公司的 MapInfo Professional 提供了 MapBasic 语言等。可以利用这些脚本语言，以原 GIS 软件为开发平台，开发出自己的针对不同应用对象的应用程序。二是利用建立在 OCX 技术基础上的 GIS 功能控件，在 Delphi 等编程工具编制的应用程序中，直接将 GIS 功能嵌入其中，实现地理信息系统的各种功能，一般采用两种开发方式结合利用。

3.3　西北地区生态风险信息系统框架

ERAIS 目标是建立以浏览、查询、分析、预测为一体的生态风险评估信息管理系统。该系统充分运用 GIS 空间数据管理、空间数据分析、多功能图形输出的功能，不仅能对现有的资料信息做有效的统一管理，而且实现图形数据和属性数据自动连接，随时为用户提供空间查询信息服务及多元信息的空间综合分析服务，而且能挖掘与生态风险有关的各种风险源的危害和风险损失，对生态风险做出综合评估，随时加工和输出不同功能的信息数据和图件。

西北地区生态风险评估信息系统的主要目标如下：

（1）服务于生态风险综合信息管理，实现生态风险信息的录入与存储、检索与查询、对基础的地理空间信息进行更新，建立现实性强、统一的、全面的基础空间信息浏览查询平台。

（2）利用 GIS、RS、GPS、多媒体、数据挖掘和数据仓库、虚拟现实和专家系统等技术手段，实现生态风险信息资源统一管理、数据融合、数据分析、数据统计、建立评价指标体系、综合分析评价、制作风险图，为区域宏观决策服务。

（3）利用该系统为西北地区生态安全建设、生态风险规律研究、资源评价和合理利用、生态环境保护和治理及优化防御措施，以及进行预警的决策分析提供依据，实现西北地区生态、环境和社会经济的可持续发展。

生态风险评估信息系统是一个综合性的大型 GIS 系统，各种资源信息种类多，数据量大，数据生产、管理、维护、应用与更新分布在不同的行政部门，因而应合理、高效地组织各部分。系统体系结构是系统研制工作的核心和系统开发的重点。系统体系结构要以基础数据为对象，功能为目的，数据流动为主线，是数据、功能和实现的统一体。根据系统的功能定位和用户要求初步设计系统的大体框架，如图 3.1 所示。

空间数据库是生态风险评估系统的基础，它的功能主要是存储和管理系统的空间数据。空间数据库也是 GIS 系统的命脉，整个基于 GIS 的生态风险评估系统都是围绕空间信息的采集、加工、存储、分析、表现展开的。空间数据不但为系统空间分析模型提供各种参数和数据支持，而且还对系统使用者感兴趣的生态风险源进行抽象、管理，以满足生态风险评估的需要。因此，空间数据的特点是数据量大、信息丰富、表现形式多样。如何合理地组织和管理这些信息是生态风险评估系统的一个重要工作。

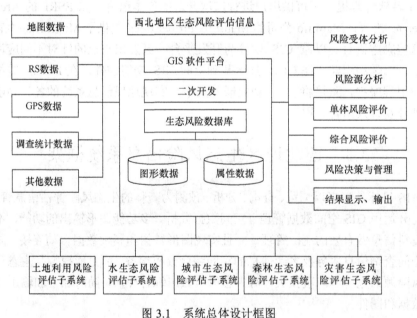

图 3.1　系统总体设计框图

GIS 中的空间数据有两类：一类是地图数据或图形数据，如风险源的空间分布位置，各种风险区的位置等，表示事物地理空间位置的信息；另一类是专题属性数据或属性数据，如风险源的强度、发生概率以及风险受体的特征，表示与事物地理位置有关，反映事物其他特征的信息。目前空间数据的管理方法正在发生较大的变化，由原来的文件加关系数据库混合管理方式转换为由对象—关系数据库统一管理。

3.4　西北地区生态风险信息系统功能

将 GIS 应用于生态风险评估中，极大地方便了数据信息的更新、查询和统计、输出，也为风险受体分析、风险源分析、单因子及综合风险评估、风险管理提供了强大的支持。

本系统是一个强大的空间信息系统，为了方便地输入数据，快捷地提取分析数据，并且能够进行多源信息支持下的辅助决策与管理。系统总体功能包括信息输入管理功能、信息查询功能、空间操作分析、风险评估模型输出功能。

1）信息输入管理功能

数据输入方式数字化、自动扫描、键盘输入、现有数据库的数据转换、GPS 现时数据输入、RS 实时数据输入、统计调查数据输入和其他相关数据输入等。各种数据经过数字化、规范化和数据编码等编辑处理后，存储于 GIS 数据库中，在系统内根据生态风险评估中风险源类型差异建立多种地理空间数据库和属性数据库进行管理。同时各种专题数据需要不断采集和更新，以保证对生态风险评估的分析与决策建立在真实可信的数据基础上。数据更新的关键是建立直接测量数据、遥感数据、统计调查数据与地理信息系统的接口，并提高不同数据结构转换精度和效率，从而使多源数据高效融合。

2）信息查询功能

GIS 支持下可以同时对空间数据和属性数据进行方便、灵活、准确的查询与定位。信息查询功能主要是针对用户对基础地图和各种专题数据的需求而设计的，具有空间位置、属性、范围及关系等多种查询功能，可对系统数据库进行多方式、多条件的查询，并将检索查询的结果形成数据文件，立即显示或输出。检索内容有：图示点检索，检索某些图元，单击某个信息点、线或区域，系统显示该点的数据属性；图示矩形检索，即对图形窗口上划定的图形区域内属性的检索，如综合反映某幅生态风险评价图上局部区域的信息；图层检索，将指定图层中的数据检索出来，如查询影响某个单体风险源某个影响因素的分布强度；区域内（外）及相邻区域的检索；条件检索，按照用户给定的条件进行检索，并保存检索结果，此功能具有较大的灵活性。

3）空间操作与分析

地理信息系统使用多种空间模型来表现自然和社会现象，便捷的空间操作与分析能力是其主要的优势。空间操作主要是利用 GIS 软件系统提供的各种分析工具模块，对空间数据进行统计计算和分析。可以统计某时间或某区域生态风险因子发生的频次、所造成的损失，也可统计某类风险等级分布范围面积等。而空间分析主要是利用 GIS 软件系统提供的各种分析工具，包括图形拼接、裁减、图层叠置分析、缓冲区分析、网络分析、空间内插、数字地形模型分析（DTM）、扩散分析等，对区域的生态风险分布特征及对指标体系分析，并能够提取和建立满足已知条件的新数据。如缓冲区分析用于生态风险影响范围估算、叠置分析能良好地执行各专题图层之间的加、减、乘、除等代数运算功能，如该系统中各风险评价因子分布图层的叠加，得到综合风险评估分布图层。

4）风险评估模型

在 GIS 空间数据库支持下，建立一些实用的专业应用模型或模块，风险评价模块本身是一相对独立的子系统，主要功能是提供解决评价过程模拟的数学模型和模型管理。该子系统可以利用目前比较实用的 GIS 软件基础平台进行开发，形成多种专业地学分析模型，主要包括土地利用风险评价模型、水生态风险评价模型、城市生态风险评估模型、森林生态风险评估模型、灾害风险评估模型等，在各种单体风险评估的基础上，并最终得出综合的风险评估。通过这些模型对生态风险的发生和发展机理、分布规律、趋势进行深层次的研究，进而解决实际问题。而建立应用模型是整个系统的核心，应用模型的建立必须以专业研究为基础，建立符合实际的模型库。在此基础上与 GIS 的空间分析功能结合起来，形成更复杂、更生动、更深入的应用。

5）输出功能

系统可将各种数据或分析查询的成果，如风险等级图、风险因子强度分布图、风险区划图等在计算机显示和数据硬拷贝输出，也可以以图形图像、统计报表、文本报告等形式输出。提高了生态风险表达的直观性和形象性，在生态安全建设时减少盲目性，可以根据区域差异选择优化措施，使决策更符合实际情况。

西北地区生态评估信息系统的架构探讨，旨在探讨生态风险评价方法与 GIS 技术的有机结合，充分发挥 GIS 工具软件在空间数据处理方面的优势和现有程序语言在编程方面的功能，以及利用运行较理想、人机交互良好的 Windows 系列平台，为决策者和有关科研人员提供快速、准确的评价结果，包括地图、统计表等，为他们在本区进行生态安全建设提供科学的参考依据。

由于生态风险评估系统是一个复杂的系统工程，加之涉及的因素繁多，目前还没有现成的用于本行业的应用 GIS 系统软件。该系统的构建处于尝试阶段，本书思想、方法和构建过程是探讨仅为该课题的开展提供基本框架，还有许多方面的方法和技术还需进一步探索和研究。

参 考 文 献

付在毅，许学工. 2001. 区域生态风险评价. 地球科学进展，16(2): 267～271

傅兆敏，胡金宝. 2006. 地理信息系统概述. 重庆工学院学报，20(2): 135～137, 146

贡璐，鞠强，潘晓玲. 2007. 博斯腾湖区域景观生态风险评价研究. 干旱区资源与环境，21(1): 27～31

李军玲，刘忠阳，邹春辉. 2010. 基于 GIS 的河南省洪涝灾害风险评估与区划研究. 气象，36(2): 87～92

李谢辉，王磊，谭灵芝，等. 2009. 渭河下游河流沿线区域洪水灾害风险评价. 地理科学，29(5): 733～738

刘庆，王静，汪庆华，等. 2008. 基于 GIS 的县域土壤重金属生态风险评价. 测绘科学，33(3): 90～92

罗培. 2007. GIS 支持下的气象灾害风险评估模型——以重庆地区冰雹灾害为例. 自然灾害学报，16(1): 38～44

罗培，况明生，光磊，等. 2004. 重庆市地质灾害风险评估信息系统. 自然灾害学报，13(6): 30～35

沈芳，黄润秋，苗放，等. 1999. 区域地质环境评价与灾害顶测的 GIS 技术. 山地学报，17(1): 338～342

向喜琼, 黄润秋, 许强. 2002. 地质灾害危险性评价系统的实现. 地理学与国土研究, 18(3): 76~78

许学工, 林辉平, 付在毅, 等. 2001. 黄河三角洲湿地区域生态风险评价. 北京大学学报(自然科学版), 37(1): 111~120

杨宏鹏, 王阿川, 王妍玮. 2008. GIS 二次开发方法与实现. 信息技术, (6): 65~67

臧淑英, 梁欣, 张思冲. 2005. 基于 GIS 的大庆市土地利用生态风险分析. 自然灾害学报, 14(4): 141~144

张超, 陈丙咸, 邬伦. 1995. 地理信息系统. 北京: 高等教育出版社

张学霞, 薄立群, 张树文. 2003. 基于 RS 和 GIS 的长白山火山灾害风险评估研究. 自然灾害学报, 12(1): 47~55

Gaines K F, Porter D E, Dyer S A. 2004. Using Wildlife as Receptor Species: A Landscape Approach to Ecological Risk Assessment. Environmental Management, 34(4): 528~545

Kooistra L, Leuven R S E W, Nienhuis P H, et al. 2001. A Procedure for Incorporating Spatial Variability in Ecological Risk Assessment of Dutch River Floodplains. Environmental Management, 28(3): 359~373

Mario Mejia-navarro E E W. 1994. Geological Hazard and Risk Evaluation Using GIS: Methodology and Model Applied to Medellin, Colombia. Bulletin of the Association of Engineering Geologists, 31(4): 459~481

Sinnakaudan S K, Ghani A A, Ahmad M S S, Zakaria N A. 2003. Flood Risk Mapping for Pari River Incorporating Sediment Transport. Environmental Modeling & Software, 18: 119~130

第4章 西北地区生态系统压力状态分析评价

4.1 陕西省生态环境压力状态

陕西生态风险压力主要来自于自然环境和社会经济环境。自然风险压力由陕西省的地质地貌气候环境决定。陕西自然条件非常复杂,地势南北高、中间低,断裂构造发育,山地占36%,高原占45%,平原占19%。以白子山和秦岭为界,北部是深厚黄土覆盖的陕北高原,一般海拔 800～1300 m,黄土高原的梁、脊起伏小,但是横断面呈明显的穿状,坡度达20°;中部是关中平原,海拔 325～800 m,南部是变质岩构成的构造上升运动强烈的陕南山地,海拔 1200～2000 m。全省南北气候差异显著,年降水量从北到南为400～1200mm,北部干旱少雨,南部降水量多,地区分布不均,由于特殊的地质环境条件和内陆季风气候特点,加之不合理的人类活动等因素的影响,造成气象灾害频繁,地质灾害类型多、分布广、频次高、危害严重。按地貌类型和区域差异,从北向南依此划分为陕北风沙高原区、夹有石质孤山的黄土高原、关中盆地区和夹有汉江谷地的秦巴山地区 4 个大地貌区。陕北风沙高原处于长城沿线及其以北地区,为毛乌素沙地的组成部分,其北部以沙丘沙地草滩地貌为主,中部为流动沙丘和固定沙丘组合的地貌,西南部以草滩盆地为主,东部属覆沙黄土梁峁地貌。陕北黄土高原区北接风沙高原,南连关中盆地,是我国黄土分布的中心区域,也是水土流失最严重的地区。关中盆地位于陕西省中部,西起宝鸡、陇县,东至韩城—潼关黄河西岸,北部以白子山为界,南部以秦岭北坡大断裂带为界。中部是渭河冲积洪积平原,北部为渭北黄土台塬,南部是秦岭北麓黄土台塬和骊山低山丘陵。秦巴山地区包括秦岭山地、汉中—安康低山丘陵盆地、大巴山地等。陕西省的自然地质地貌、气候条件决定了陕西省处于水资源短缺、气象地质灾害频繁、土地资源脆弱的生态风险状态。

4.1.1 水资源生态环境压力分析评价

陕西自南向北按热量分为亚热带、暖温带和温带 3 个基本气候带,即秦巴山地北亚热带湿润季风气候区,关中平原和陕北黄土高原暖温带半湿润-半干旱季风气候区,风沙滩地温带半干旱季风气候区。按水分差异又分为湿润、半湿润、半干旱、干旱四种气候。水资源可划分为长江流域、黄河流域和内流水源。秦巴长江流域面积约占全省的35.4%,主要河流为汉江和嘉陵江,汉江发源于秦岭西段南坡,省内流域面积为54783km²,主要支流有丹江、褒河、湑水河、牧马河、子午河、任河、岚河、旬河、月河、金钱河等,是南水北调中线工程的水源地。秦岭以北主要属黄河流域,流域面积占全省的 62.6%。渭河是黄河的最大支流，贯穿关中平原，长 492km，主要支流有洛河、泾河、灞河、沣河、黑河、石头河等。内流区分布在长城沿线风沙区，面积仅占全省的 2.0%，以湖泊和小河流为主。全省水资源时空分布不均，黄河流域面积占全省 60% 以上，耕地面积占 80.5%，而地表水资源仅占全省的 25%，属资源型缺水区。

　　通过对陕西水环境调查，给出陕西水资源量变化，见图 4.1，可以看出，陕西省水资源总量年际变化较大，2006 年、2007 年、2008 年水资源总量分别为 267.08 亿 m^3、376.06 亿 m^3、303.96 亿 m^3，人均水资源量分别为 716.51 m^3/人、1005.1 m^3/人、807.97 m^3/人。2008 年比 2007 年水资源总量减少了 72.1 亿 m^3，人均水资源量减少了 197.13 m^3/人，总水量中，地表水占总水量的 92.89%，地下水占 6.75%。由用水量（图 4.2）可以看出，用水量在增加，2006 年、2007 年、2008 年陕西省平均用水量分别为 84.07 亿 m^3、81.54 亿 m^3、85.46 亿 m^3，2008 年水资源总量减少，而用水量增加了 3.93 亿 m^3。水资源利用中，农业用水最大，占 68.68%，工业用水占 15.035%、生活用水占 14.07%，生态用水占 1.05%。由陕西省水资源分布（表 4.1）可以看出，2008 年陕西省水资源分布为全年自产河川年径流量 284.95 亿 m^3，水资源理论蕴藏量为 1438.46 亿 m^3，水资源的可开发量为 666.6 亿 m^3，长江流域比黄河流域的水资源占有量大。平原区地下水资源总量为 37.16 亿 m^3，可开采量为 87.46%。由陕西省区域水资源量（表 4.2）可以看出，陕南和关中地区产水量比较大，陕北地区最少。然而，陕西省内黄河流域人口多，用水量大，长江流域人口少，用水量相对少，这种分布的不均使处于黄河流域的关中陕北地区存在潜在水资源压力生态风险。

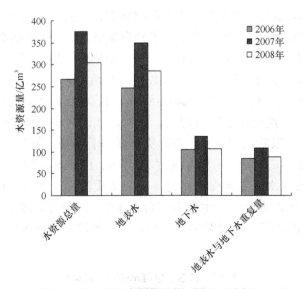

图 4.1　陕西省水资源量变化（见文后彩图）

　　陕西经济快速发展对资源的利用增加，同时对环境产生了极大影响。根据调查统计，2004 年陕西全省主要河流的 23 个断面水质的监测，超标水质占监测断面的 51.9%，其中Ⅳ类水质占 17.6%，Ⅴ类水质占 21.3%，劣Ⅴ类水质占 22%，主要污染物有氨氮、高锰酸盐指数、生化需氧量等。2005 年全省主要河流的 40 个监控断面，18 个断面超过Ⅲ

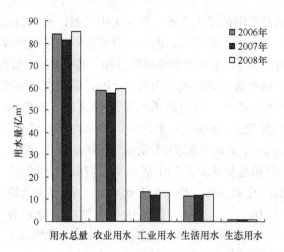

图 4.2　陕西各行业用水变化（见文后彩图）

表 4.1　陕西省水资源分布

项目	全年自产河川年径流量		水资源理论蕴藏量		水资源可开发量	
	黄河流域	长江流域	黄河流域	长江流域	黄河流域	长江流域
占比例/%	21.13	78.87	40.35	59.65	35.11	64.89
总量/亿 m³	60.21	224.14	580.42	858.04	234.04	432.56
总计/亿 m³	284.95		1438.46		666.6	

类标准，占 45.0%，其中，7 个断面属于Ⅳ类标准，占监测断面的 17.5%，11 个属劣Ⅴ类标准，占监测断面的 27.5%，主要污染物有氨氮、高锰酸盐指数、生化需氧量等。2008 年全省六大水系中，嘉陵江、汉江、丹江水质优，延河、无定河水质轻度污染，渭河水质重度污染。Ⅰ类、Ⅱ类、Ⅲ类、Ⅳ类、Ⅴ类和劣Ⅴ类水体分别占监控河段的 8.2%、42.1%、12.7%、17.5%、1.1% 和 18.4%。11 条支流中，金陵河水质良好，榆溪河、黑河、沣河、沋河水质轻度污染，涝河、北洛河中度污染，其他河流水质污染严重。由表 4.2 可以看出河流的主要污染物质是石油类、氨氮、五日生化需氧量、高锰酸盐指数和化学需氧量，污染分别占 31.13%、17.10%、7.59%、8.65% 和 9.88%。丹江、汉江、嘉陵江水质基本保持稳定，延河水质污染较严重。由陕西省酸雨变化表 4.3 可以看出，陕西省酸雨发生频率平均为 4.55%，渭南地区酸雨发生率较大，为 22.4%，而且安康市略阳县酸雨发生率增加，这样就增强对该区域农业和环境威胁的生态风险。

表 4.2　陕西省区域水资源与污染物

项目	关中	陕北	陕南	全省
产水系数/亿 m³	0.17	0.09	0.37	0.25
产水模数/（万 m³/km²）	9.24	3.6	32.4	14.93
主要污染物	挥发酚、高锰酸盐指数、化学需氧量、溶解氧、氨氮、生化需氧量、石油	氨氮、六价铬	氨氮	

表 4.3　陕西酸雨变化

年份	发生率/%						pH 均值
	西安市	渭南市	韩城市	安康市	略阳县	全省平均值	
2007	7.5	27.0	3.9	1.3	1.2	6.0	5.71
2008	3.0	17.8	2.2	6.9	3.5	3.1	6.34
平均	5.25	22.4	3.05	4.1	2.35	4.55	6.025

4.1.2　土地生态环境压力分析评价

1. 土地资源状况

陕西省土地总面积为 2058 万 hm^2。随着陕西社会经济快速发展，人类强烈活动对土地结构产生极大影响。根据统计和调查，2002 年陕西耕地面积为 $450.6×10^4\ hm^2$，林地面积为 $984.3×10^4\ hm^2$，到 2008 年耕地减少了 $45.5×10^4\ hm^2$，林地增加了 $51.1×10^4\ hm^2$。由图 4.3 及图 4.4 可以看出，耕地、牧草地呈减少趋势，林地、建设用地呈增加趋势。

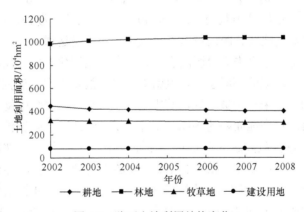

图 4.3　陕西土地利用结构变化

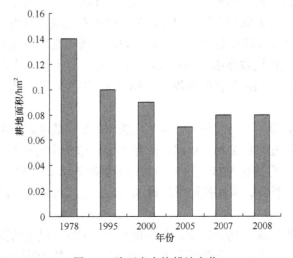

图 4.4　陕西省人均耕地变化

人均耕地从 1978 年的 0.14hm² 减少到 2005 年的 0.07 hm²，2006 年后人均耕地开始增加，截至 2008 年人均耕地为 0.08 hm²，这种变化主要是通过荒地开垦增加耕地的。2008 年陕西省水浇地比例较少，只占 4.2%，旱地面积较大，占 14.5%，森林面积占林地面积的 74.14%，灌木林地占 30.8%，疏林地占 4.24%，森林覆盖面积为 37.26%，林木蓄积量为 3.61 亿 m³。

2. 土地资源脆弱性

土壤侵蚀是陕西省土地资源脆弱性的主要形式。陕西全省水土流失面积为 13.8 万 km²，占全省土地总面积的 66.8%，强度以上水土流失面积达 4.2 万 km²，以陕北黄土丘陵沟壑区、渭北高原沟壑区水土流失最为严重，黄河中游水土流失重点县有 48 个，水土流失面积达 10.47 万 km²，占黄河流域面积的 78.72%。陕南低山丘陵区水土流失面积占总流域面积的 50%，年均向长江输送泥沙 0.58 亿 t，尤其以商州市和嘉陵江流域侵蚀最为严重。位于长城以南，崤山、黄龙山以北的黄土丘陵沟壑区，年侵蚀模数在 10000t/km² 以上，有些地方甚至超过 30000 t/ km²，年均产沙 6.5 亿 t。黄土塬沟壑区面积为 2.79 万 km²，年侵蚀模数为 500～5000 t/ km²，因长期侵蚀，呈现残塬沟壑地貌。

黄土高原，尤其是陕北丘陵沟壑区，水土流失不仅是造成河流、水库淤积的一个重要原因，更严重的是每年丧失大量肥沃表土，导致土壤退化和农业减产，造成这一区域土地资源破坏和生态环境的不断恶化。根据中国科学院水土保持研究所研究，陕北丘陵沟壑区年输沙量的一半来自于坡耕地，其中，大于 15° 以上属强度侵蚀的坡耕地面积为 102.28 万 hm²，约占总耕地面积的 64%，其中，大于 25° 以上陡坡耕地面积占总耕地面积的 25%，年均侵蚀模数高达 3.5 万 t/（km²·a）。陕北丘陵沟壑区坡耕地年输沙总量为 3.3 亿 t，若按耕层 20cm 计算，相当于 162 万 t 硫铵的肥效。土壤养分的大量流失，每年将有 10 万 hm² 耕地的耕层土壤被毁，伴随大量泥沙下泄，随之流失大量土壤养分。

秦巴山区总面积为 8.59 万 km²，占全省总土地面积的 41.82%，占长江流域 4.1% 的土地面积。该山区虽然天然植被较好，但严重的水土流失已造成生态环境的恶化，因森林面积的逐渐减少，水土流失面积的增加，使侵蚀不断加剧，商州市侵蚀模数由过去的 2650 t/（km²·a），增加到现在的 4869 t/（km²·a）。嘉陵江流域侵蚀更为严重，根据略阳水文站资料，该站侵蚀模数高达 7740t/（km²·a），已超过渭北黄土高原的大部分县和陕北部分县。秦巴山区年均向长江输送泥沙 0.58 亿 t（不包括推移质，占长江流域输沙量的 12%）。

由于各地开矿、修路等开发项目，破坏地貌、植被，造成新的水土流失现象也日益增多。在丘陵和山区建设的公路、铁路，所弃土石大部分就地倾入沟道、河流，人为造成新的水土流失量年均也在 5000 万 t 左右，为全省流失总量的 6%。一边治理、一边破坏，一方治理、多方破坏，大大抵消了治理成果，水土流失依然是陕西省潜在土地生态风险。

陕西省湿地不断萎缩、污染严重，分布面积为 100hm² 以上的湖泊、沼泽和沼泽化草甸、库塘，以及河流等湿地总面积为 292895hm²，占全省总面积的 1.4%，共有四大类八小类湿地类型，其中，河流湿地面积为 252056hm²，占湿地总面积的 86.0%；湖泊湿地面积为 7300hm²，占湿地总面积的 2.5%；沼泽和沼泽化草甸湿地面积为 17829 hm²，占湿地总面积的 6.1%；库塘湿地面积为 15710 hm²，占湿地总面积的 5.4%。全省湿地植被共有落叶阔叶灌丛湿地植被、盐生灌丛湿地植被、高草湿地植被、低草湿地植被、苔藓类湿地植被五大类型 57 个群系。全省湿地面积的近 80%分布在黄河水系，陕西省黄河水系污染比长江水系重，水污染是威胁湿地资源最为突出的问题。全省共有库容在 1000 万 m³ 以上的水库 69 座，水面面积在 100 hm² 以上的仅有 35 座。而在这 69 座水库中，总库容为 2.03 亿 m³ 的水面面积只有 150 hm²；石头河水库，总库容为 1.25 亿 m³，水面面积不足 100 hm²。秦岭北坡的一些沟道中建起水库后，大坝以上河道湿地面积有所增加，而大坝以下的河流湿地却明显萎缩。多年来，由于人们的开垦，使大部分沼泽湿地已失去调洪功能，变为农田，黄河湿地萎缩近万公顷。由于陕西省湿地大部分分布在半湿润、半干旱和干旱地区，一方面降水量少，蒸发量大；另一方面上游地区无计划截流灌溉，造成下游河流水量减少，湿地水源补给不足，水面面积锐减。随着工农业生产的发展和城市建设的扩大，大量的工业废水、废渣、生活污水和化肥、农药等有害物质被排入湿地。这些有害污染物不仅对生物多样性造成严重危害，对地表水、地下水和土壤环境造成影响，使水质变坏，寄生虫流行，造成供水短缺，尤其是依赖江河、水库供水的大中城镇受害更为严重。陕西省湿地生态风险依然存在。

4.1.3　自然灾害分析评价

1. 灾害损失

陕西省主要自然灾害有旱灾、洪涝灾害、地质灾害等。旱灾是最主要的自然灾害，2006～2008 年三年全省每年平均成灾面积为 100.51 万 hm²，以陕北、渭北和关中东部较为严重。平均洪涝灾害面积为 30.0 万 hm²，比 2006 年平均增加了 10.76 万 hm²，多发于夏季，以陕南沿江沿河地区最为严重。每年由于气象灾害（旱灾、洪涝、风雹灾害、雪灾、低温冷冻）影响，2006～2008 年三年平均受灾人口 1537 万人次，直接经济损失为 163.4116 亿元，陕西省气象灾害见表 4.4。

表 4.4　陕西省气象灾害损失

年份	受灾面积/万 hm²	旱灾/万 hm²	洪涝灾/万 hm²	风雹灾/万 hm²	雪灾低温冷冻/万 hm²	受灾人次/万人次	直接经济损失/万元
2006	273.94	115	45.52	24.57	87.15	1600	877000
2007	223.35	154	46.22	15.83	29.45	1800	1350000
2008	66.78	32.52	8.43	12.94	12.9	1210	2675347

陕西省部分地区由于不良的地质环境条件和不合理的人类工程活动，每年都有大量不同规模的各种地质灾害发生，造成人民生命财产的重大损失。陕西省的地质灾害主要有滑坡、崩塌、泥石流、地面塌陷、地裂缝和地面沉降。据不完全统计，1950～2000 年全省共发生崩塌、滑坡、泥石流等地质灾害近万起，死亡约 1.2 万余人，经济损失重

大。2001～2005 年，全省共发生地质灾害 4759 起，造成 235 人死亡，直接经济损失约
14.61 亿元（表 4.5），其中，2003 年地质灾害最严重，发生地质灾害 4150 起，直接经济
损失 13.78 亿元。2006 年、2007 年、2008 年分别发生地质灾害 23 起、270 起、123 起，
直接经济损失分别为 0.074273 亿元、0.30868 亿元、2.5 亿元。2006 年地质灾害隐患为
8711 个，呈增加趋势。陕西全省有重点滑坡 1786 处，非重点滑坡近 2000 处，泥石流分
布面积占全省总面积的 2/3，以秦巴山地和陕北黄土高原最为严重。

表 4.5　陕西省地质灾害

年份	易发区域	总面积/万 km²	占全省面积比例%	隐患点/处	滑坡/处	崩塌/处	泥石流沟/条
2004	23	1004	48.8	8483	5193	2488	378
2005	23	10.04	48.8	8711	5426	2477	378
2007	23	10.04	48.8	8711	5426	2477	378

年份	地面塌陷/处	地裂缝/处	直接威胁人口/万	威胁城市和县城/个	全年共发生灾害/起	直接经济损失/万元
2004	244	180	488	18	112	970.9
2005	250	180	49.7	20	335	231.5
2007	250	180	49.7	18	270	3086.6

2. 灾害分布

陕西省滑坡、崩塌、泥石流、地面塌陷等突发性地质灾害主要分布在秦巴山区和黄
土高原梁、峁沟壑区，集中在 6～9 月的雨季。平原区的地裂缝、地面沉降等缓变性地
质灾害极为发育。

陕西省滑坡规模以中小型为主，类型以土质滑坡（黄土滑坡、堆积层滑坡等）为主，
岩质滑坡次之。黄土滑坡主要分布于陕北黄土梁峁区和关中盆地黄土台塬边缘及高阶地
前缘地带；堆积层滑坡主要分布于陕南秦巴山区，多见于低山山麓缓坡、沟谷陡坡地段，
土质疏松，强度低。岩质滑坡主要分布在片岩、板岩、千枚岩、片麻岩较发育的秦巴山
区及陕北南部、关中北部低中山区。连阴雨、暴雨及人为工程活动是其主要诱发因素。
黄土崩塌较为发育，岩质崩塌次之。黄土崩塌主要分布在陕北黄土沟壑区的支沟、残塬
边坡、关中盆地黄土塬前缘、高阶地前缘及人工形成的高陡边坡地带。岩质崩塌主要分
布于坡面不平整、岩石裂隙发育的陕南山区中低山、断裂破碎带及道路沿线与陕北黄土
梁峁沟壑基岩陡峻斜坡（大于 75°）地带。泥石流分为泥流、水石流和泥石流三种，其
中，泥石流和水石流多分布在秦巴山区，而泥流主要发育在陕北黄土高原梁峁沟壑区。
地面塌陷包括岩溶塌陷和矿山采空区塌陷，目前有 250 处，占总灾点的 2.9%。岩溶塌
陷主要分布于汉中市的宁强、镇巴、西乡、南郑及安康市镇坪境内，塌陷面积上千万平
方米；矿山采空区塌陷主要分布于陕北神木、府谷、黄陵与渭北的铜川、蒲城、白水、
韩城煤矿区，陕南也有零星分布，塌陷面积约 27799 万 m²。近年来，随着全省煤炭等
资源的大力开发，地面塌陷呈增长趋势，不仅破坏了生态环境，而且诱发了大量的矿坑
突水、瓦斯爆炸等地下工程灾害，造成了重大的经济损失。地面沉降目前主要发生在西
安、咸阳、渭南等大中城市，尤其以西安市最为严重，产生的主要原因是过量抽汲地下

水。由于城市供水引用黑河水，关停了城区及近郊区的自备生产井，限制地下水开采量，使地面沉降趋势有所减缓。但咸阳、渭南市区地面沉降近年呈加重趋势。地裂缝主要分布在关中盆地中、东部，尤以西安城郊区、咸阳市区和泾阳县最为集中，为缓发性地质灾害。西安已有 12 条地裂缝，裂缝总长度达 10km，以西安市郊区最为严重，分布面积达 150 km²，累计最大沉陷量超过 2600mm。近年来，泾阳、三原、蒲城、澄城、合阳、咸阳、渭南等地陆续有地裂缝发生。关中平原是由渭河及其两岸支流共同塑造的冲积洪积平原，是由一个河流阶地、山前洪积扇、古三角洲和槽形凹陷组成的地貌综合体，形成了地面沉降、地裂缝主要发育的区域。西安市地处渭河盆地中央的西安凹陷区的南部，四周被不同规模的正断层所围限；而渭河盆地又被这些正断层分割，形成伸展构造和掀斜断块，在上陡下缓的铲式正断层的上盘，常发育有次级的同向或反向断裂。总之，森林、植被的严重破坏，过度开发资源和肆意破坏地质环境，使地质灾害活动加剧，损失增大。人为活动对地质灾害的直接影响作用表现在采矿、铁路、公路、桥梁等活动中，因开挖、加载以及工农业生产等原因导致崩塌、滑坡、泥石流发生。人们为了追求经济利益，对煤炭、铅锌矿、金矿和地下热大量开采利用引起地面塌陷与地裂缝频率增加。地面沉降和地裂缝与城区和郊区的地下承压水的过量开采密切相关。近几年来，随着对地下水资源管理力度的加强和黑河引水工程的建设，地面沉降趋于变缓，危害逐步降低。由陕北、关中、陕南地质灾害分布类型（表 4.6）、地质灾害面积和隐患区域（表 4.7）可以看出，地质灾害隐患区域涉及略阳、镇巴、紫阳、旬阳、宁陕、岚皋、镇坪、白河、宝鸡市金台区、淳化、铜川市王益区、宜君、延安市宝塔区、子长、洛川、榆林市榆阳区、神木、横山 18 个县市镇，陕北地质灾害面积最大，占全省面积的 39.01%，其次是陕南，占全省面积的 33.98%，关中地区地质灾害面积占 26.96%，隐患点陕南最多，为 3881 处，陕北较少，为 1833 处。这与陕南地区降水量多、陕北降水量少密切相关。

表 4.6　陕北、关中、陕南 3 个区域地质灾害类型分布

区域	灾害分布区域
陕北地区	神木—府谷以地面塌陷、黄土崩塌为主 米脂—子洲—绥德；定边—吴起—志丹；子长—安塞—宝塔以黄土崩塌、滑坡和泥流为主 洛川—黄龙以黄土滑坡、崩塌为主 黄陵以地面塌陷、黄土崩塌、滑坡及泥流为主
关中地区	铜川；长武—彬县—旬邑以黄土滑坡、崩塌及地面塌陷为主 宝鸡市渭河两岸黄土塬边以黄土滑坡、崩塌为主 西安以地面沉降与地裂缝为主 蓝田—临渭—华县—华阴—潼关以泥石流、黄土滑坡及崩塌为主 凤县—太白以堆积层滑坡和泥石流为主
陕南地区	洛南县北部以泥石流为主 商洛市北部以堆积层滑坡和泥石流为主 留坝以堆积层滑坡和泥石流为主 略阳—勉县—宁强以滑坡、崩塌、泥石流及采空区地面塌陷为主 城固—洋县以膨胀土、堆积层滑坡为主 佛坪—宁陕以堆积层滑坡及泥石流为主 西乡—石泉—汉阴以膨胀土、堆积层滑坡为主 商洛市南部以堆积层滑坡及泥石流为主 旬阳—汉滨—白河以滑坡、崩塌、泥石流为主 镇巴—紫阳—岚皋以滑坡、崩塌、泥石流及少量岩溶地面塌陷为主 平利—镇坪以滑坡、泥石流及岩溶地面塌陷为主

表 4.7　陕西省地质灾害隐患

	土地面积 /km²	地质灾害隐患点 /处	滑坡 /处	崩塌 /处	泥石流沟 /条	地面塌陷 /处	地裂缝 /处	年降水量 /mm
陕北	80290	1833	790	927	36	61	19	350～500
关中	55384	2779	1185	1148	138	157	161	500～700
陕南	69929	3881	3451	402	204	32		900～1200

　　根据陕西省地质地貌，将地质灾害划分为秦巴山区、关中盆地和黄土高原 3 个区域，地质灾害分布见表 4.8。秦巴山区以中、低山为主，板岩、片岩、页岩、千枚岩、灰岩及第四纪坡残积层、膨胀土分布广泛，人类切坡盖房、修路、采矿活动频繁，滑坡、崩塌、泥石流等地质灾害隐患十分发育，发生滑坡、崩塌、泥石流等突发性地质灾害概率较高。关中盆地属渭河冲积平原或黄土台塬地貌，新构造运动活跃，河流高阶地与黄土台塬边坡陡峻，黄土垂直节理发育，具有湿陷性，人类活动频繁。在人为和降水等多种因素影响下，零星发生黄土滑坡、崩塌、地裂缝等地质灾害。关中地区采煤区地面塌陷和地表变形裂缝仍将继续发展，严重威胁该区内的村民房屋和人身安全。陕北高原地区黄土梁峁发育，沟壑纵横，生态脆弱，水土流失严重，而且井下采煤强度不断增大，切坡建窑十分普遍，黄土崩塌、滑坡等地质灾害和人工高切边坡的垮塌事故时有发生。

表 4.8　陕西省地质灾害区域分布

秦巴山	关中盆地	高原地区
商洛市的南部和中北部地区	宝鸡市渭河北岸黄土塬边缘地带	榆林市神木—府谷采煤区、榆林市东南部黄土梁峁沟壑区
安康市的东南部和宁陕县西北部地区及汉阴、石泉中部地区	咸阳市的泾河南岸黄土塬边地带	延安市北部及洛川、黄陵地区
汉中市的勉县、略阳、宁强、地区和留坝、镇巴、佛坪东南部及城固县山前地区	西安市长安、蓝田、临潼黄土台塬区	铜川市采煤区，宜君县西南部地区
宝鸡市的凤县、太白地区	渭南市白水—韩城采煤区	咸阳市彬县、长武山区
渭南市的南部山区		宝鸡市千阳—陇县的千河岸边

4.1.4　生态环境脆弱性分析评价

　　生态环境脆弱性（敏感性）一般分为 4 级，即极敏感、中度敏感、轻度敏感、不敏感。根据估算分析陕西省生态环境脆弱性等级，见表 4.9。

表 4.9　生态环境敏感性所占比例（%）

	极敏感	中度敏感	轻度敏感	不敏感
土壤侵蚀	46.8	24.3	23.7	5.2
沙漠化	15.7	54.0	30.3	
盐渍化	0.9	5.4	93.7	
生境敏感	35.6	5.9	16.8	41.7

　　可以看出，陕西省土壤侵蚀受多种因素的综合影响，敏感性比较高。影响土壤侵蚀的主要因子为降雨冲蚀、地形起伏、植被类型、土壤质地等几种因素综合作用导致了土

壤侵蚀敏感性在空间分布上的复杂性。陕北白于山地、神木和府谷的黄土梁状丘陵区、无定河流域、延河流域、洛河上中游、黄河沿岸土石低山丘陵区、千河流域、嘉陵江流域、商洛低山区和汉江两岸低山丘陵区，地形破碎、起伏大，土壤以粉砂质和砂质为主，同时受人类活动影响大，自然植被严重破坏成为土壤侵蚀极敏感地区，对人类干扰活动抵抗性和缓冲性弱，极易发生严重的土壤侵蚀问题。土地不合理开垦，森林砍伐，植被破坏及不合理利用是诱发和加剧土壤侵蚀的主要原因，秦巴山区土壤侵蚀不断加剧的主要原因就是植被的破坏。因此，应重点加强对自然植被的保护和退化、破坏植被的恢复和重建，以控制土壤侵蚀，降低敏感性。

　　陕西省土地沙漠化敏感性也较高，极敏感区分布在靖边至榆林一线的局部，中度敏感区分布在陕北长城沿线以北的毛乌素沙地边缘地区和东北部的黄土梁状丘陵区，在东秦岭北麓有小片分布；其他地区为轻度敏感和不敏感。敏感地区目前也都是沙漠化较为严重的地区，特别是神木、府谷一带大规模的矿产资源开发和人类频繁活动的影响，使地表植被遭受破坏，覆盖降低，防风固沙能力下降，打破了自然生态系统的正常生态关系和生态过程，造成地表起沙或流沙入侵，导致土地沙漠化不断加剧。

　　陕西省土壤盐渍化主要为轻度敏感，极敏感面积极小。土壤盐渍化敏感性主要受地下水矿化度和蒸发量的影响，在敏感地区，当人类开垦土地，进行灌溉而忽视排水情况下，极易引发盐渍化。特别是关中和渭北灌区应高度重视排水系统的完善，防止土壤盐渍化。

　　陕西省生态环境也极为敏感，极敏感地区呈明显的三大块，即陕北黄土高原北部，从府谷县向西南至吴起县，及陕北黄土梁峁丘陵区、黄河沿岸及无定河、洛河、泾河、千河流域，秦岭和巴山的中低山区、商洛低山区，以土壤侵蚀为主的极敏感区；陕南以秦岭山地和巴山的中高山区为主，这些地区主要是典型山地生态系统和众多珍稀动植物的栖息地，是生物多样性的极敏感区，局部是土壤侵蚀的极敏感区；子午岭和黄龙山、黄河湿地为第三块极敏感区，主要是典型生态系统和珍稀动植物。中度敏感分布在黄土丘陵沟壑区南部、黄土塬区、渭北地区及秦岭南坡和巴山北坡的低山丘陵区；轻度敏感分布在关中平原、汉中盆地等地。

　　由以上分析可以看出，陕西省生态环境敏感与脆弱区域包括陕北黄土高原丘陵沟壑水土流失重点控制生态功能区和关中平原城镇与城郊农业生态功能区两个区域。黄土高原丘陵沟壑区地处暖温带半干旱地区，自然条件脆弱，生态环境对外界的干扰表现出极大的敏感性，是陕西省生态环境最为敏感和脆弱的集中分布地区，水、土两大因子是该区域的主要限制因子，人口多，对自然环境的压力大，资源过度开发利用。关中平原分布着西安、咸阳、宝鸡、渭南等大中城市，并以这些城市为依托，带动周围经济发展，城市化速度较快，人口密集，人地矛盾突出。该区域面临的主要生态环境问题是土地利用不合理，耕地被大量占用，后备土地不足。工业和乡镇企业的快速发展使环境污染日益加重。城市周围农业环境污染加剧，水环境问题特别突出，水资源短缺与水域污染并存，城市生态环境恶化。同时秦岭山地水源涵养与生物多样性保育生态功能区，自然条件复杂，生态环境极易遭受破坏，森林结构简单，多次生林，年龄组成不合理，幼林和人工林比例大，生产力低，稳定性差，抗干扰能力弱，因长期遭受人类活动干扰，森林景观破碎度高，天然林面积缩小，生态系统功能趋于下降，易引发和加剧水土流失、滑坡、泥石流等灾害，使森林生态系统生物多样性受到严重威胁，同时对周边地区造成明显影响。

减小生态脆弱性，必须加强生态环境的水源涵养和水文调蓄功能、土壤保持功能、沙漠化控制服务功能。水源涵养能力由地表覆盖层涵水能力和土壤涵水能力构成，主要取决于植被结构、地表层覆盖状况，以及土壤理化性质等因素。陕西的天然落叶阔叶林、针叶林、草地、灌草丛、次生林、温性针叶林、人工林和灌丛、草甸和农田生态系统等具有重要的水源涵养功能，应加强重视。陕西省的土地沙漠化虽然多发生在陕北北部毛乌素沙地的边缘地带，但因这些地区人口密度不断增加，又是极为重要的能源和化工生产地，应加强沙漠化控制。陕北黄河沿岸及其一级支流地区，应加强土壤保持功能，靖边的红柳河上游，子午岭和黄龙山的林区，千河流域，洛河支流铜川的水源区，为土壤保持与水源涵养并重极重要区；关中平原、汉江谷地、秦岭的大部分、巴山的中高山及低山丘陵则为水源涵养与生物维持重要区。因此，加强生态环境管理是减缓生态敏感性发生风险以及发挥其服务功能的主要途径。

4.1.5　社会经济环境分析评价

从陕西省化肥使用、人口、能源（图 4.5）和陕西省能源消耗（图 4.6）可以看出，陕西省 GDP 在不断增加，经济发展指标呈现出良好状态，说明陕西处于经济快速发展时期，同时能源消耗、人口这些对社会经济生态环境有重大影响的指标也呈现出快速增加趋势。经济越发展、人口增加越快，能源消耗越多，由于能源的有限性，这样就会对经济发展产生潜在负面影响。

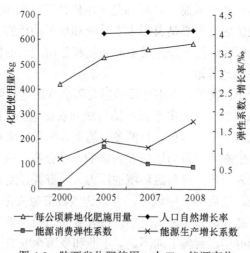

图 4.5　陕西省化肥使用、人口、能源变化

随着陕西经济发展，大气中污染物排放量增大，对环境造成极大影响。由图 4.7 可以看出，2006~2008 年大气污染物、工业粉尘固体废物排放量有不同程度减少，废水排放量增加。2008 年废气排放 9706.4 亿 Nm³，二氧化硫排放 88.94 万 t，工业二氧化硫排

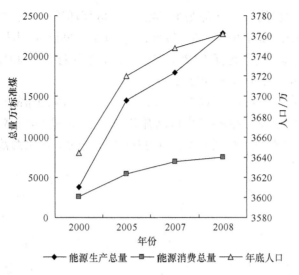

图 4.6　陕西省能源消耗变化

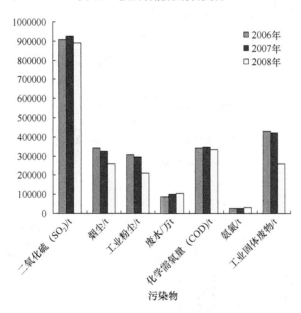

图 4.7　陕西省污染物排放

放量为 80.66 万 t，生活二氧化硫排放量为 8.28 万 t，烟尘排放量为 27.56 万 t，工业烟尘排放量为 16.34 万 t，生活烟尘排放量为 11.22 万 t。氮氧化物排放量为 47.73 万 t，工业氮氧化物排放量为 41.87 万 t，生活氮氧化物排放量为 5.86 万 t，工业粉尘排放量为 20.89 万 t。总废水排放量、工业废水排放量、城镇生活废水排放量分别为 10.49 亿 t、4.85 亿 t 和 5.64 亿 t，废水中总化学需氧量（COD）、工业废水中 COD、生活废水中 COD 分别为 33.21 万 t、13.25 万 t、19.96 万 t。COD 平均浓度 2008 年比 2006 年下降幅度达 42.3%。2008 年工业固体废物总产生量为 6136.87 万 t，比 2007 增加了 12.0%，排放量为 26.24 万 t，比 2007 年减少了 37.9%。全省环境空气污染仍属颗粒物和以二氧化硫为主要污染物的煤烟型污染，虽然污染物排放量有所减少，但严重的大气污染趋势还没有彻底改变,对城镇居民的健康构成威胁。陕西多年区域环境噪声平均等效声级为 51.3～59.3dB,属轻度污染,城市声环境质量较好,为 70%,功能区噪声昼间噪声平均值超标 27.3%～36.4%,夜间平均值超标 18.2%～58.3%,昼夜达标率为 40%。道路交通噪声平均等效声级为 66.0dB,达标率为 95.5%。

由陕西环境灾害(图 4.8)可以看出,环境污染事故和交通事故有减少趋势,这与陕西省的治理措施密切相关。从图 4.9 中可以看出,陕西省环境治理投资在不断增加,截至 2008 年,陕西省污水处理、垃圾处置、电力企业脱硫设施、污染源治理项目、危险废物

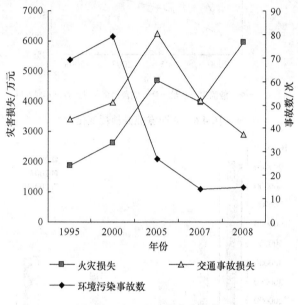

图 4.8　陕西省环境灾害变化

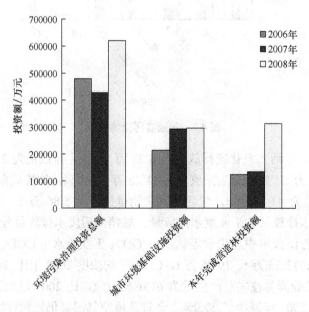

图 4.9　陕西省环境治理投资变化

处理等环境治理方面的投入资金为 6.17 亿元，使交通事故、环境污染事件也呈现出减少趋势，这样可以减少生态环境风险。但是陕西省社会经济还处于快速增长阶段，能源消耗量和人口也在不断增加，虽然环境治理投资资金增加，但治理赶不上经济发展带来的负面影响，环境灾害经济损失也在增加，因此，生态环境潜在压力风险依然存在，而且较大。

4.2　甘肃省生态环境压力状态

4.2.1　自然生态环境状况分析评价

甘肃全省土地总面积为 45.44 万 km^2，山地、高原、川地、戈壁、沙漠分别占 25.97%、29.50%、29.61%、14.92%，包括陇南山地、陇东中部黄土高原、甘南高原、祁连山—阿尔金山山地、河西走廊温带干旱荒漠、北山山地 6 个大的区域类型。其中，又有沟谷地、河川平地、阶地、浅山丘陵地、低山、中山、亚高山、高山地、黄土塬地、黄土梁峁地、黄土丘陵地、平地、滩地、漫坡地、盆地、沙漠、戈壁、绿洲等 30 多个土地种类。2006 年、2007 年、2008 年耕地占甘肃省总土地面积的 10.19%、10.18%、7.63%，耕地面积在减少。从表 4.10 中可以看出，水域、林地、草地面积有所增加。根据第五次森林资源清查结果，甘肃省林业用地总面积为 802.72 万 hm^2，全省森林蓄积为 1.99 亿 m^3，森林覆盖率为 9.90%。第六次森林资源清查结果，林业用地总面积为 981.21 万 hm^2，占全省土地总面积的 21.82%，森林覆盖率为 13.42%。由图 4.10、图 4.11 及表 4.11 可以看出，甘肃水资源有减少趋势，2007 年甘肃省自产地表水、水资源总量、蓄水总量分别为 259.23 亿 m^3、268.89 亿 m^3、38.626 亿 m^3，比 2006 年有不同程度减少，2007 年入境水为 292.46 亿 m^3，地下水资源、径流深分别为 136.94 亿 m^3、56.8 亿 m^3，入境水比 2005 年增加了 215.08 亿 m^3，地下水资源、径流深比 2005 年减少了 13.265 亿 m^3、8.2 亿 m^3，农业用水减少，生态用水增加，总用水量增加。水利工程供水 2008 年比 2007 年减少了 14090 万 m^3，以农业供水量最大，生态供水最少。2008 年有效灌溉面积为 1.88 万 hm^2，造林面积为 15.77 万 hm^2。甘肃有水土流失面积 37.94×10^4 km^2，占全省土地面积的 83.5%。水土流失形成的自然因素为地质结构破碎、土壤质地疏松、降雨时空变率大、植被覆盖度差。而不合理的水土资源开发、滥伐毁草过牧和工程建设等人类活动加剧了水土流失。由表 4.12 可以看出，甘肃省 2008 年水土流失面积、治理水土流失面积比 2007 年减少，小流域治理面积增加，易涝面积基本保持稳定。截至 2008 年，甘肃省共建立自然保护区 57 个，总面积为 995.6236 万 hm^2，占全省面积的 22.1%，其中，国家级自然保护区 13 个，省级 40 个，县级 4 个。未来结合西部大开发的良好机遇，应采取以小流域为单元的综合治理、因地制宜地实施退耕还林还草策略。总之，甘肃省生态自然环境比较脆弱，环境压力比较大，潜在生态风险更大。

4.2.2　自然灾害分析评价

甘肃是西北地区自然灾害严重省之一，农业干旱、洪涝、地质灾害、沙尘暴灾害发

表 4.10　甘肃省土地类型所占比例（%）

年份	耕地	林地	水域	草地
2006	10.19	11.4	2.42	31.08
2008	7.63	13.42	2.44	36.62

表 4.11　水资源供应量变化　　　　　　　　　　（单位：万 m³）

年份	水利工程年供水总量	农业年供水量	工业年供水量	城乡生活年供水量	生态环境年供水量
2005	1221961	989752	135614	71059	30756
2007	1234821	989105	133137	71932	40647
2008	1220731	976914	136667	68764	38386

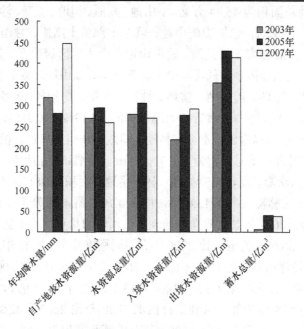

图 4.10　甘肃水资源变化

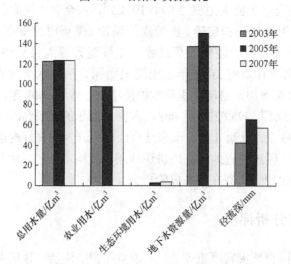

图 4.11　甘肃水资源利用变化

表 4.12　水土流失及治理面积　　　　　　　（单位：万 hm²）

年份	水土流失面积	水土流失治理面积	小流域治理面积	易涝面积
2005	1361.478	774.407	156.53	3.423
2007	1545.95	791.43	1638	3.42
2008	1545.945	768.378	168.719	3.42

生频繁。由图 4.12 可以看出，2006～2008 年平均农作物受灾面积为 136.5667 万 hm²，成灾面积为 99.13667 万 hm²，绝收面积为 16.4 万 hm²，2007～2008 年平均地震灾害损失 1233.1 亿元。沙尘天气危害严重。2006 年沙尘暴主要出现在河西走廊、陇中北部和陇东北部，全省年平均沙尘暴日数为 0.8 天，受灾人口 5.4181 万，并造成 2 人死亡，农作物受灾面积为 4.1159 万 hm²、绝收面积为 2.2402 万 hm²，损坏房屋 25 间，死亡牲畜 0.6873 万头，直接经济损失 1.6269 亿元。2007 年共发生沙尘天气 10 次，比上年减少 6 次，沙尘天气 6 次，影响 5～6 个城市，经济损失惨重。

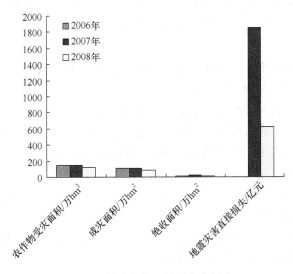

图 4.12　甘肃农业、地震灾害损失

甘肃省地形地貌和地质构造复杂，生态地质环境十分脆弱，全省 86 个县（市、区）有 62 个位于山区或河谷区，不同程度受到泥石流、滑坡等地质灾害的威胁。24 个县（市、区）位于戈壁和沙漠边缘，土壤沙化和盐渍化问题也十分严重。甘肃省滑坡、崩塌、泥石流等地质灾害突发性强、破坏力大，人类不合理的活动往往加剧地质灾害的破坏程度，例如，植树、修梯田，需要挖坡和引水上山，容易造成山体失稳，一旦遇到暴雨，很有可能诱发滑坡和泥石流。甘肃地质灾害多发时段主要集中在 3～10 月。3～4 月为消融期地质灾害，在部分冻土地带，地下水位较高地段有发生滑坡、崩塌等灾害的可能；5～10 月为汛期，强降水过程较多，当降水达到一定强度时（日降水量达 50mm 以上或连续大雨 3 天以上），在地质灾害易发区极易诱发滑坡、泥石流，在公路、铁路边坡、露天开采矿山的掌子面、废弃矿点及施工现场崩塌等突发性地质灾害发生严重。甘肃有泥石流沟 3.6 万余条，面积 12 万 km²，占全省面积的 26.4%，20 世纪 80 年代地质灾害事件 5~8 起，经济损失 6 亿~8 亿元，20 世纪 90 年代达 30~40 起，21 世纪地质灾害隐患点 8618 处，威胁人数为 216 万，受威胁财产达 445 亿元。甘肃 14 个市州均有地质灾害分布，灾害危害范围广。2010 年全省共发生各类地质灾害 294 起，直接经济损失 22786.8 万元（经济损失不含舟曲特大山洪泥石流灾害）。从灾害类型看，地质灾害主要以滑坡、泥石流为主。从灾害成因看，自然因素引发的地质灾害占 99%，不合理人类工程活动引发的地质灾害占 1%。从灾损情况看，泥石流、滑坡、崩塌等灾害是造成重大人员伤亡和财产损失的主要灾种。另外，截至 2010 年年底，全省已查明地质灾害隐患点 10629 处。

2008 年的汶川地震波及甘肃陇南、天水、甘南等 10 个市州的 52 个县，进一步恶化了甘肃省十分脆弱的地质环境，新引发地质灾害 8000 多起。2010 年 8 月 8 日凌晨的舟曲特大山洪泥石流灾害地处甘肃南部山区的舟曲县，峰陡谷深，是西北地质灾害高发区域。

甘肃省滑坡、崩塌分布的总趋势是南部相对活跃，向北逐渐变弱，且基本上以 400mm 年降水量为界。以乌鞘岭为界，东部滑坡分布较为密集，河西走廊相对稀疏，全省地质灾害有 7 个分布带。

洮河流域集中分布带：主要分布于洮河流域中游（卓尼县、岷县东北部），洮河支流广通河流域广河县、东乡县一带。

黄河干流、湟水流域集中分布带：主要分布于黄河干流临夏—永靖—兰州段、湟水及其支流一带。在祖厉河流域的会宁县城周围、安定城区、靖远县西南部一带也有分布。

渭河流域集中分布带：主要分布于渭河流域通渭县、陇西县、漳县、秦州区、麦积区、秦安县、武山县、甘谷县、张家川县及公路、铁路沿线。

白龙江流域集中分布带：主要分布于宕昌县、舟曲县、武都区、文县。在两河口—文县一带，滑坡尤其发育。

泾河流域集中分布带：主要分布于环县、华池县、宁县、镇原县、庆城县、西峰区、灵台县、泾川县、崇信县、崆峒区和华亭县。

西汉水、嘉陵江流域集中分布带：主要分布于礼县、西和县、康县、成县、徽县、两当县。

石羊河流域上游、毛毛山集中分布带：主要分布于古浪县、天祝县。

甘肃省泥石流分布面积约占全省总面积的 30%，分为泥流和泥石流两大类，其中，泥流主要分布在黄土高原地区，面积约为 6.4 万 km^2，泥石流主要分布于陇南、黄河干流、渭河流域和祁连山区，面积约为 7.1 万 km^2。

陇南泥石流分布区：主要分布于白龙江和西汉水流域中下游。以黏性泥石流为主，固体物质丰富，暴发频繁，危害严重。近几年来，该区域未暴发大规模的泥石流灾害，加之 2008 年地震，沟谷中聚集了大量松散固体物质，暴发灾害性泥石流的危险性增大。

渭河中游泥石流分布区：主要分布于秦州区、麦积区、武山县、甘谷县、秦安县和陇西县、漳县，以稀性泥石流为主，固体物质较丰富，暴发较为频繁，危害较严重。陇东（泾河流域）泥石流分布区：主要分布于华池县、环县、镇原县、正宁县、合水县、庆城县、灵台县、崆峒区，以稀性泥石流为主，暴发较为频繁，危害较严重。

陇西（祖厉河流域、渭河北部各支流流域、洮河流域）泥石流分布区：以稀性泥石流为主，危害较严重。

黄河河谷泥石流分布区：主要分布于黄河干流兰州段及其支流，以稀性泥石流为主，暴发频率较低，但危害严重。

河西泥石流分布区：主要分布于祁连山北坡和龙首山、合黎山山前，以稀性泥石流为主，暴发频率低，危害较轻。

地面塌陷的分布受采矿活动的影响较大，主要分布于兰州市红古区窑街镇、七里河区阿干镇，白银市平川区、白银区、靖远县，陇南市徽县、成县、西和县、两当县，平凉市华亭县、崇信县等。

地裂缝主要分布于矿区、水库周边地区和会宁县白草塬。受引黄灌溉的影响，白草塬塬面形成了大面积的地裂缝。矿区地面塌陷灾害经常伴随发生地裂缝。

地质灾害的形成诱发因素与降水量变化和人类活动有关。一般泥石流的形成与大雨、暴雨同步发生。滑坡、崩塌、地裂缝发生主要与暴雨和连续性降水相关，5～10 月为地质灾害主要发生时期，人为因素和其他自然因素造成的滑坡、崩塌等地质灾害情况比较复杂，全年都有发生。地面塌陷灾害的发生、发展与采矿的强度、开采规模、开采形式等有关。因此，应加强监测与预报、预警工作，减少自然灾害发生引发的潜在生态风险。

4.2.3　社会经济环境分析评价

由图 4.13 甘肃社会经济环境可以看出，能源弹性系数减小，电力生产弹性系数也在减小，而人口增长速度在增加。甘肃社会经济发展状况处于增长趋势，2008 年除粮食种植面积、受灾面积比上年减少外，其他国民生产和农业生产以及消费都比 2007 年增加。

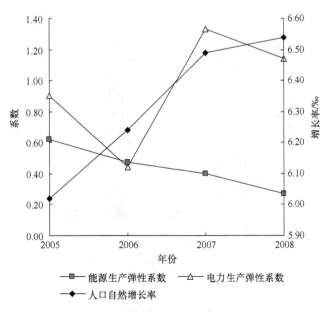

图 4.13　甘肃省能源、电力、人口增长变化

经济水平提高，一方面提高了人们文化生活质量；另一方面会带来能源消耗，污染排放的增加，从而增大社会、自然生态环境压力，经济增长与自然生态环境依然处于不平衡状态。甘肃经济发展带来河流水质污染严重。甘肃省15条河流中45个断面水质观测表明，53%河流水质为轻度和重度污染。尤其是大夏河、渭河、泾河、马莲河、蒲河、石羊河、山丹河、石油河8条河流污染严重。污染物排放量有不同程度的增加。由图4.14可以看出，工业废水排放量在增加，2008年工业废水排放量为16798万t，生活污水排放量为31064万t，分别比2005年增加了549万t、2585万t、0.44万t，由图4.15可以看出，大气中，二氧化硫排放量、化学需氧量、烟尘排放量等污染物排放量有轻微下降。

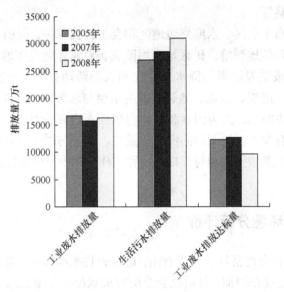

图4.14 甘肃污水排放量

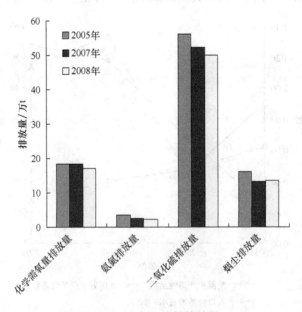

图4.15 大气污染物排放量

工业固体废物综合利用率为 27.11%，储存率为 31.21%，处置率为 46.16%，综合利用率达 36.07%，比上年有所提高，虽然污水排放和大气污染指标有所下降，但水和大气生态环境依然比较差。

4.2.4　黑河流域绿洲生态环境分析评价

黑河是西北干旱区的内陆河，发源于祁连山，流经河西走廊，最后注入内蒙古西北部额济纳旗的索果淖尔和嘎顺淖尔（东、西居延海），河流全长 821 km。从祁连山源头至出山口附近的莺落峡为上游，从莺落峡至走廊"北山"出口处的正义峡为中游，正义峡以下为下游。黑河流域跨青海省、甘肃省和内蒙古自治区的 5 地（州）、11 县（市、旗）。流域人口为 150 万，流域总面积为 13 万 km²。其中，黑河干流水系哺育了中游的张掖、临泽、高台绿洲和下游的鼎新、额济纳绿洲。张掖绿洲、临泽绿洲、高台绿洲和鼎新绿洲为人工绿洲中的农业绿洲，额济纳绿洲为半人工绿洲，以牧业和农业为主。由表 4.13 看出，绿洲生态安全由中游向下游依次降低，下降的幅度由中游向下游依次增大，表现为水安全和土地脆弱性增加。

表 4.13　绿洲生态环境脆弱性指数

	张掖绿洲	临泽绿洲	高台绿洲	鼎新绿洲
水	0.69	0.732	0.748	0.858
土地	0.776	0.752	0.804	0.826
综合指数	0.733	0.742	0.775	0.842

张掖绿洲位于河西走廊中段，面积为 1453 km²，总人口为 46.9 万，其中，农业人口占 75.4%，耕地面积达 7.88 万 hm²，20 世纪 90 年代水质、潜水位、耕地和绿洲稳定性程度开始下降。每年 4~6 月的农业需水高峰期正逢黑河枯水期，大量地下水开采致使地下水水位下降。工业的发展和化肥及农药的大量使用使张掖段水质下降，绿洲耕地面积的扩大使农业用水量增长，水资源供需矛盾加大。绿洲水盐化和旱盐化土地盐碱化严重，旱盐化土地严重不得不重新弃耕而致荒漠化，使得绿洲稳定性降低。

临泽绿洲位于黑河干流中游，西与张掖绿洲相接，东与高台绿洲相邻，面积为 816km²，总人口为 14.47 万，其中，农业人口占 88.87%，耕地面积为 2.96 万 hm²。临泽绿洲水安全、土地安全和社会经济系统均呈下降趋势，尤其水安全下降幅度最大，植树造林固定沙丘取得成效，使得林地和社会经济状态有所好转。表现出水资源供需缺口很大，农业用水、工业和生活用水、生态用水之间的矛盾较为尖锐。表现在灌区用水效率低下，管理方式陈旧，农业灌溉定额较高，农户节水意识薄弱，水资源不能优化配置等人为原因。特别是近年来临泽绿洲耕地面积比 20 世纪 80 年代中期增加了 6600 hm²，给水资源的供给带来更大的压力。其次，由于灌排设施不配套，灌溉方式不合理，大水漫灌造成灌区地下水位上升，导致土壤盐碱化加剧，20 世纪 90 年代盐碱化土地比 20 世纪 80 年代中期增加了 3.7 倍，从 28km² 增加到 104 km²。结果，对于一个农业县，虽然大量开垦土地，经济安全程度反而降低了。

　　高台绿洲位于黑河干流中游的下段，东邻临泽绿洲，北有鼎新绿洲，并依合黎山与内蒙古阿拉善右旗相邻，面积为 720 km²，人口为 15.80 万，其中，农业人口占 88.67%，耕地面积达 2138 万 hm²，绿洲经济中心为高台县城。从水环境、土地和社会经济系统的评价结果看，水质安全、耕地安全和绿洲稳定性明显下降。高台绿洲是沿河绿洲，水资源的供给量与需求量在减少，需水量的减少主要因为耕地面积比 20 世纪 80 年代中期减少了 2 000 hm²，自然也减少了一些需水压力。河流水质也在下降。土地人口承载度下降，总人口增加。草地载畜能力明显下降，现状的载畜能力仅有 20 世纪 80 年代中期载畜能力的 60%，主要是因为草原生态系统退化。由于生态系统恶化，自然灾害发生频率加大，影响了绿洲的稳定性，绿洲荒漠化威胁较为严重。

　　鼎新绿洲位于黑河干流正义峡以下的沿河地带，是黑河进入下游的第一个绿洲，也是内蒙古牧业区与甘肃农业耕作区的一个结合地带，绿洲面积为 348 km²，总人口为 5.01 万，其中，农业人口占 79.24%，耕地 0.76 万 hm²，林草地 0.33 万 hm²，行政上归金塔县。耕地安全和绿洲稳定性下降最大。鼎新绿洲的生态环境问题已经相当严重。由于黑河来水量不断减少，河道断流的时段也逐渐延长，造成地下水位普遍下降，加之气候干旱化的影响，土地沙漠化日趋加剧。绿洲的面积已由 20 世纪七八十年代的 450 km²，减少到目前的 348 km²，整个灌区内除沿黑河两岸人工绿洲基本连续外，河岸以外的绿洲已被流动沙丘逐渐分割。各种自然灾害频繁发生，风沙危害农田、干旱加剧、虫灾、病害的严重程度呈逐年上升趋势、植被覆盖率的降低使沙尘暴发生次数增加，严重影响人民生产的稳定和生活水平的提高。

　　内陆河流域中下游属于荒漠–绿洲生态系统，承受着人口增长和经济发展所带来的巨大压力以及周围沙漠侵蚀的威胁。绿洲生态安全的关键是水资源。由于流域水资源总量的减少、自然环境变迁、气候干旱化以及上游祁连山植被的水源涵养影响，下游绿洲来水量减少。加上张掖绿洲和临泽绿洲耕地面积不断扩大，城镇规模增长，工农业生产需水量的增加造成了水资源供需的紧张，导致下游额济纳地区河流断流、湖泊干涸、地下水位下降，出现严重的生态环境问题。另一方面，流域是一个有机的整体，各个绿洲生态系统相互影响。中游绿洲呈扩张趋势，而下游绿洲呈萎缩趋势，最终结果是整条河流的绿洲系统总面积减少，并呈不稳定状态。土地生态问题严重，张掖和临泽绿洲主要是盐碱化问题，高台和鼎新两个沿河绿洲及最下游的额济纳三角洲除了盐碱化问题，沙漠化的威胁依次加重，沿河下游还出现耕地弃耕，草场退化，胡杨林死亡，绿洲受到流动沙丘逐渐威胁等严重问题。绿洲抗灾能力降低，片面追求经济发展驱动绿洲生态环境退化。

　　总之，水量安全（水资源供需）、潜水位安全、耕地安全（土地人口承载度）、绿洲稳定性（包括绿洲土地的盐碱化率和沙化率）的变化反映出绿洲生态安全状况下降，生态风险在增加。中游绿洲耕地的增加和绿洲面积的扩大使水资源供需矛盾更加突出，导致下游额济纳地区河流断流、湖泊干涸、地下水位下降，生态环境问题突出。

4.3　宁夏生态环境压力状态

4.3.1　自然生态环境分析评价

宁夏位于黄河中上游的黄土高原西北部,境内山地叠起,平原错落,丘陵连绵,沙丘、沙地广泛分布,土地面积为 663.93 万 hm²,山地、丘陵占总面积的 71.39%。地形南高北低,植被类型和气候差别较大。北部引黄灌区灌溉农业发达。中部干旱带是干旱草原和雨养农业区域,农业收成依赖降水量的时空分布。年平均降水量为 305mm,蒸发量为 1800mm。南部山区是宁夏植被条件最好的地区,植被类型和生物群落分布广泛,但是自然灾害严重。中部平原、毛乌素沙地南缘等地区荒漠化严重。

宁夏 2008 年年末有耕地 112.8 万 hm²,水田 19.3 万 hm²,旱田 93.5 万 hm²,黄河流经宁夏 10 个县市,长 397km,入境年径流量为 263.55 亿 m³。从宁夏土地利用结构(表 4.14)可以看出,牧草地占面积最大,为 43.6%;其次是耕地,为 21.3%;林地为 11.7%;水利设施用地最少,为 0.1%。从图 4.16 中可以看出,2005~2008 年宁夏耕地呈增加趋势。2005 年人均土地面积 12.71 亩[①],人均耕地面积 2.71 亩,灌溉面积 42.6 万 hm²,占耕地面积的 43.1%。到 2008 年耕地总资源 112.8 万 hm²,常用耕地 104.2 万 hm²,有效灌溉面积 43.4 万 hm²,占常用耕地面积的 41.7%。全区人均土地面积 12.46 亩,人均耕地面积 2.66 亩,土地利用结构发生巨大变化。

表 4.14　宁夏 2008 年土地利用类型占比例

	耕地	园地	林地	牧草地	其他农用地
占全省土地比例/%	21.3	0.7	11.7	43.6	3.1
	居民点及工矿用地	交通用地	水利设施用地	未利用地	其他土地
占全省土地比例/%	3.5	0.4	0.1	14.0	1.6

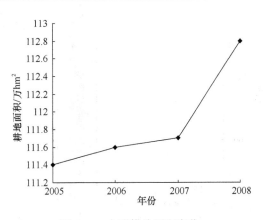

图 4.16　宁夏耕地面积变化

从图 4.17 和图 4.18 中可以看出,宁夏水资源环境也发生巨大变化,地下、地表水资源量、蓄水量呈减少趋势,取水量、农业耗水量呈增加趋势。2007 年全区平均降水

---

① 1 亩≈666.67m²。

299mm，降水总量 154.9 亿 m³，径流深 15mm，地表水资源总量 7.8 亿 m³。黄河入境平均流量 898.6 m³/s，出境平均流量 776 m³/s，入境水量 283.3 亿 m³，出境水量 244.6 亿 m³，进出境差为 38.7 亿 m³。2008 年黄河入境径流量为 263.55 亿 m³，比 2007 年减少 19.53 亿 m³，蓄水量为 2424 亿 m³，减少 870 亿 m³，农业耗水量为 37.453 亿 m³，增加 19.93 亿 m³。宁夏地下水资源开采量增加，地下水降落漏斗严重面积达 414.43km²。如银川市 2007 年总开采量是 $1.2999 \times 10^8 m^3$，承压水开采量为 $1.0622 \times 10^8 m^3$，潜水开采量为 $0.2377 \times 10^8 m^3$，潜水补给量为 $5.4885 \times 10^8 m^3$，潜水的排泄量 $5.4853 \times 10^8 m^3$。到 2008 年，银川市地下水总开采量 $1.5373 \times 10^8 m^3$，总潜水补给量为 5542.09 万 m³/a，总开采

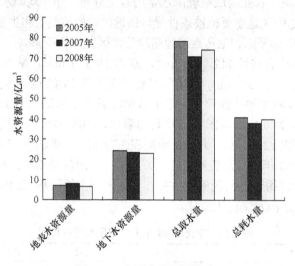

图 4.17　宁夏水资源量变化

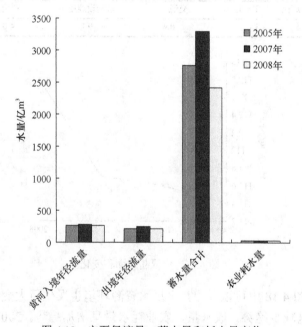

图 4.18　宁夏径流量、蓄水量和耗水量变化

量增加了 25%，使地下水降落漏斗严重，面积达 414.43km²。由表 4.15 可以看出，宁夏农用化肥、农药、地膜覆盖呈增加趋势。这些表明了宁夏土地和水资源生态状况潜在风险在增加。

表 4.15 宁夏农业环境化肥施用量

年份	化肥施用量 /万 t	氮肥 /万 t	磷肥 /万 t	复合肥 /万 t	农药 /万 t	地膜覆盖面积 /万 hm²
2001	24.5500	—	—	—	0.1689	7.2287
2007	95.5200	50.1000	21.9800	21.0600	0.2228	8.7134
2008	95.9234	50.2122	22.7712	22.7712	0.2385	22.7000

2001～2003 年宁夏全区森林覆盖率为 8.3%（有林地面积、灌木林地面积、四旁树折合面积之和与全区总面积之比），全区林分年均消耗率为 13.37%。2007～2008 年，宁夏全省森林覆盖率增长为 9.84%，林地面积为 196.65 万 hm²，占土地总面积的 37.9%。宜林地面积 85.73 万 hm²，占林地面积的 43.60%。全区活立木总蓄积 624.59 万 m³。林木蓄积年均总生长量为 47.16 万 m³，年均总消耗量为 27.24 万 m³，消耗率为 57.76%。由表 4.16 可以看出，森林中以灌木林为主，占 20.3%；未成林面积较大，占 24.4%。由图 4.19 可以看出，2007 年以后森林面积增加，人口自然增长率在减少，造林面积、经济林和防护林面积也呈增加趋势，农用木材采伐量基本稳定变化。

表 4.16 不同森林分布面积

	乔木林	疏林面积	灌木林	未成林	无立木林	苗圃地
面积/万 hm²	13.45	2.08	39.98	48.07	6.90	0.44
占林地比例/%	6.84	1.1	20.3	24.4	3.5	0.2

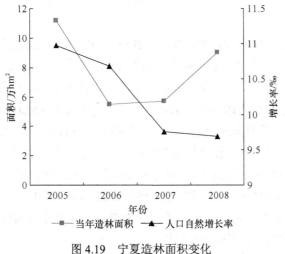

图 4.19 宁夏造林面积变化

宁夏全区天然草场面积为 301.40 万 hm²，可利用面积为 262.53 万 hm²，分别占全区总面积的 58.2% 和 50.7%，均居全国第八位。人均可利用草场面积为 0.58 hm²，约为全国人均值的 2.9 倍。全区草原面积为 3665 万亩，可利用草原面积为 3556.7 万亩，荒漠草原、典型草原和草原化荒漠占总面积的 80% 以上，荒漠草原和草原化荒漠位于东部盐池、中部和西部生态脆弱区，并存在不同程度的退化，退化面积占三类主要组成类型总面积的 90% 以上。宁夏全区天然草原 244.3 万 hm^2，退牧还草工程草原占全区天然草原总面积的 53%，占可利用天然草原面积的 70%。全区人工种草面积达 665.6 万亩，人工草地与天然草场比例达 1∶5。2008 年完成退牧还草工程草原围栏 2107 万亩，占全区草原总面积的 57%，占可利用草原总面积的 59%。可以看出宁夏现在主要以人工草地补给，草原生态环境有轻微好转，但潜在的生态压力还是比较大的。

4.3.2　自然灾害分析评价

宁夏自然灾害主要有沙尘暴、干旱、地质灾害和水土流失。由于宁夏降水较少，地表干燥，土壤失墒严重，土质疏松，为沙尘天气和水土流失的发生提供了必要条件。如 2008 年出现大规模沙尘天气 5 次，一级沙尘天气（浮尘）1 次、二级沙尘天气（扬沙）1 次、三级沙尘天气（沙尘暴）2 次、四级沙尘天气（强沙尘暴）1 次。

宁夏地质灾害危害严重，主要有滑坡、崩塌、泥石流。例如，2008 年宁夏地质灾害潜在直接经济损失将达 3.5 亿元。就目前估计，全区共有崩塌、滑坡、泥石流、地面塌陷等地质灾害隐患区 13 区（段），隐患点 735 处，受地质灾害威胁人员达 3.3 万余人，其中，重点地质灾害隐患点 230 处。滑坡主要分布在宁南黄土丘陵区，多为土质滑坡，包括彭阳县、西吉县、固原市原州区、隆德县、泾源县、海原县、同心县等地区。泥石流灾害主要分布在南部黄土丘陵区、中部丘陵台地区及北部贺兰山东麓等区域。崩塌灾害点主要分布于银北矿区的危岩体崩塌、中南部广大黄土丘陵区及黄河沿岸河岸。这些区域在突降暴雨或强降雨气候条件及不合理的人为工程活动的诱发作用下，发生地质灾害的频率和强度增加。

第二次土壤侵蚀遥感调查表明，2001～2008 年宁夏全区土壤侵蚀面积为 36849 km^2，占到了总面积的 71%。其中，水力侵蚀面积为 20906 km^2，占水土流失面积的 56.7%，水土流失区主要分布在固原地区六县及同心、盐池南部的黄土高原丘陵沟壑区及土石山区，其中，强度以上侵蚀面积高达 6537.8 km^2，年侵蚀模数大于 5000t/ km^2；风力侵蚀面积为 15943 km^2，占水土流失面积的 43.3%，主要分布在中北部的干旱草原区。土壤侵蚀面积无变化，侵蚀强度发生变化，轻度侵蚀面积比重分别由过去的 34.6% 提高到 37.3%，中度侵蚀面积比重由 37.3% 下降到 32.9%，强侵蚀面积比重由 20.6% 下降到 15.7%。实施生态建设工程以来，2008 年完成水土流失综合治理面积 1073km^2，其中完成基本农田 30861hm^2、造林 47045 hm^2、种草 29418hm^2、封禁治理 35553hm^2。虽然宁夏实施了生态林业建设，但生态环境还是比较脆弱，有不断恶化趋势。

4.3.3　社会经济环境分析评价

由表 4.17 和图 4.20 可以看出，宁夏国民经济持续增长，同时能源消费量也比上年增长 4.6%。而单位 GDP 能耗比上年下降 6.79%。单位 GDP 电耗比上年下降 10.91%。单位工业增加值能耗比上年下降 12.23%。2007 年共投入各类资金 5147 万元用于环境保护能力建设。2008 年环保专项资金为 10670 万元，较上年增长 55%，企业污染治理环保专项资金为 3842 万元，自治区环保专项资金为 9785 万元，这些可以大大改善宁夏社会生态环境，降低生态风险。

表 4.17　宁夏 2007～2008 年经济发展指标变化

	生产总值/亿元	人均地区生产总值/元	固定资产投资/亿元	城镇居民人均可支配收入/元
总值	1098.51	17892	858.65	12931.5
变化/%	12.2	10.9	38.1	19.1

	城镇居民家庭恩格尔系数/%	农民人均纯收入/元	农村居民家庭恩格尔系数/%
指标值	35.1	3681.4	41.6
变化/%	−0.2	15.7	1.3

然而经济的大力发展也带来水污染、大气污染等环境问题。由表 4.18 可以看出，排水沟均为劣 V 类，重度污染水质断面超标率为 100%。银川市地下水 2007 年潜水中氨氮、氟化物、矿化度、硝酸盐氮、亚硝酸盐氮超标率分别为 14.7%、8.0%、60.0%、2.7%、12.0%，承压水中矿化度、亚硝酸盐氮、总铁均有检出，超标率分别为 9.7%、16.1%、29.0%。影响银川地区地下水水质的主要化学成分是：氨氮、硝酸盐氮、亚硝酸盐氮、氟化物、总硬度、矿化度、五项毒物、微量元素（锰、镉、铁、铅、锌等），水质较差占 57%，水质极差占 7.41%。

表 4.18　宁夏河流污染状况

黄河干流	2007 年		2008 年	
水质	III 类	良好水质	III 类	良好水质
清水河和茹河上游	II 类	优水质	II 类	优水质
其他各断面	V 类	重度污染水质	劣 V 类	重度污染水质
主要污染	化学需氧量、生化需氧量和氨氮		高锰酸盐指数、生化需氧量、氨氮和总硬度	
湖泊	2007 年		2008 年	
沙湖	IV 类	轻度污染水质	IV 类	轻度污染水质
西湖	IV 类	轻度污染水质	IV 类	轻度污染水质
排水沟	劣 V 类，重度污染水质		劣 V 类　重度污染水质	
主要污染	氨氮、化学需氧量、生化需氧量		氨氮、化学需氧量、生化需氧量	

由图 4.21 可以看出，2001～2006 年宁夏工业二氧化硫排放量极大增加，2006～2008 年排放量有轻微减少，工业烟尘排放量有轻微增加。固体废物排放量增加，如2008 年宁夏固体废弃物产生量为 1143.22 万 t，增长了 8.29%，但固体废物综合利用

率有轻微提高，综合利用率为 61.62%。由图 4.22 可以看出，工业废水排放量 2004 年后波动增加，而且比较大，如 2008 年废水排放达 20447.7 万 t，但废水排放达标率呈增加趋势，由 2001 年的 41.7%，上升到 2008 年的 87.5%，污染治理投资增加，水环境有一定改善。虽然宁夏环境污染状况有所改善，但随着经济发展，生态环境风险压力依然存在。

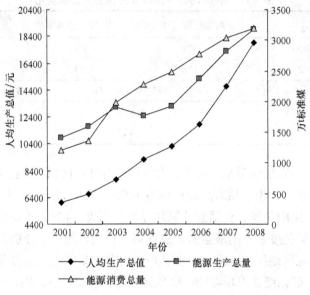

图 4.20　宁夏生产总值和能源消耗

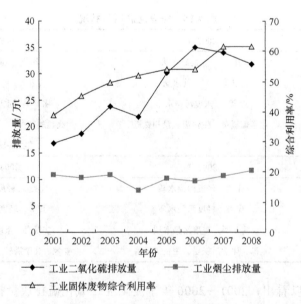

图 4.21　宁夏工业固体废物排放

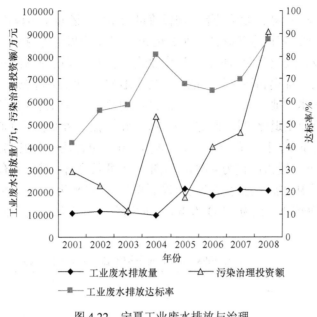

图 4.22　宁夏工业废水排放与治理

4.4　青海省生态环境压力状态分析评价

4.4.1　自然生态环境分析评价

　　青海自然环境复杂，冻土、盐渍土和黄土等特殊类土发育，新构造运动活跃，斜坡岩土体结构稳定性差，青海寒冻风化、干燥剥蚀和雨洪侵蚀强烈。与地质构造、岩土性质、地形地貌、气象水文密切相关的崩塌、滑坡、泥石流、地面塌陷及冻胀沉陷、沙漠风蚀沙埋、黄土湿陷和水土流失等自然地质灾害分布广、危害大。

　　青海省土地面积为 7174.733 万 hm²，土地利用景观以草地面积最大，占 56.23%；其次是未利用土地，占 34.29%；耕地比较少，占 0.76%。由表 4.19 和表 4.20 可以看出。由于青海属高原大陆性气候，寒冷、干燥、少雨、多风、缺氧、日温差大、冬长夏短、气候区域分异大，受气候、地貌的影响形成了各种各样的生态系统。分布总格局为东南部的森林、南部的高寒灌丛和西北部的荒漠灌丛。林地以乔木植物群落类型为主，灌木林地以高寒灌丛、荒漠灌丛植物群落为主。青海天然草地总面积为 3644.9 万 hm²，其中可利用草地面积约 316 万 hm²，占草地总面积的 86.72%，其中，冬春草场 1583.37 万 hm²，夏秋草场 1574.67 万 hm²。农田是青海陆地生态系统中较为重要的生态系统之一，由于持续的荒漠化、超载放牧和退牧还草工程的实施使青海的耕地面积不断减少。2008 年青海省耕地面积仅为 55 万 hm²，占全省面积的比例不到 0.76%。青海有湿地总面积 733 万 hm²，约占全省生态资产总面积的 11.9%。青海是我国最大的产水区，流域年径流量为 629.3 亿 m³，水面面积约为 159.9 万 hm²。其中，长江、澜沧江和内陆河的径流量较为稳定，黄河径流量每年变化较大。三江源地区黄河流域年平均径流量为 208.5 亿 m³，占黄河总径流量 596 亿 m³ 的 35%；长江流域年平均径流量为 179.4 亿 m³，占长江总径流量 8890 亿 m³ 的 2%；澜沧江流域年平均径流量为 108.9 亿 m³，占澜沧江总径流量 713 亿 m³ 的 15%；三大河年产水量共计 496.8 亿 m³，其余为黑河等内流河径流量。随着青海西部的不断开发，人类活动的加剧，过度放牧、樵采、开垦等不合理的土地利用，荒漠化土地日趋扩大。荒漠和沙漠化土地占全省土地的 26.7% 和 17.5%，沙漠和沙漠化土地主要分布在柴达木盆地、共和盆地、青海湖环湖地区、黄河源区和长江源区。

目前青海中度以上退化草地面积为 1636 万 hm²，黑土滩面积近 350 万 hm²，毒草危害面积达到 220 万 hm²，鼠害危害面积 672.4 万 hm²，虫害危害面积 175.9 万 hm²；森林面积为 317.2 万 hm²，覆盖率仅为 4.4%，由图 4.23 可以看出，耕地略有增加，造林面积减少，封山育林面积增加。青海省沙化土地面积为 1255.8 万 hm²，沙化扩展速率达到 2.5 万 hm²/a，土壤侵蚀面积为 3543 万 hm²。随着气候暖干化以及人类活动的影响，生态环境压力增大。

表 4.19　青海省 2008 年土地利用类型占全省比例（%）

耕地	林地	牧草地	园地
0.76	3.71	56.23	0.01
居民点及工矿用地	交通运输用地	水利设施	未利用土地
0.34	0.04	0.07	34.29

表 4.20　青海省土地生态类型占全省比例（%）

天然草地	可利用草地	森林地	湿地
50.5	43.8	4.42	5.75
荒漠化地	沙化地	土壤侵蚀	自然保护区
26.71	17.5	49.37	30.21

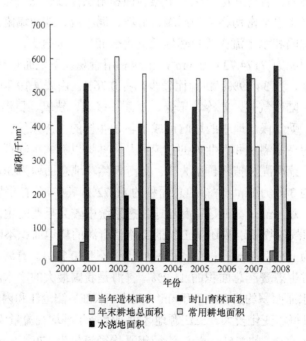

图 4.23　耕地、造林面积变化（见文后彩图）

4.4.2　自然灾害分析评价

青海省水土流失面积达到 35.18 万 km²，占全省面积的 49.1%。其中，黄河流域 5.9 万 km²，占境内流域面积的 38%，长江流域 6.0 万 km²，占境内流域面积的 30.5%，内陆河流域轻度以上土壤侵蚀面积 23.28 万 km²，占境内流域面积的 64%。2007 年年底治理面积 7970km²。

随着西部开发和生态环境建设措施实施，截至 2008 年，青海省共完成退牧还草 224 万 hm²，围栏封山育林 12.18 万 hm²，退耕还林 0.64 万 hm²，地面鼠害防治 541.47 万 hm²。全省完成造林 6.53 万 hm²，治理水土流失面积 675.64 km²，生态修复面积 389.11 km²。环境保护能力建设及污染治理项目资金 18337 万元。青海三江源自然保护区生态保护和建设项目、退耕还林（草）、退牧还草、人工造林、天然林保护和水土保持等一系列生态工程实施，荒漠化和沙化土地速率有所下降，扩展趋势得到有效控制。但生态环境总体恶化的趋势仍未得到有效遏制。由于特殊的自然条件，生态系统及其生态类型呈现出特有的复杂性和脆弱性，对气候变化和人为干扰的抗逆性、承受能力相对较差，多数地区生态系统的自我维持能力和修复能力较差，生态环境的敏感性和不稳定性还是比较突出。

随着经济与社会的持续快速发展和资源消耗增长、大规模工程建设、筑路建房切坡、矿山滥采乱挖、坡地灌溉跑水、水库渠道病害等人类经济活动引发地质灾害呈上升趋势，地质灾害发生数量明显增加，灾害分布面积也不断扩大，年均经济损失达数千万元。青海地质灾害主要有崩塌、滑坡、泥石流、地面塌陷和冻土冻胀沉陷、盐湖盐溶塌陷、沙漠风蚀沙埋等，主要分布在东部河湟谷地区、西部环柴达木盆地山前带、南部高原峡谷区和北部山地区 4 个地带。

东部河湟谷地区包括达日县与门源县以下的黄河干支流基岩峡谷带和其间的黄土红层丘陵区，面积为 7.40×10⁴ km²，占全省总面积的 10.31%，是全省人口最密集、经济最发达，崩塌、滑坡、泥石流、地面塌陷等地质灾害最发育的分布区和承灾区，该地区地貌类型以中山、丘陵为主，地势起伏大。流水侵蚀强烈，沟深坡陡，地形破碎，植被稀疏，水土流失严重。主要包括西宁市、海东地区、同仁县、尖扎县及大通河、黄河、长江、澜沧江等峡谷地带，以及湟中、互助、乐都、民和等县城及海东地区（平安镇）、省会（西宁市）等湟水河谷区。

西部环柴达木盆地山前带包括南缘昆仑山、北缘宗务隆山和阿尔金山山前片理化侵入岩、火山岩沟谷带，地质灾害主要为山前带的沟谷泥石流，面积 4.35×10⁴ km²，占全省总面积的 6.06%。地貌类型以中山、山前戈壁砾石带为主，地势开阔平缓，盆地气候干旱、少雨，泥石流发生的频率低，但泥石流灾害严重。

南部高原峡谷区包括澜沧江干支流灰岩、泥（页）岩及通天河、大渡河干支流薄层状砂岩、板（泥）岩峡谷区；北部山地区包括祁连山黑河、北大河和疏勒河片理化火山岩、砂（泥）岩山地峡谷区。

冻土冻胀沉陷灾害易发区分布在青南高原和祁连山地，分布下界大致与年均气温

–2℃等值线相当。地貌类型以高山、丘陵、高平原为主。由于地形和缓，地表、地下水径流滞缓，松散层发育和日温差较大、正负温交替频繁，因而多年冻土的冻胀、融沉等表生地质作用现象和类型也极为发育。多年冻土分布面积约 33.32×10^4 km^2。在暖季和多雨雪期易形成边坡热融滑塌和路基冻融沉陷、热融沉陷、热融蠕滑等。其中，边坡热融滑塌是由工程削坡、挖沟引起的；由于路基高筑后，排水措施不到位或不合理，致使路基下部或一侧土体长期处于反复冻融地质作用下而引发的路基变形沉陷。

青海现代盐湖（卤水湖、半干涸盐湖和干涸盐湖）主要分布于柴达木盆地、共和盆地、黄河源区和可可西里地区也有零星分布，总面积约 3.18×10^4 km^2。地貌类型为平原，地势平缓，易形成盐湖盐溶塌陷灾害易发区。天然条件下石盐层受盆地周边上部潜水的接触溶蚀和下部承压水的天窗通道溶解，易形成塌陷溶蚀沟和溶洞，如敦煌至格尔木公路和青藏铁路在通过察尔汗盐湖干盐滩区时，易形成路基的塌陷灾害。

柴达木盆地西北部的沙漠风蚀沙埋灾害，主要分布在大风山和一里坪一带以及共和盆地，雅丹、风蚀洼地和风蚀残丘等地，包括柴达木盆地沙漠、共和盆地沙漠、青海湖盆地沙漠、黄河源地区沙漠、长江源地区沙漠，1994 年沙漠面积分别为 2.54×10^4 km^2、0.22×10^4 km^2、0.03×10^4 km^2、0.13×10^4 km^2、0.62×10^4 km^2，分别占全省沙漠面积的 54.9%、4.8%、0.6%、2.8%、13.4%，而且存在沙漠的沙丘移动，对周围环境构成极大威胁。如共和盆地沙丘的移动，对龙羊峡水库有一定淤积作用。

4.4.3　社会经济环境分析评价

青海经济一直呈快速发展趋势，由图 4.24～图 4.26 可以看出，如 2008 年全年城镇居民人均可支配收入为 11648.3 元，比上年增长 13.35%。年人均消费性支出 8203.17 元，比上年增长 9.2%，恩格尔系数为 40.4%，比上年上升 3.1 个百分点。年末城镇居民人均住房建筑面积达到 24.8m^2，比上年增加 0.6m^2。农牧民人均纯收入为 3061.24 元，比上

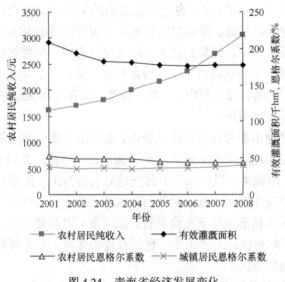

图 4.24　青海省经济发展变化

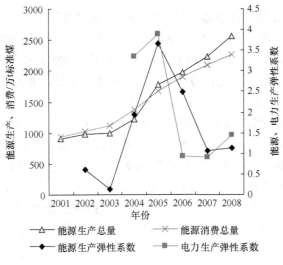

图 4.25　青海能源量变化

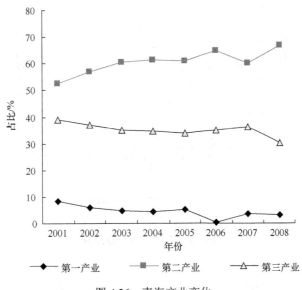

图 4.26　青海产业变化

年增长 14.06%。年人均生活消费支出 2974.94 元，比上年增长 20.2%。农牧民人均居住面积达到 19.78m²，比上年增加 0.45m²，人口 554.3 万，人口自然增长率为 8.35‰。全省规模以上工业企业综合能源消费量为 1176.92 万 t 标准煤，比上年增长 13.56%；全省生产总值比上年增长 12.7%，城镇人口增长 2.5 万人，生产总值为 961.53 亿，比上年增长 12.7%，人均生产总值为 17389 元，增长 12.1%。第一产业增长 3.9%；第二产业增长 16.5%，第三产业增长 10.0%，第一、第二和第三产业对 GDP 的贡献率分别为 3.06%、66.72%、30.22%，三次产业结构由 2007 年的 10.6∶53.3∶36.1 转变为 11∶55∶34。经济的快速增长，不可避免带来能耗增加，污染排放量增加。

　　由图 4.27～图 4.29 可以看出，青海省大气和工业污染排放程度在缓慢增加。青海省

2001~2005 年废水排放、化学需氧量（COD）和氨氮排放量也呈急剧增长趋势，2008
年废水排放总量为 19997 万 t，增长 0.25%，工业废水排放量为 7098 万 t，废水中 COD
排放总量为 74567 万 t，工业氨氮排放量比上年增长 9.80%。生活污水中氨氮排放量占
排放总量的 76.58%。湟水河是青海省水污染最严重的流域，2008 年有 14602 万 t 工业
废水和生活污水排入该流域，占全省总量的 73%，比上年增长 0.12%，其中，生活污水
排放量比上年增长 1.90%，COD 排放总量 51969t，比上年增长 2.62%，工业 COD 排放
量为 26484t，比上年增长 6.8%，工业氨氮排放量为 1272t，比上年增长 14.4%。废水治
理投资不断增加，2008 年废水治理投资为 2193.5 万元，较上年增长 1.08 倍，使全省城
镇生活污水处理率达到 36.45%，比上年提高 9.5 个百分点。虽然加大了污水处理力度，
但生态环境污染的严重性依然存在。全省工业废气排放量为 3237 亿 Nm³，比上年增长
29.9%，废气中二氧化硫排放总量为 134807t，比上年增长 0.66%。其中工业二氧化硫排

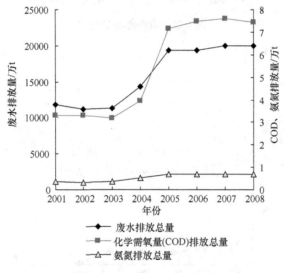

图 4.27　青海省污染物排放

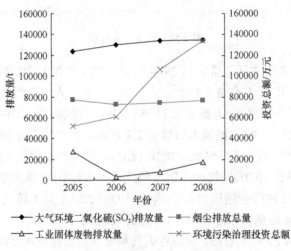

图 4.28　青海大气污染物排放量

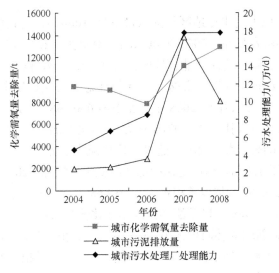

图 4.29　青海省城市污染物排放及处理

放量为 126081t，比上年增长 0.66%，占二氧化硫排放总量的 93.53%；生活二氧化硫排放量比上年增长 0.72%，占二氧化硫排放总量的 6.47%。废气中烟尘排放总量为 76643t，比上年增长 2.91%，其中，工业烟尘排放量为 54311t，占烟尘排放总量的 70.86%；生活烟尘排放量，占烟尘排放总量的 29.14%。工业粉尘排放量为 76473t，比上年增长 0.26%。工业固体废物量在增加。2006 年，全省工业固体废物产生量为 882 万 t，比上年增长 35.9%。2008 年，全省工业固体废物产生量为 1337 万 t，比上年增长 18.4%，工业固体废物综合利用率为 30.99%。2008 年废气治理投资 7493.4 万元，比 2006 年减少 62.9%。城市污水处理能力及化学需氧去除量有轻微增加，污泥排放量减少。虽然城市污染处理能力在增加，大气和水环境有些改善，以后还是青海省经济大力发展时期，环境问题也比较严重，潜在生态环境压力还是比较大。

4.5　新疆生态环境压力状态

4.5.1　自然生态环境分析评价

新疆地处中国西北边陲，地域辽阔，面积约为 166.4897 万 km^2，占中国国土面积的 1/6。其中，山地面积约占 38.4%，平原面积约占 45.0%。新疆荒漠分布广，沙漠化严重。新疆荒漠戈壁面积为 102.3×10^4 km^2，占全疆土地面积的 62%，全疆 87 个县市中有 53 个县市有沙漠分布，盐碱土占总面积的 37%。新疆的绿洲大多分布在山麓平原和河流沿岸，绿洲外围多有沙漠、盐碱土或戈壁分布，绿洲内又有土壤次生盐渍化或零星沙漠的危害。在灌溉绿洲与沙漠之间的过渡带，人为破坏与干扰易形成沙漠化土地。新疆地貌特征为三山夹两盆，位于新疆东北部的阿尔泰山森林植被分布区面积为 5.3 万 km^2。横亘新疆中部的天山面积为 29.14 万 km^2。西南边的昆仑山系面积为 26.24 万 km^2。塔里木盆地位于新疆西南部，面积为 52.44 万 km^2。准噶尔盆地位于新疆北部，面积为 22.24 万 km^2。

新疆干旱多风，一半以上的平原地区年降水量不足 100mm，而且地区间的分布极不平衡，蒸发量大。北疆蒸发量在 1600～2300 mm；南疆在 2200～2700 mm，东疆地区一般在 2800～3000mm。年平均风速北疆地区在 2.4～4.5 m/s，南疆地区为 1.5～2.5 m/s，东疆地区东部在 3～6 m/s。随着经济发展，土地生态系统结构发生重大变化。

　　由表 4.21～表 4.23 可以看出，2008 年农业用地 6308.48 万 hm²，耕地 412.46 万 hm²，建设用地 123.98 万 hm²，未利用土地 10216.51 万 hm²，呈增加趋势。土地利用率为 38.64%，比 2006 年提高了 0.04%，农用地转为建设用地呈减少趋势。土地整理复垦开发补充耕地 19.10 万亩，增长了 1.3 倍。林业用地和森林面积也在增加，2008 年比 2007 年增加了 20.49 万 hm² 和 32.52 万 hm²，林地蓄积量为 28039.68 万 m³。天然草地为 5725.88 万 hm²，可利用草地为 4800.68 万 hm²，以荒漠半荒漠草地比例最大，为 46.92%，草地载畜量万羊单位超载率达 37%。新疆森林面积很小，仅占全疆总面积的 1.14%，远低于全国的 12%、世界的 31.3%水平。新疆草甸植被占 9%，草原占 10%，荒漠植被面积约占 42%，另还有 40%的土地为不毛之地。

表 4.21　新疆土地面积变化

年份		农用地	耕地	建设用地	未利用土地
2005	面积/万 hm²	6306.07	406.34	122.07	10220.82
	占比例/%	37.98	2.45	0.73	61.57
2006	面积/万 hm²	6307.61	410.71	122.6	10218.70
	占比例/%	38	2.47	0.74	61.56
2008	面积/万 hm²	6308.48	412.46	123.98	10216.51
	占比例/%	38.00	2.48	0.75	61.54

表 4.22　新疆土地动态变化

年份	土地利用率/%	农用地转为建设用地/万 hm²	农用地中耕地/万 hm²
2005	38.59	0.037512	0.026198
2006	38.60	0.43000	0.13000
2008	38.64	0.300374	0.0963.18

表 4.23　新疆林地面积

年份	林业用地/万 hm²	林地面积/万 hm²	灌木林地/万 hm²	森林覆盖率/%
2006	1018.8	190.44	438.96	2.10
2008	1039.39	222.96	450.07	2.94

　　随着经济发展和人口增加，严酷的自然条件和人为活动加大了对生态环境的压力，水土流失、土地盐碱化、生物多样性退化、水质恶化和水资源短缺等土地退化问题已对新疆生态、经济、社会造成了严重影响。全疆近 2/3 的土地荒漠化，每年约有 60 多万 hm² 粮田和 1 200 多万人口受风沙危害。800 多万 hm² 草场严重退化，据研究估算，新疆土地退化每年造成的直接经济损失约为 92.4 亿元。随着全球气候变化，新疆降水呈逐年增加趋势，加上塔里木河中下游、艾比湖流域的综合治理，使这些沙源地的生态环境有一些

改善，虽然这些变化抑制了新疆沙尘暴的发生次数和强度，但突发性强沙尘暴却有增加的趋势。

新疆降水稀少，降水量年内集中，多数地区最大连续 4 个月降水量占年降水量的 60%～80%。新疆水土开发导致水量空间平衡失调，水资源短缺。新疆共有大小河流 570 条，地表水总径流量为 $879×10^8\,m^3$，其中，年均出境水量为 $226.2×10^8\,m^3$，地下水可开采量为 $153×10^8\,m^3$，年径流量为 $830×10^8\,m^3$，占全国径流总量的 3%，暂不能利用的有 $250×10^8\,m^3$。平均产水模数仅为 5.06 万 m^3/hm^2。由图 4.30～图 4.32 可以看出，新疆人口呈增加趋势，农业用水增加，而水资源总量、地下水和地表水呈减少趋势，使得人均水资源量减少。据估算，到 2020 年灌溉面积将达到 566.67 万 hm^2，按可利用水资源量计算仅为 $43.6m^3/hm^2$。随着经济发展，土地资源开发和生态用水增加，新疆水资源依然严重短缺。

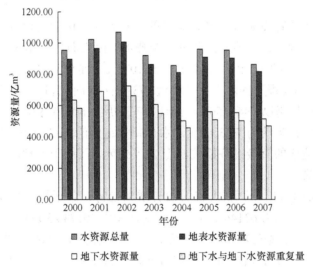

图 4.30　新疆水资源量变化

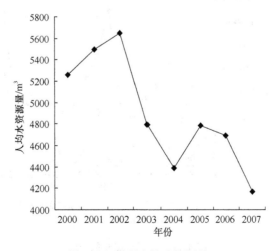

图 4.31　新疆人均水资源量

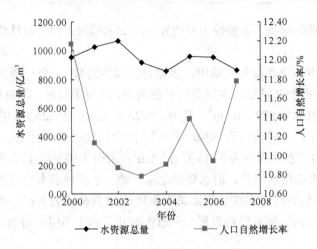

图 4.32　新疆水资源总量与人口增长

新疆土地资源的特点是数量多、质量差、潜力大。由于受地域和气候影响，土壤自然侵蚀、风蚀、沙化、水蚀危害严重。新疆水土流失面积为 $103×10^4 km^2$，风力侵蚀面积为 $92×10^4 km^2$，荒漠化土地面积为 $79.5×10^4 km^2$。全疆近 $7×10^4 km^2$ 的绿洲面积中，有 $2×10^4 km^2$ 存在不同程度的水土流失，近 2/3 的土地面积和 1200 多万人遭受荒漠化危害。全区土地沙化仍以每年 $350 km^2$ 的速度在扩展，据研究初步估算，其中，风蚀每年造成的直接经济损失约为 58.3 亿元，水蚀每年造成的直接经济损失约为 11.6 亿元，土壤盐渍化每年造成的直接经济损失约为 22.5 亿元，而用于治理的投资远低于土地退化造成的直接损失。

由图 4.33 可以看出，新疆灾害面积有增加趋势。年平均干旱和洪涝灾害面积为 $614145.8 hm^2$，水灾面积为 $63146.32 hm^2$，旱灾面积为 $201734.3 hm^2$，2008 年全区洪涝和干旱造成的直接经济损失为 21.11 亿元，比上年增长了 9.0%，农作物受灾面积为 $866291.337 hm^2$，增长了 1.5 倍，其中，绝收面积为 $30699.9693 hm^2$，增加了 86.1%。新疆

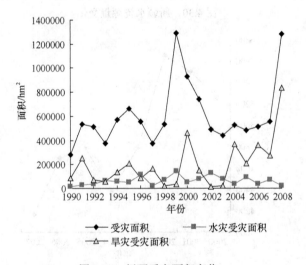

图 4.33　新疆受灾面积变化

2003~2008 年地震灾害的损失平均为 21937.67 万元，2005~2008 年平均地质灾害的损失 373.9 万元。沙尘天气增加，2008 年分别为 7 次和 58 次，比 2007 年沙尘天气增加 3 次，局地性沙尘天气增加了 13 次，形成的总悬浮颗粒物监测浓度分别达 0.725~28.4mg/m³ 和 0.866~30.9mg/m³。

新疆土壤盐渍化不断加重。由于地下水位变化和多年不合理的农作物灌溉产生了严重的土壤盐渍化，面积达 122.88 万 hm²，其中，严重危害的耕地面积为 14. 万 hm²。近 10 年来，利用机井排灌、采用膜下滴灌、喷灌等现代节水技术，土壤次生盐渍化得到初步遏制，但盐碱化趋势没有改变。不合理的耕作制度及土壤污染使土地退化加剧。种植结构单一，高效经济作物比例偏低，长期单一作物种植使土壤肥力下降，病虫害种类增加，有机质含量下降。新开垦的土地由于缺水、次生盐渍化、风蚀沙化等原因致使近 1/3 的农田弃耕、撂荒，这些土地植被恢复困难，大部分为裸地。有的土地因过度放牧导致表土疏松成为新的沙源。化肥、农药、地膜的过量使用造成农田污染日趋加剧，全疆地膜残留量平均为 37.8 kg/hm²。有残膜量与作物产量损失对比试验研究表明，残留量超过 58.5 kg/hm²，会使各种农作物减产 10%~23%，可见土壤污染造成的经济损失是惊人的。

新疆森林生态系统功能降低。新疆森林主要由山区天然森林、平原荒漠（河谷）和平原绿洲人工林组成。天山林区森林每年自然枯损量为 77 万 m³，阿尔泰山林区每年自然枯损量为 95.9 万 m³，据相关资料介绍，由于林分质量、郁闭度和蓄积量有下降趋势，局部地区天山森林下限从海拔 1200~1400 m，现已退缩到海拔 1700m 以上。全疆的荒漠灌木林面积减少了 68.4%。新疆的河谷次生林由于打草放牧，破坏也十分严重。林区森林集中过度采伐，山区森林计划采伐 8 万~25 万 m³，实际消耗却为 50 万 m³，严重超采。这种现象不仅导致森林面积减少，同时使风蚀、水蚀和盐渍化灾害加剧，野生动物栖息地丧失、微气候环境变化，以及木材和非木材在内的可再生资源的生产潜能丧失。由图 4.34 和图 4.35 可以看出，森林受灾面积增加，经济损失也呈增加趋势。由于干旱森林生态系统结构破坏，森林病虫鼠害灾害危害严重，而且呈增加趋势，2008 年森林病虫害发生面积达 106.6659 万 hm²，而防治率呈下降趋势。

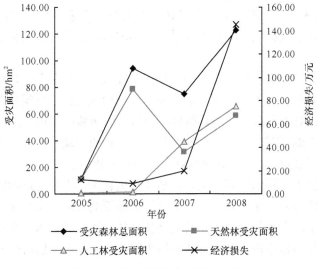

图 4.34　新疆森林受灾面积变化

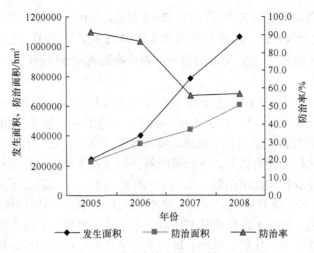

图 4.35　新疆病虫害灾害发生面积及防治率

新疆草地生态系统退化严重。新疆有荒漠草地、山地草原、高山草甸、沼泽草地等多种类型。天然草地面积近 5700 万 hm²，由于风沙、干旱等气候变化和人为开垦、超载过牧、滥挖药材等破坏，有 80% 以上的天然草场出现不同程度的退化。其中，严重退化面积占草场总面积的 1/3 以上，产草量下降 30%～60%。据统计，近几十年来可利用草地面积已减少 240 万 hm²。单位面积产草量下降 30%～50%，优势原生植被群种盖度降低，有害植物种和外来入侵物种增加，牧草生存空间缩小，草丛矮化向退化负向演替。

新疆湿地自然生态系统退化。新疆曾是一个多湖泊的地区，湿地类型众多，湿地总面积为 1483.5 万 hm²，占全疆国土总面积的 0.8%。面积大于 100hm² 的湖泊 139 个。湖泊总面积约 97 万 hm²，占全国总湖泊面积的 7.3%，居全国第四。由于气候干旱和人类活动影响，湖泊面积丧失了近 50% 以上，直至目前有极少恢复。由于水质污染、围垦、过度渔猎，使稳定湿地变为不稳定湿地，常年湿地变为季节性湿地，自然湿地变为人工湿地，淡水湿地变为咸水化湿地，湿地退化明显。水资源过度利用已使现有的地表水灌溉满足不了农业种植面积的用水，农民转向开采地下水来满足农业扩耕种植的供水需求，井灌农田面积急剧扩大，地下水开采量逐年增加，造成地表植被和湿地萎缩，自然生态系统退化。

新疆地质灾害分布面积广、数量多、预防难度大，主要分布在伊犁谷地、天山北麓精河至木垒低山丘陵区、天山南麓乌恰至库尔勒低山丘陵区、准噶尔西部山地、昆仑山西部中高山区、昆仑山北麓中低山丘陵区、阿尔泰山南麓中低山丘陵区和吐鲁番至哈密盆地等处。截至 2006 年年底，新疆 45 个县（市）查明崩塌、滑坡、地面塌陷等地质灾害点（隐患点）近 5000 处，其中 90% 以上分布在农牧区。

总之，新疆处于一种地貌环境复杂、植物种类较少、土地易遭沙漠化、土地易遭盐渍化、环境自净能力低、降水稀少、土壤比较干燥等脆弱的生态系统。各因素的整体协调程度很差，这也决定了新疆生态系统的结构功能、物质的输入输出稳定性低，平衡极易破坏，而且破坏后较难恢复，自然状态压力较大，生态安全随时受到威胁，潜在生态风险长期存在。

4.5.2 社会经济环境压力分析评价

由图 4.36～图 4.40 可以看出，新疆农业、社会经济文化呈增长趋势，生态环境也在不断改善，造林面积不断增加。水质污染不断减轻。监测断面Ⅰ～Ⅲ类断面比例由 2005 年的 65.0%增到 2008 年的 81.9%，污染程度减轻，但湖库水质达标率仅为 33.3%，污染严重。经济发展带来的是环境污染严重，污染物排量放大幅度增加。例如，2008 年全区废水排放量为 7.29 亿 t，比上年增加 8.72%，其中，工业废水排放量为 2.11 亿 t，城镇生活污水排放量为 5.18 亿 t。废水中化学需氧量排放量为 27.10 万 t，比上年减少 0.83%；氨氮排放量为 2.35 万 t，比上年增加 3.10%。全区二氧化硫排放量为 56.45 万 t，比上年增加 0.99%；烟尘排放量为 29.97 万 t，比上年增加 4.84%。全区工业固体废物产生量为

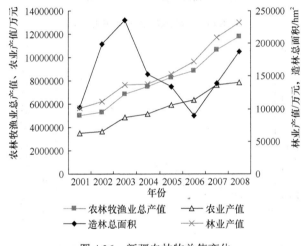

图 4.36 新疆农林牧总值变化

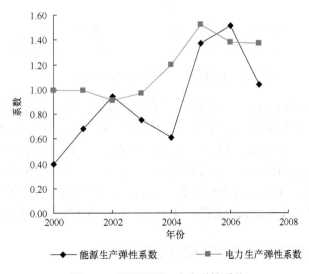

图 4.37 新疆能源、电力弹性系数

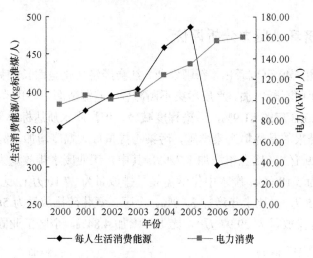

图 4.38　新疆人均能源和电力消费

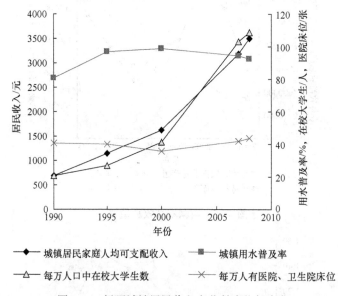

图 4.39　新疆城镇居民收入文化教育指标变化

2219.55 万 t,排放量为 61.13 万 t,综合利用率为 47.44%。全区环境污染治理投资为 41.16 亿元，较上年增加了 9.26 亿元，占当年生产总值的 1.18%。其中，城市环境基础设施建设投资 26.40 亿元，占 64.1%，较上年增加 5.37 亿元；在环境污染治理投资中，废气治理投资 25.1 亿元，占 60.9%；废水治理投资 7.61 亿元，占 18.5%；固体废物治理投资 0.99 亿元，占 2.4%，工业废气治理投资 3.20 亿元，占 7.8%。虽然环境治理投资加大，但治理跟不上污染，随着新疆经济的快速发展，社会环境生态安全比较脆弱。

4.5.3　新疆绿洲灌区农业生态环境问题

新疆灌溉农业区主要集中在平原绿洲，大小绿洲 800 多块，主要分布在天山南北

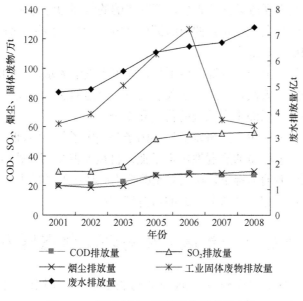

图 4.40　新疆大气、环境污染排放量变化

麓、昆仑山—阿尔金山北麓、伊犁谷地和额尔齐斯河流域。绿洲面积占全区总面积的 4.27%，抚育新疆 95%以上的人口和社会财富。而新疆绿洲灌区农业生态环境是一个荒漠中的绿洲景观，是一个大的自然植被、农田、水体、居民区等交叉分布的农田生态系统，具有各种结构、形状和功能的斑块。特殊的生态类型决定了新疆农业生态环境的脆弱性。近几十年来，随着水土资源开发利用规模的不断扩展，绿洲内部经济飞速发展，绿洲农业生态环境在总体上趋于良性化循环的同时，局部生态问题比较严重，主要表现在以下方面。

绿洲水资源短缺。新疆农业用水占国民经济总用水量的 94%，在区域农业经济发展过程中，由于上游引水过多，加之水资源利用水平还较低，造成河流下游水量减少，使下游绿洲农业生态经济系统的稳定性受到很大威胁，特别是受到土地开发的影响，导致河流在中下游段流程缩短，塔里木河干流下游水质明显盐化，严重影响到农田灌溉。由于引水量增加，补给量增大，地下水位上升，一些靠地下水供给的城市和机井灌区的地下水位则急剧下降。

土壤盐渍化问题和灌溉引起的土壤次生盐渍化问题是影响绿洲生态环境稳定性的重要因素。在农业开发过程中，水资源利用不当引起地下水位上升时，绿洲内土壤次生盐渍化会普遍发生。根据中国科学院新疆生态与地理研究所最近完成的绿洲灌区土壤盐渍化遥感调查结果，新疆绿洲灌区 388.51 万 hm² 中，土壤盐渍化面积达到 162.02 万 hm²，占灌溉面积的 32.07%。轻度盐渍化比例最大，中度次之，而重度较少，分别占耕地总面积的 24.33%、6.28%和 1.46%。土壤的盐渍化加速了绿洲环境的恶化，影响绿洲系统的稳定性。

风沙危害。新疆约有 1/2 土地受到风沙的危害，风沙灾害主要发生在 4 个区域：一是准噶尔盆地南缘与固定、半固定沙丘活化带相接壤的绿洲边缘地区；二是塔克拉玛干沙漠周围，特别是南缘受流动沙丘扩展、蔓延影响的绿洲边缘地区；三是流经沙漠地区的河流下游沙质荒漠化发生地带；四是绿洲内部零星沙丘（沙地）分布区。风沙对绿洲农田和经济活动构成严重危害。

次生盐渍化。新疆由于水资源利用不当，农田灌溉中大水漫灌的现象经常发生，不仅造成新疆水资源的极大浪费，而且导致了大面积土地的次生盐渍化，使大面积的农田被迫弃耕，严重威胁到绿洲生态系统的稳定和安全。

总之，独特的地形地貌、土壤以及气候因子等决定了新疆绿洲生态环境稳定性差，绿洲—荒漠过渡带生态环境的脆弱性决定了抵御自然灾害和人类破坏的能力弱。只有在合理及高效利用水资源的前提下，在恢复及改善生态环境的基础上，才能最终实现集社会、经济、生态环境等综合效益为一体的可持续发展。

4.6 西北五省（自治区）生态环境状态压力综合分析

西北五省（自治区）总面积为 31089.63348 万 hm^2，占全国面积的 32.39%，西北地区 73%的土地属于内陆河区，其中大部分为荒漠地区。陕西、宁夏以外流区为主，耕地、人居建设用地面积、水面、林地和草地所占的比例都高于新疆和甘肃。总体上，西北地区的生态环境结构为未利用土地面积占总面积的一半，远高于全国 33%的平均水平。新疆未利用土地主要是沙漠，甘肃省以戈壁和裸岩面积占主导地位，沙地相对较少，两省的未利用土地面积最大。青海高寒的地理气候特点，未利用土地中主要是难利用的戈壁裸岩，陕西和宁夏的未利用土地少于其他各省，主要是难利用的沙地。西北五省（自治区）土地利用见表 4.24，可以看出，西北五省（自治区）草地占土地面积的 35.67%，森林只占 8.23%，林地、灌木林地、疏林地和其他类型的林地以及水面、耕地等均远远低于全国平均水平，这就构成了以荒漠为主导地位的生态环境基本格局。从 2008 年社会经济发展来看，西北五省（自治区）人均平均生产总值为 13527.6 元，比全国 22698 元低 40.4%，生产总值构成中第三产业比例为 35.22%，比全国的 40.1%低 4.88%，西北五省（自治区）人口占全国人口的 7.3%，自然增长率为 7.97%，比全国的 5.08%高 2.89%，而西北耕地只占全国的 1.53%，地少人多。西北五省（自治区）平均土地开发面积平均为 1642.1 万 m^3，占全国总开发土地面积 26033.3 万 m^3 的 6.31%，增长率为–7.52%，比全国的–5.6%低 1.92%。西北五省（自治区）城镇居民恩格系数为 37.58，基本与全国的 37.9持平，农村居民恩格系数为 42.18%，比全国的 43.7%低。化肥使用总量为 713.9 万 t，占全国总化肥施用量 6012.7 万 t 的 11.96%。平均生产总值能耗为 2.5028 万元，比全国平均 1.5555 万元高 0.9473 万元，平均生产总值电耗为 3006.24kW·h/万元，比全国平均 1589.5kW·h/万元高 1416.74kW·h/万元，以宁夏和青海能耗最大。西北五省（自治区）人口增长快，第三产业比例低，土地开发大，化肥使用量大，能源消耗高，成为西北五省（自治区）社会经济发展的潜在生态风险。西北地区生态环境脆弱性依然严重。在干旱半干旱的西北地区，植被的地带分布与降水的地区分布一致。植被分布由南到北分布，依次为森林、森林草原、典型草原（干草原）、荒漠草原及荒漠。水平的地带性植被从东南向西北由以林地为主过渡到以草地、荒漠草原为主，林地逐渐由有林地过渡为疏林地，草地逐渐由高覆盖度草原过渡为低覆盖度草原以至荒漠。植被覆盖度以陕西、青海比较高，超过 50%，甘肃、新疆较低。林地覆盖率最高的区域主要分布在陕南、陇南的长江流域山区。由于干旱少水，西北大部分地区林地以灌木林和疏林为主，分布在盆地平原，总体上占林地面积的 62%。祁连山区、青海东部、陕南秦岭、新疆的天山和阿尔泰山的森林发育最好。西北地区草地面积占全区土地面积的 35.67%。高覆盖度草地较少，为 16%左右，低覆盖度草地占草地总面积较大。作为绿洲荒漠过渡带的中覆盖度草地比例不足草地总面积的 1/4。人工绿洲的建设、天然绿洲退缩，导致天然绿洲的灌木林、疏林地、过渡带的草地不断退缩。

表 4.24　2008 年西北各省土地利用比例（%）

	耕地	林地	居民工矿用地	交通用地	草地	未利用土地
甘肃	10.62	11.41	1.93	0.14	31.05	42.01
宁夏	16.67	9.13	2.81	0.28	34.1	10.96
陕西	19.68	50.31	3.45	0.32	14.89	6.24
青海	0.76	3.71	0.34	0.043	56.23	34.29
新疆	2.48	4.06	0.6	0.037	30.7	61.36
平均	10.04	15.724	1.826	0.164	33.394	30.97
西北合计	4.71	8.23	0.97	0.078	35.67	47.56
占全国的百分比%	1.53	2.66	0.31	0.03	11.55	15.4

西北平原面积占土地面积的 53%，但人类活动区仅占土地面积的 8%，也是最具活力和需要重点保护的地区。陕西和宁夏人类活动区面积占当地土地面积的 40%以上，大于其他各省区。新疆、青海人类活动区仅占土地面积的 4.3%以下。甘肃省介于上述两类情况之间。陕、甘、宁人类活动区不仅集中于水分土地条件好的平原地带，也覆盖了黄土高原、山区等地，尤其是陕西省更明显。新疆的人类活动区散布于各河流沿岸绿洲和河谷地区。青海人类活动区主要集中在湟水流域和柴达木盆地的绿洲。由于人口密度大，土地开发活动强烈，陕西、宁夏土地垦殖率分别为 27%和 26%，为全国平均水平的两倍。新疆、青海的土地垦殖率最小，分别为 2.7%、0.1%。甘肃土地垦殖率介于上述两者之间，为 13.5%。受水资源条件的限制，西北地区耕地扩大的潜力已经很小。西北耕地次生盐碱化问题十分突出，单位面积灌溉用水量过大是主要原因。西北地区沙漠和戈壁面积分别占全国沙漠和戈壁面积的 74%和 84%。盐碱化土地面积也占全国总面积的 75%，裸地面积占全国面积的 46%，构成了脆弱的自然生态环境背景。由于上游过度开发，导致下游水资源短缺，以及生态环境退化的恶性循环格局，生态环境总体上以缓慢速度向劣化方向演变。

4.7　小　　结

西北五省（自治区）自然生态环境脆弱，生态敏感性大，尤其是地质灾害分布面积广、数量多、预防难度大，地貌类型主要以中山、丘陵为主，地势起伏大，崩塌、滑坡、泥石流、地面塌陷等地质灾害发生频率高，损失大。由于西北地区降水集中，受气候变化影响，西北地区流水侵蚀强烈，沟深坡陡，地形破碎，植被稀疏，使水土流失严重。陕西省、甘肃省洪涝、干旱灾害发生频率高，损失也比较严重。黑河流域和新疆绿洲农业区水资源短缺，土地荒漠化、盐碱化和次生盐碱化问题严重，对农业发展造成巨大威胁。虽然西北地区采取了退耕还牧还林措施，人工造林面积增加，但环境治理跟不上生态环境恶化，生态环境恶化趋势依然严重。

　　西北地区国土面积比较大，但以草地、未利用土地、林地占用面积比较大，平原面积最少，而人口密度大，土地开发率高，使土地景观生态破碎。由于湖泊萎缩和气候干旱，水资源总量减少，水资源利用量增大，尤其是农业工业用水量比较大，水质性缺水现象更加严重。21世纪是西北地区快速经济发展时期，人口增长率比较大，工农业产值增加，能源消耗增加，导致污水、废水、废气、固体污染物排放量增加，大气污染、河流水质污染、土壤污染严重。

　　总之，西北地区表现出脆弱的自然生态环境，社会经济发展、人口增加、城市化加大、环境污染严重使生态环境压力增加，政府部门的财政投入较低，预防环境灾害政策措施跟不上，在这种脆弱的自然状态和严重的社会环境压力下，以及相应措施跟不上的综合因素影响下使西北地区生态压力大，潜在风险增加。

参 考 文 献

曹小平, 马金珠, 魏国孝. 2004. 甘肃省水土流失综合防治对策. 18(8): 87～91

成自勇. 2002. 甘肃水土流失的灾害特征及其对生态环境的影响. 水土保持学报, 16(5): 27～30

甘肃年鉴编委会. 2009. 甘肃统计年鉴 2009. 北京: 中国统计出版社

甘肃省人民政府办公厅. 2005, 2008. 甘肃地质灾害防治方案

甘肃省水利管理网, 甘肃省水资源公报, 2009. http://www.gssgj.com/

高季章, 王浩. 2002. 西北生态建设的水资源保障条件. 中国水利, (10): 61～65

杜巧玲, 许学工, 李海涛, 等. 2005. 黑河中下游绿洲生态安全变化分析. 北京大学学报 (自然科学版),
　　41(2): 273～281

刘昌明. 2004**.** 西北地区生态环境建设区域配置及生态环境需水量研究. 北京: 科学出版社

刘引鸽, 李团胜. 2005. 陕西省自然灾害分区与环境评价. 中国人口资源与环境, 15(2): 61～64

刘引鸽, 卫旭东, 宋军林. 2005. 渭河流域地表水资源未来变化趋势分析. 水土保持通报, 25(5): 81～84

宁夏回族自治区人民政府. 2007. 宁夏回族自治区地质灾害防治方案

宁夏回族自治区水利厅, 宁夏水资源公报, 2009. http://www.nxsl.gov.cn/

宁夏回族自治区统计局, 国家统计局宁夏调查总队编. 2009. 宁夏统计年鉴 2009. 北京: 中国统计出
　　版社

青海省人民政府. 2006. 青海省地质灾害防治规划(2006—2020 年)

青海省统计局, 国家统计局青海调查总队编. 2009. 青海统计年鉴 2009. 北京: 中国统计出版社

青海水利, 青海省水资源公报, 2009. http://www.qhsl.gov.cn/

陕西省人民政府办公厅. 2004. 陕西省生态功能区划

陕西省人民政府办公厅. 2005, 2007. 陕西省地质灾害防治规划(2005—2015 年)

陕西省水利厅, 陕西省水资源公报, 2009. http://www.sxmwr.gov.cn/

陕西省统计局, 国家统计局陕西调查总队编. 2009. 陕西统计年鉴 2009. 北京: 中国统计出版社

王春乙. 2007. 重大农业气象灾害研究进展. 北京: 气象出版社

王继和. 1999. 甘肃治沙理论与实践. 兰州: 兰州大学出版社

王建宏, 张龙生, 尚立照. 2005. 甘肃省沙漠化监测结果. 中国沙漠, 25(5): 75～779

王建林, 林日暖. 2003. 中国西部农业气象灾害. 北京: 气象出版社

武艳娟, 李玉娥, 刘运通, 等. 2008. 宁夏气象灾害变化及其对粮食产量的影响. 中国农业气象, 29(4): 491～495

新疆维吾尔自治区人民政府. 2004. 新疆维吾尔自治区地质灾害防治规划

新疆维吾尔自治区人民政府. 2005. 新疆维吾尔自治区地质灾害防治方案

新疆维吾尔自治区水利厅, 新疆水资源公报, 2009. http://www. xjslt. gov. cn/

新疆维吾尔自治区统计局. 2009. 新疆统计年鉴 2004-2009. 北京: 中国统计出版社

中国气象局. 2006. 中国气象灾害年鉴. 北京: 气象出版社

第 5 章　西北地区典型生态系统风险评价

5.1　土地利用生态系统风险评价

5.1.1　土地利用生态风险识别

　　土地利用是人类满足自身需要的过程。土地利用程度是土地利用广度和深度的属性表征，它既反映了土地利用中土地本身的自然属性，又反映了人类因素与自然环境因素的综合效应。土地利用类型变化是自然和人为多种因素相互作用所产生的一定区域生态环境体系的综合反映，不仅影响土地资源的结构与类型，而且通过改变土地生态系统的结构和功能，影响着土地生态系统的安全与健康程度。随着人类社会的发展，土地利用的格局、深度和强度不断发生变化，对土地承载力、耕地质量、健康状况（持续性利用）、空间布局产生深刻影响。土地利用空间布局不合理就会带来潜在土地生态风险。土地生态健康持续性就是在保证土地能维持自身正常新陈代谢的基础上，使土地与人之间、生物体与生物体之间、生物体与无机环境之间的共生、互生、再生过程得到持续发展。人类在开发利用土地资源的时候，既可能促进土地健康，也有可能损害土地健康。在加强人地之间物质、能量、信息交流的同时，也增强了土地自身的新陈代谢功能，提高了土地的健康水平。相反，过度砍伐、引起水土流失、土地荒漠化，也就破坏了土地正常的新陈代谢，使得土地健康恶化。从人地共荣的要求来看，人们在土地资源的开发利用实践过程中，必须维持土地健康，才能减小土地生态风险。

　　土地利用过程包括土地整理和土地规划。土地整理包括农田平整、农田水利、道路建设和防护林建设。这些工程的正确设计与功能发挥会促使生态环境向有利于生态系统良性循环的方向发展。但实际操作中，工程建设阶段的安排及工程设计的适合与否都可能破坏项目的原有生态系统和水土保持功能，从而引起生态环境的破坏，带来一些潜在生态风险。土地整理的活动毕竟是强烈的人类活动，它通过一系列的生物、工程措施，改变土地资源的原位状态，对原有生态系统及其生态过程产生直接或间接的影响，可能使自然生态系统逆向演替，产生负的生态效益。不合理土地整理的结果使环境容量下降，影响土壤的水、肥、气、热平衡，进而影响土地承载力水平，使土地生态系统抵御病虫害的能力、自我调节能力、缓冲和补偿能力及改善环境的能力降低。

　　土地利用规划是以土地资源合理利用为核心，以最佳综合效益为目标，依据土地自然地理特点、社会经济条件和发展用地需求，在时间和空间上对规划区域内全部土地资源进行开发、利用、整治、保护所做出的具体部署和安排。它在强化城乡土地统一管理、调整生产力布局和优化产业结构、保护土地、转变土地利用方式以及对于缓解人口增长、资源短缺、环境恶化与区域发展的矛盾等方面具有重要作用。从规划目的角度看，土地利用规划是从社会整体利益出发，为取得一个比单纯的私人或企业开发利用土地要高得多的综合效益，在土地利用中既能不断提高土地生产力，降低综合风险，又能保护生态环境，同时在经济上可行，社会上可接受。从规划任务角度看，土地利用规划的核心在于确定土地利用目标，拟定土地利用控制指标，调整土地利用结构和布局。从土地利用规划内容角度看，重点在于进行各类用地数量及变化预测和空间配置。从土地利用规划方法角度看，基本方法有勘测与调查、系统与综合分析、预测、优化、平衡。从规划任务、内容、目的来综合分析，土地利用规划包含有对未来不同时期土地利用方式和数量的预测、不同用地类型的空间配置、不同时期用地控制等。而从不同角度分析和预测未来时期土地利用都是基于现有的信息、理论和技术方法，土地利用规划中的风险按其表现形式或产生原因分为社会风险、经济风险、生态风险三类。社会风险是指由于不合理的土地利用规划，以及其不确定性而带来的对人文、社会因素的负面影响。经济风险指土地利用规划实施的不确定因素而给经济环境和经济发展带来的负面影响和结果，如成本风险、效益风险等。土地生态风险指不合理的土地利用规划和实施过程中导致某些自然异常因素、生态环境恶化或破坏，给人类社会带来损失的可能。

土地利用规划生态风险主要表征为泥石流的发生、水土流失、区域降雨减少、山体滑坡、人居环境恶化、气候异常变化、疾病瘟疫流行、生物多样性破坏、森林覆盖率减少、耕地质量下降等。

5.1.2　土地利用与国民经济发展关系

土地资源在土地、劳动力和资本三要素中是最小构成因子，但是，成为国民经济发展的最大限制因素，存在木桶效应的辩证关系。以宝鸡市为例分析耕地变化与国民经济关系。将耕地面积与国内生产总值（GDP）、总人口、城市化水平、居民消费水平、二、三产值占 GDP 比重分别进行一元回归分析，最终得出耕地面积与各相关因素的回归（图 5.1），其中相关系数分别为 –0.8764、–0.8724、–0.9301、–0.7092、–0.7988，说明耕地面积与这些相关因素之间的关系为负高度相关。就宝鸡市而言，计算得出国内生产总值（GDP）每增加 1 亿元，耕地要减少 18.715 hm^2 左右。城市化水平每提高一个百分点，耕地减少 12952.632 hm^2。总人口每增加 1 万人，耕地减少 1079.386 hm^2 左右。居民消费水平每增加 1 元，耕地减少 5.212 hm^2 左右。二、三产业产值结构每增加 1 个百分点，耕地减少 1118.637 hm^2 左右。这些指标说明，宝鸡地区经济的发展、人口的增加和工业化、城市化的实现是以耕地为代价的。因为耕地资源是社会经济发展不可替代的生产要素，是农业生产最重要的生产资料，农业是国民经济的基础，耕地则是基础的基础，如果继续这样发展下去，二、三产业对建设用地的需求呈不断扩大的趋势，耕地资源处于非常不安全状态，耕地也就成为制约区域经济发展的重要因素。

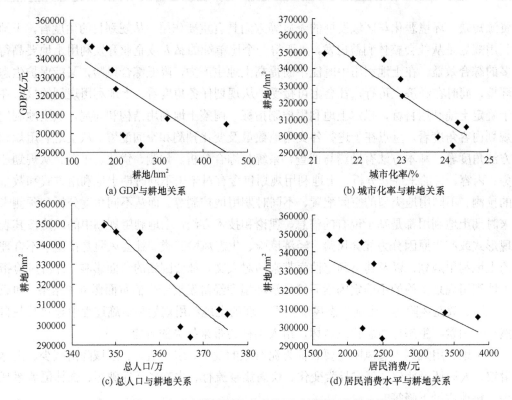

图 5.1　宝鸡市耕地与社会经济因子的回归分析曲线

5.1.3　土地利用的生态服务价值测评

土地生态系统为人类提供了一切生存所需的资源与条件，除了提供实物型生态产品外，还为人类提供更多类型的非实物型的生态服务。土地是各种自然生态系统的载体，土地利用是人类改造自然的主要方式。土地利用不仅改变了陆地生态系统的结构和功能，同时还改变了自然景观面貌和影响景观中的物质循环和能量分配，对区域气候、土壤、水量和水质有极其深刻的影响，这些影响主要从生态系统服务功能价值的变动中表现出来。

生态系统服务功能综合起来主要有产品生产、生物多样性的生产和维持、土壤保持和肥力更新、空气净化、废弃物的处理、物质循环的保持、人类文化的发育和演化、气候调节等方面。生态系统服务功能分为利用价值与非利用价值两部分。利用价值包括直接利用价值（即直接实物价值）、间接利用价值（生态功能价值）和选择价值（潜在利用价值），非利用价值则包括遗产价值和存在价值。现有对生态系统服务价值的评估集中于利用价值的估算，选择价值、遗产价值和存在价值有一定的重叠，所以很难将其价值量化。Costanza 提出了估算每种生物群落单位面积上提供的生态系统服务价值。

采用生态系统服务功能理论与方法计算陕西省 2002～2008 年土地利用结构所造成的生态系统服务价值变化。以中国生态系统服务价值当量因子为基础，针对陕西省的具体情况修改，按当量因子测算出陕西省单位面积草地、耕地、林地、水域及未利用地生态服务价值，计算方法如下：

$$V = \sum A_k \times C_k \qquad (5.1)$$

式中，V 为生态系统服务价值；A_k 为研究区第 k 种土地利用类型分布面积；C_k 为第 k 种生态系统服务功能价值指数，即单位面积生态价值。

由表 5.1 和图 5.2 可以看出，林地的服务价值最大，耕地次之。而且陕西省耕地、牧草地以及未利用土地的生态服务价值呈减少趋势，园地、林地、水域生态服务价值呈增加趋势。耕地的生态服务价值减少最多，2002~2008 年 6 年减少了 27.856961 亿元，牧草地减少了 9.628853 亿元，未利用土地减少较小。由于社会经济发展，其生态价值量减损是由于城市化、工业化发展占用更多土地使农田生态服务价值减少而产生的。林地生态服务价值增加最多，2002~2008 年增加了 84.09188 亿元，水域增加较少，为 0.123727 亿元。由图 5.3 可以看出，总体上生态服务总价值呈增加趋势，2002~2008 年 6 年增加了 51.763491 亿元，增加了 2.39%。2002~2006 年表现为生态服务价值大幅度增加，这是因为实施国家退耕还林，加强合理土地利用措施的结果。2006~2008 年，生态服务价值变化平稳，这段时期土地利用结构基本达到稳定状态。人工育林、退耕还林以及自然保护区增大成为生态服务价值增加的主要部分。陕西土地利用生态服务价值平均是陕西

表 5.1　陕西省 2002~2008 年不同土地类型生态价值量　　　　（单位：亿元）

土地类型	生态价值量			生态价值增减量		
	2002 年	2006 年	2008 年	2002~2006 年	2006~2008 年	2002~2008 年
耕地	275.507367	248.132685	247.650406	−27.374682	−0.482279	−27.856961
园地	38.063876	43.027853	43.172767	4.963976	0.141914	5.10889
林地	1619.100467	1701.941752	1703.192347	82.841285	1.250595	84.09188
牧草地	205.949019	196.711597	196.320166	−9.237422	−0.391431	−9.628853
水域	15.050974	15.571223	15.174701	0.520248	−0.396522	0.123727
未利用地	4.847911	4.798282	4.7727195	−0.049629	−0.025563	−0.075191
合计	2158.519615	2210.183392	2210.283106	51.663777	0.0997139	51.763491

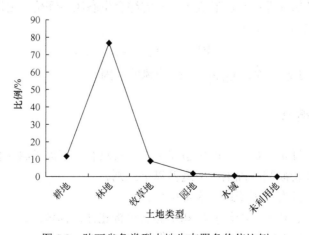

图 5.2　陕西省各类型土地生态服务价值比例

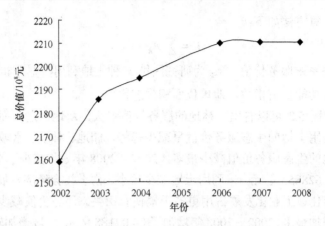

图 5.3　陕西省年土地生态服务总价值

省 GDP（2008 年）6851.32 亿元的 0.32 倍，根据陈仲新、张新时等（2000）的研究，我国陆地生态系统服务价值为年 GDP 的 1.25 倍，陕西省低于全国生态服务价值。总体上陕西省土地生态服务总价值趋势是比较好的，在经济效益大幅增加的同时生态服务效益也在增加，土地利用结构变化影响生态服务价值效益，因此，政府必须重视土地生态服务价值在国民经济发展中的作用。

5.1.4　土地生态风险评价指标

目前土地资源生态风险评价方法还处在实践和探索阶段，综合指数法是目前常用的估算生态风险大小的方法，此方法能够体现生态系统整体性、综合性和层次性。以下主要采用此方法进行土地生态风险评价。首先筛选因子构建多指标的评价指标体系。指标体系建立后，应用层次分析法（AHP）、专家打分（Delphi）等方法确定指标权重。根据生态系统的特征及其功能所建立的指标体系既包括土地生态系统的结构、功能和过程指标，也可以是社会经济和景观格局、土地利用指标。目前主要是通过对单因子、小尺度的风险评价，通过加权进行叠加形成多因素的综合生态风险评价。土地生态风险是多因素的函数，表达式为

$$RE = F(g_1, g_2, g_3, \cdots, g_n) \tag{5.2}$$

式中，RE 为土地生态风险；$g_1, g_2, \cdots, g_n$ 为风险源因素。

1. 指标选择遵循原则

土地生态风险评价，是为土地生态安全管理及政府决策提供科学依据。因此，在遵循区域生态风险评价原则基础上还应遵循以下原则。

（1）依据可持续发展理论选择表征指标。

（2）依据自然、社会、经济发展和生态状况构建评价标体系。

（3）综合考虑生态风险评价指标的可得性与可操作性，征询有关专家的指导建议时结合区域的实际情况，对评价指标进行筛选，保留重要指标。

（4）必须从土地自然生态系统、土地经济生态安全系统和土地社会生态安全系统 3 个方面出发。

2. 土地风险评估指标体系

土地生态系统是一个复杂系统，涉及的风险源、暴露体比较多。依据上述原则，从风险源、风险受体和风险效应三方面，结合压力–状态–响应模型，在充分调查评价区域自然和社会经济环境状况基础上，根据实际情况构建 3 个层次指标，分别为目标层、因子层和指标层。目标层为土地综合生态风险，因子层包括自然压力生态风险、社会环境压力生态风险和经济压力生态风险，指标层选择 28 个指标，见表 5.2，指标数据来源于实际调查和陕西省统计年鉴、陕西省环境、水资源公报和陕西省土地资源公报等。采用综合指数法计算生态风险指数，采用熵值法计算权重。

表 5.2　土地压力生态风险指标及权重

目标层	因子层	指标层	权重
土地压力综合生态风险	自然压力生态风险	年平均降水量/mm c_1	0.1901
		森林覆盖率/% c_2	0.0013
		农作物播种总面积比重/% c_3	0.0034
		单位面积粮食产量/（kg/hm^2） c_4	0.0129
		农业用水比重/% c_5	0.0277
		自然灾害受害面积比重/% c_6	0.0804
		土地多样性指数/% c_7	0.0741
		水土流失率/% c_8	0.1205
		生态环境敏感指数 c_9	0.0891
		土地开垦指数 c_{10}	0.0800
	经济压力生态风险	人均农业灾害直接经济损失/元 c_{11}	0.0691
		城镇居民人均可支配收入/元 c_{12}	0.0061
		农民人均纯收入/元 c_{13}	0.0062
		单位面积工业废水排放量/（万 t/hm^2） c_{14}	0.0010
		每公顷耕地化肥施用量/kg c_{15}	0.0017
		每公顷耕地生产的农业产值/元 c_{16}	0.0081
		第三产业占的比重/% c_{17}	0.0011
		经济密度/（万元/km^2） c_{18}	0.0080
		人均地质灾害直接经济损失/元 c_{19}	0.1342
		人均农林牧渔业总产值/元 c_{20}	0.0566
	社会环境压力生态风险	水资源人口承载力/（人/m^3） c_{21}	0.0123
		人均森林面积/hm^2 c_{22}	0.0013
		人均耕地面积/hm^2 c_{23}	0.0057
		人均水土流失治理面积/万 hm^2 c_{24}	0.0031
		人口自然增长率/% c_{25}	0.0024
		人口密度/（人/km^2） c_{26}	0.0010
		城市化率/% c_{27}	0.0010
		人均建设用地/万 hm^2 c_{28}	0.0013

5.1.5　土地生态风险综合评价

1. 陕西省土地生态风险评价

1）土地利用结构生态风险评价

陕西省土地利用结构比例变化见图 5.4。可以看出，陕西省近 7 年来，园地、林地、居民及工矿用地、交通用地呈增加趋势，耕地、牧草地和未利用土地呈减少趋势。陕西省土地利用/覆盖面积大小顺序依次为林地＞耕地＞牧草地＞未利用地＞居民点及工矿用地＞园地＞交通用地＞水利设施用地。林地占全省面积最大，平均为 50.31%，其次是耕地，平均为 19.68%，水利设施占全省面积最小，为 0.19%。

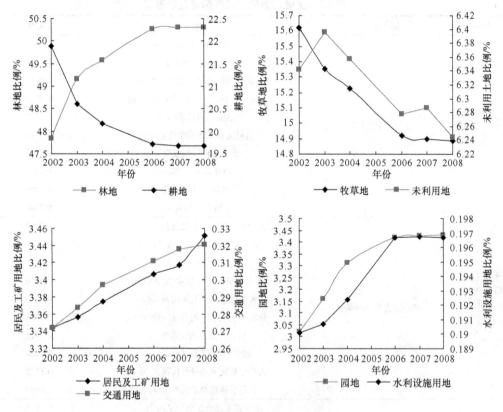

图 5.4　陕西省土地利用结构变化

由表 5.3 可以看出，绝对数量变化幅度最大的是耕地和林地，2002～2008 年，耕地减少了 45.5603 万 hm²，林地增加了 51.1214 万 hm²，其次为园地，增加了 8.3556 万 hm²、牧草地减少了 15.0298 万 hm²、居民及工矿用地增加了 2.2290 万 hm²，未利用地减少了 2.0245 万 hm²，水利设施增加了 0.1361 万 hm²。城乡建设和交通用地增加主要来源于耕地。人工造林和退耕还林使林地面积增加。2008 年生态退耕 513.3 hm²，占全省耕地减少量的 6.02%，人工造林面积为 24.75 万 hm²，比 2007 年增加了 8.7%。2008 年新增建设用地总面积中，农用地为 2836.1 hm²，占总新增加建设用地总面积的 80.7%。随着社会经济快速发展，不同土地利用类型之间的转换速度可能还会加快，生态系统平衡会受到一定的干扰，其结构和功能也会发生较大改变，从而会影响到土地生态潜力的发挥。

表 5.3　陕西省不同类型土地变化　　　　　　　（单位：10^4 hm²）

年份	耕地	园地	林地	牧草地	居民及工矿用地	交通用地	水利设施	未利用地
2002～2004	−35.1856	5.8700	36.0252	−8.0548	0.6371	0.5109	0.0473	0.2966
2006～2008	−0.7888	0.2370	0.7602	−0.6110	0.9220	0.2070	0.0009	−0.6882
2002～2008	−45.5603	8.3556	51.1214	−15.0298	2.2290	0.9994	0.1361	−2.0245

通过计算得出陕西省耕地垦殖指数为 0.245931，植被覆盖指数为 0.394984。耕地垦殖指数反映区域内耕地开垦状况，植被覆盖指数反映区域内植被状况。由图 5.5 可以看出，2002～2004 年耕地垦殖指数减小幅度较大，而覆盖指数增加幅度较大，2006～2008 年植被覆盖指数和耕地垦殖指数变化平稳，土地利用变化幅度小。

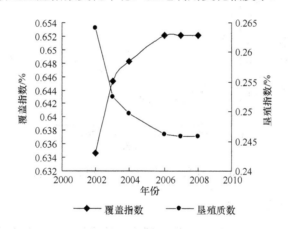

图 5.5　陕西省覆盖和垦殖指数变化

通过计算得出陕西省土地利用结构风险指数（表 5.4），可以看出，陕西省 7 种土地利用类型中，耕地生态风险指数最大，为 0.35222，其次是林地，为 0.1378，水域生态风险指数最小为 0.00213，而且耕地、居民及工矿用地、交通用地产生的生态风险呈增加趋势，林地、草地、未利用土地和水域生态风险有减少趋势或保持稳定状态。不同土地类型平均生态风险指数大小顺序为耕地＞林地＞居民及工矿用地＞牧草地＞未利用地＞交通用地＞水域。这说明耕地变化对生态环境和社会经济发展潜在影响最大，其次是林地，水域潜在生态影响较小。由图 5.6 可以看出，土地利用结构综合生态风险变化分两个阶段，2002～2004 年生态风险指数减小，2006～2008 年生态风险指数增加。这与陕西省土地利用结构变化趋势一致。2002～2004 年，虽然耕地面积减少，但林地面积增加明显，耕地减少了 44.771572 万 hm²，林地增加了 50.361195 万 hm²，其他类型土地面积变化不大，林地增加生态风险减小抵消了耕地减少生态风险增大，综合生态风险减小。2006～2008 年，耕地减少了 0.788772 万 hm²，林地只增加了 0.760266 万 hm²，水域面积减少了 0.610991 万 hm^2，交通和工矿用地面积增加，这就导致综合生态风险加大。

表 5.4　陕西省土地类型生态风险指数

	土地类型	耕地	林地	牧草地	居民及工矿用地	交通用地	未利用地	水利设施用地
	权重	0.1405	0.278	0.463	0.2497	0.3676	0.1099	0.0570
生态风险指数	2002 年	0.3710	0.1330	0.0723	0.0734	0.0100	0.0369	0.0021
	2003 年	0.3548	0.1367	0.0711	0.0738	0.0104	0.0372	0.0021
	2004 年	0.3509	0.1378	0.0705	0.0742	0.0109	0.0370	0.0021
	2006 年	0.3459	0.1398	0.0691	0.0850	0.0114	0.0365	0.0022
	2007 年	0.3453	0.1399	0.0689	0.0853	0.0117	0.0366	0.0022
	2008 年	0.3454	0.1399	0.0689	0.0862	0.0118	0.0363	0.0021
	平均	0.3522	0.1378	0.0701	0.0797	0.0110	0.0368	0.0021

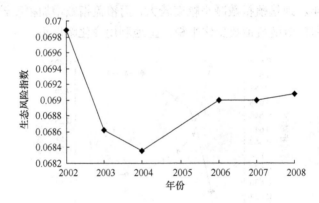

图 5.6　土地利用结构综合生态风险指数变化

2）土地利用结构生态风险评价

随着西部开发和生态环境重建，生态环境保护措施实施，社会经济稳步快速发展，土地压力不断增加，选用 2004 年、2006 年、2008 年为代表年，分析生态压力综合风险。计算得出综合生态风险指数（表 5.5 和表 5.6）。可以看出，2004～2008 年自然压力生态风险、经济压力生态风险增大，2006 年社会压力生态风险增加，2008 年社会压力生态风险又减小，综合生态风险指数呈增加趋势变化，而且以经济压力生态风险最大，其次是自然压力生态风险，社会压力生态风险较小。由表 5.7 可以看出，陕北生态风险较大，其次是关中，陕南生态风险相对较小。这种变化与陕西自然地理环境差异、社会经济环境变化相关。2006 年陕西省水资源总量为 267.08 亿 m^3，2008 年为 303.96 亿 m^3，而 2006 年水资源经济承载力为 53.81 万元/ m^3，2008 年水资源经济承载力达 76.06 万元/m^3，增加了 41.35%。2006 年废水排放量为 86631.39 万 t，而 2008 年增加到 104329.3 万 t。2006 年受灾面积为 273.94 万 hm^2，2008 年为 66.78 万 hm^2，灾害的直接经济损失为：2006 年为 87.7 亿元，2008 年达 267.5347 亿元。土地利用变化中，林地虽然增加，但耕地 2008 年比 2006 年减少了 0.78874 万 hm^2，水土流失治理面积虽然逐年增加，但治理抵消不了土地退化带来的风险。随着陕西省经济密度和人口密度的增加，如 2006 年陕西省经济密度和人口密度分别为 219.8124 元/km^2 和 181.46173 人/km^2，而 2008 年分别达到 332.91156 元/km^2 和 182.7988 人/km^2，陕西省生态风险指数增大是必然结果。总之，自然、社会环境和经济因素是陕西省土地生态风险增加的主要原因。

表 5.5　各指标生态风险指数

	指标	2004 年	2006 年	2008 年	指标	2004 年	2006 年	2008 年
自然压力	c_1	0.005911	0.005252	0.008780	c_6	0.015802	0.020829	0.041640
	c_2	0.000004	0.000002	0.000002	c_7	0.022160	0.0301686	0.038260
	c_3	0.000016	0.000016	0.000016	c_8	0.016884	0.0183126	0.020798
	c_4	0.000018	0.000018	0.000018	c_9	0.005590	0.0058604	0.009681
	c_5	0.000116	0.000116	0.000116	c_{10}	0.000002	0.000002	0.000002
经济压力	c_{11}	0.043920	0.035014	0.066712	c_{16}	0.015096	0.020342	0.025850
	c_{12}	0.006660	0.038707	0.000462	c_{17}	0.000002	0.000002	0.000002
	c_{13}	0.006624	0.003876	0.045906	c_{18}	0.010174	0.012292	0.015410
	c_{14}	0.002546	0.001524	0.015102	c_{19}	0.043500	0.180892	0.346054
	c_{15}	0.000072	0.000074	0.000076	c_{20}	0.010736	0.013012	0.016460
社会压力	c_{21}	0.007460	0.010488	0.008432	c_{25}	0.000002	0.000002	0.000002
	c_{22}	0.000026	0.000026	0.000024	c_{26}	0.000002	0.000002	0.000004
	c_{23}	0.000026	0.000026	0.000028	c_{27}	0.003960	0.003396	0.004272
	c_{24}	0.000004	0.000002	0.000002	c_{28}	0.000002	0.000002	0.000004

表 5.6　土地压力生态风险指数

年份	自然压力	经济压力	社会压力	综合压力风险
2004	0.06656	0.13932	0.011482	0.217362
2006	0.080586	0.384857	0.013944	0.484661
2008	0.119328	0.660216	0.012768	0.792312

表 5.7　不同区域压力生态风险指数

地区	自然压力	经济压力	社会压力	综合风险指数
陕北	0.04146	0.22224	0.02022	0.28392
关中	0.0332	0.22041	0.0194	0.27301
陕南	0.02101	0.20470	0.01020	0.23591

2. 西北地区土地利用生态风险评价

西北地区土地利用/覆被也发生了显著变化，耕地、未利用土地有不同程度减少，建设用地增加较多。由表 5.8 可看出，西北五省（自治区）土地利用结构有很大差异，陕西省为林地>耕地>牧草地>未利用地>居民及工矿用地>园地>交通用地>水利设施用地。林地占面积最大，为 50.31%，其次是耕地 19.68%，水利设施占的面积最小。甘肃省为未利用地>牧草地>林地>耕地>园地>居民及工矿用地>交通用地>水利设施用地，未利用土地占的面积比例最大，为 41.99%；其次是牧草地，为 31.03%；林地 11.4% 和耕地 10.61%，这与甘肃位于西北内陆干旱荒漠气候环境相关,许多土地为荒漠,而不能利用。宁夏土地结构面积比例依次为牧草地>耕地>未利用地>林地>居民及工矿用地>交通用地>水利设施用地。青海土地结构面积比例依次为牧草地>水利设施用地>园地>林地>耕地>居民及工矿用地>交通用地>未利用地。新疆土地结构面积比例依次为未利用地>牧草地>林地>耕地>水利设施用地>居民及工矿用地,总体可以看出,甘肃、新疆由于气候、地质地貌环境的特殊性,未利用土地所占面积最大,而且连同宁夏、青海的牧草地和林地面积都比耕地面积大。由表 5.9 可以看出,新疆水土流失治理率最小,陕西省最大。旱地占耕地面积陕西省最多,而有效灌溉面积陕西省最小,新疆有效灌溉面积最大,旱地面积最少。水土流失率依次为甘肃>陕西>新疆>宁夏>青海,土地承载力依次为陕西>宁夏>甘肃>新疆>青海。林地覆盖率依次为陕西>新疆>甘肃>宁夏>青海。

表 5.8　2008 年西北五省(自治区)土地利用比例(%)

地区	耕地	园地	林地	牧草地	居民及工矿用地	交通用地	水利设施用地	未利用地
陕西	19.68	3.43	50.31	14.89	3.45	0.32	0.20	6.24
甘肃	10.61	2.83	11.40	31.04	1.93	0.14	0.06	41.99
宁夏	16.67	0.52	9.13	34.10	2.81	0.28	0.11	10.96
青海	0.76	4.56	3.71	56.23	0.34	0.04	34.29	0.07
新疆	2.48	0.22	4.06	30.70	0.60	0.03	0.11	61.36

表 5.9　西北五省(自治区)土地利用状况比例

项目	陕西	甘肃	宁夏	青海	新疆
水土流失治理率/%	64.82	20.87	40	2.26	0.72
有效灌溉面积比/%	21.14	—	—	21.36	32.65
旱地占耕地比例/%	73.59	—	14.8	0.49	4.3
水土流失率/%	66.81	83.5	55.5	49.1	61.86
土地承载力/(人/km^2)	182.79	57.82	93.0	7.72	12.78
林地覆盖率/%	37.3	13.42	9.9	4.4	28.94
自然保护区面积比例/%	5.08	21.89	8.2	30.38	13.56

青海人均生态服务价值最大,为 5.711393 亿元/(年·人),陕西和宁夏人均生态服务价值较小,分别为 0.645896 亿元/(年·人)和 0.518225 亿元/(年·人),西北五省(自治区)的人均生态服务价值大小顺序为青海>新疆>甘肃>甘肃>陕西>宁夏。由图 5.7 和表 5.10 可以看出,生态服务价值与各省(自治区)GDP 相比较,陕西是 0.3545 倍,甘肃是 0.671568646倍,宁夏是 0.291395678 倍,青海是 3.292599378 倍,新疆是 1.216142399 倍。由于社会经济发展,其生态价值量减损是城市化、工业化的必然结果;退耕还林,自然保护区增大使生态价值增大。总体上来看,2002~2008 年 6 年间土地利用结构的变化趋势是良好的,在经济效益大幅增加的同时,生态效益也在增加,并且两者之间的比重变化不大。

西北气候环境有利于畜牧业,但也是生态脆弱的农牧交错地带。草地是当地最主要的土地利用类型,这与整个研究区域为草原景观基质有关。这几年牧草地的增加和退耕还林,人工育林面积增加,有利于西北生态环境的恢复。虽然近几年来当地政府采取了草场生态建设、退耕还林、封山育林及休牧制度对于扭转草地面积减小起了极其重

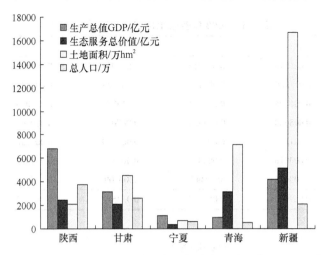

图 5.7　西北五省（自治区）生态服务总价值和土地面积（见文后彩图）

表 5.10　西北五省（自治区）2008 年生态服务价值比较　　（单位：亿元）

地区	耕地	园地	林地	牧草地	水域	未利用地	总计
陕西	247.6504	43.1727	1703.1923	196.3201	15.1747	4.7727	2430.0090
甘肃	295.0394		852.4916	903.8545	11.0417	70.8909	2133.3184
宁夏	67.6882	2.0963	99.7135	145.0562	2.8521	2.7029	320.1095
青海	33.1831		438.3197	2584.84	18.2353	91.3826	3165.9609
新疆	252.1904	22.2682	1112.7709	3274.6055	379.4411	70.71359	5111.9899

要的作用。随着社会经济的发展，建设用地呈现逐年增加的趋势。不同土地利用类型之间的转换说明原有的生态系统平衡受到一定的干扰后，生态系统已经受到了一定的损伤，其组分也发生了一些不利的变化，整个生态环境还是处于恶化的趋势，区域的生态风险程度不断提高。

通过计算给出西北五省（自治区）土地利用生态风险（表 5.11），可以看出，西北五省（自治区）土地利用生态风险大小顺序为陕西>甘肃>新疆>青海>宁夏，而且以耕地生态风险最大，其次为草地和林地。

由图 5.8 可以看出，陕西省耕地垦殖指数和植被覆盖指数与土地结构风险最大，新疆和甘肃耕地垦殖指数较小，宁夏的土地利用结构风险较小。综合以上分析，表明西北五省（自治区）土地利用生态风险依然比较严重，加强土地利用规划管理是减小生态风险的主要途径。

5.1.6　土地生态风险驱动因素分析

土地生态风险直接驱动力可归纳为土地生态基础本底脆弱和社会经济系统稳定性差。以陕西省为例分析其驱动因素。陕西省的自然地质地貌、气候条件决定了陕西省的水资源短缺、气象地质灾害频繁、土地严重退化的脆弱性生态基础。陕西地势南北高、中间低，断裂构造发育，山地占 36%，高原占 45%，平原占 19%，这就导致陕北自然生

表 5.11　2008 年各省土地利用生态风险指数

土地类型	陕西	甘肃	宁夏	青海	新疆
耕地	0.034545	0.014915	0.000014	0.001062	0.004394
林地	0.013989	0.003170	0.002538	0.001030	0.001130
牧草地	0.006895	0.014371	0.015788	0.026036	0.014214
居民工矿用地	0.008620	0.004824	0.007010	0.000861	0.00149
交通用地	0.001179	0.000526	0.001029	0.000158	0.000138
水利设施	0.000216	0.000069	0.000123	0.019959	0.000121
未利用土地	0.003635	0.02444	0.00709	0.000073	0.035714
总计	0.069079	0.062315	0.033592	0.049182	0.057200

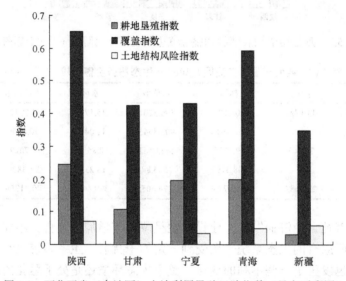

图 5.8　西北五省（自治区）土地利用垦殖风险指数（见文后彩图）

态风险加大。水资源时空分布不均，黄河流域面积占全省 60% 以上，耕地面积占 80.5%，而地表水资源仅占全省的 25%，成为资源型缺水区，使处于黄河流域的关中、陕北地区存在潜在的水资源压力生态风险。由于缺水，陕西水浇地比例较少，只占 4.2%，旱地面积较大，占 14.5%，再加上气候变化，人口增加加剧了水资源量短缺风险，陕西省 2008 年比 2007 年水资源总量减少了 72.1 亿 m^3，水资源量减少了 197.13 m^3/人，而 2008 年用水量增加了 3.93 亿 m^3。土壤侵蚀是陕西土地资源脆弱的主要形式。陕西全省水土流失面积为 13.8 万 km^2，占全省土地总面积的 66.8%。强度以上水土流失面积达 4.2 万 km^2，以陕北黄土丘陵沟壑区、渭北高原沟壑区水土流失最为严重，陕南低山丘陵区水土流失面积占总流域面积的 50%，秦巴山区虽然天然植被较好，但严重的水土流失已造成生态环境的恶化，加大了土地生态风险。陕西主要的自然灾害有旱灾、洪涝灾害、地质灾害等。其中旱灾是最主要的自然灾害，如 2006～2008 年三年全省每年平均成灾面积为 100.51 万 hm^2，以陕北、渭北和关中东部较为严重。由于陕西省所处不良地质环境条件和不合理的人类工程活动，每年都有大量的不同规模的各种地质灾害发生，造成人民生命财产的重大损失。如 2006 年、2007 年、2008 年分别发生地质灾害 23 起、270 起、123

起，直接经济损失 0.074273 亿元、0.074273 亿元、2.5 亿元。由于陕西省经济的快速发展，污水排放，广施化肥、农药、除草剂，使用塑料地膜，使水资源和土壤污染逐步加重。虽然政府部门已经采取了一系列措施，加大排污水处理、垃圾处置、重点污染源治理项目、环境保护措施和资金投入，但治理的速度跟不上生态污染和退化的速度，人类社会活动产生的生态风险依然严重。总之，自然和人类活动导致的生态环境恶化会加剧土地生态系统不可逆转的风险，以及经济社会难以持续稳定发展的风险。

总之，通过以上分析可以看出，陕西耕地面积减少，林地面积增加，其他用地有不同程度的变化。土地利用生态风险表现为 2002～2004 年风险减小，2006～2008 年生态风险增加。土地自然、社会经济压力生态风险也有增加趋势。生态风险的变化与土地利用结构的不合理、人口增加、经济发展导致的资源减少和环境恶化，以及自然灾害增加密切相关，加大资源环境管理、灾害防治和人口控制是减缓土地生态风险的主要途径。

5.2 水环境生态风险评价

5.2.1 水资源承载力风险评价

水环境生态风险评价是利用生态风险评价的原则和方法评价干扰和污染物进入水生态环境之后产生生态危害的可能性和程度。可以从水资源人口和经济承受能力分析。

水资源承载力是一个度量区域社会经济发展受水资源制约的阈值，反映的是在一定的水资源开发利用阶段和生态环境保护目标下，一个流域区域的可利用的水资源量究竟能够支撑多大的社会经济系统发展规模。通常用可利用水量与社会经济可持续发展有限目标需求水量的供需平衡退化到临界状态所对应的单位水资源量的人口规模和经济发展规模等指标表达。本书主要计算在不同的发展时期，单位可利用水资源量所承受的经济发展和人口数量规模，用于反映水资源压力状况。水资源承载力和平衡指数计算方法如下：

$$C = \frac{G}{W_s} \tag{5.3}$$

$$I = 1 - \frac{W_d}{W_s} \tag{5.4}$$

式中，C 表示水资源承载力指数，数值越大，表示水资源压力越大；G 表示国民生产总值或总人口；W_s 表示可用水资源量；W_d 表示水资源需求量；I 表示水资源平衡指数。当 $I<0$ 时表示区域可供水资源量不具备对这种规模的社会经济系统的支撑能力；当 $I>0$ 时，即水资源丰富时，表示区域水资源对应的人口和经济规模是可承载的，供需状态良好。以陕西省为例计算出水资源承载力，见图 5.9 可以看出，榆林、延安、汉中水资源承载力比较大，其他市相对较小，这与陕西省水资源总量区域分布相一致。

采用 2004～2008 年陕西省可供水量、GDP 和人口数据计算出水资源承载力和平衡指数（表 5.12）。可以看出，陕西省人口在不断增加，人均水资源总量波动变化，但各年水资源

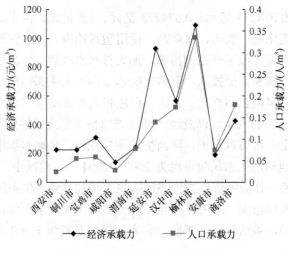

图 5.9　陕西省各市水资源承载力

量低于 1000m³/人，表现为慢性水资源短缺。而水资源经济承载力在增加，2008 年水资源经济承载力比 2004 年增加了 51.45%，水资源平衡性较差，而且平衡指数在减小。随着经济发展和人口增加，水资源压力会增大。

表 5.12　陕西省水环境状况

年份	人均水资源量/m³	水资源经济承载力/（元/m³）	总人口/10⁴ 人	平衡指数
2004	828.61	569.17	3705	−0.69
2006	716.51	714.85	3735	−0.78
2008	807.97	862.02	3762	−0.72

　　由表 5.13 可以看出，陕北水资源经济承载力最大，为 1010.12 元/m³，人均供水量最小，为 24.88 m³，关中地区水资源经济承载力最小，为 227.1 元/m³，而人均供水量和降水量以陕北地区最少，陕南地区最大，这就使得陕北地区水资源承载力较大，压力增大，陕南地区水资源压力较小。

表 5.13　陕西省不同区域水资源量

地区	水资源经济承载力/（元/m³）	人均供水量/m³	日生活用水量/L	年平均降水量/mm
关中	227.11	25.58	144.83	523.52
陕北	1010.12	24.88	117.02	439.60
陕南	393.23	28.31	116.45	858.87

5.2.2　水资源生态风险综合评价指标

　　水资源生态风险指标体系建立的目的在于寻求一系列具有代表意义，而且能够定量表达水资源脆弱性和经济发展影响的特征指标。水资源生态系统本身存在着可变性、不确定性、随机性等资源属性，是一个复杂系统，涉及的风险源、暴露体和终点比较多。因此，在进行指标选择时，遵循科学性、指标的相对稳定性、独立性、易操作性和可比性原则。从陕西省自然环境状况、社会经济环境压力和采取的措施出发，采用层次分析法构建指标体系。通过对陕西省实际调查构建 3 个层次指标，分别为目标层、因子层和指标层。目标层为水资源综合生态风险，因子层包括自然状况（脆弱性）生态风险、水资源压力（威胁性）生态风险和响应（预防能力）生态风险，指标层选择 20 个指标（表 5.14）。因子层的状态风险表示自然、社会和水环境状态对人类造成的威胁性和可能发生危害的概率。压力风险表示人类活动对自然和社会环境造成的可能危害程度。响应风险表示人类采取预防生态危害性措施的力度，采取的措施力度越大，响应风险越小。采用变异系数法计算权重，变异系数变化越大，说明风险就越大。采用生态综合指数评价模型计算风险指数。

表 5.14 水资源生态风险评价指标体系和权重

目标层	因子层	指标层	权重
水资源生态综合风险	状态生态风险	水资源总量/$10^8 m^3$	0.109783
		年平均降水量/mm	0.110279
		洪涝灾害发生频率/%	0.076473
		人均用水量/m^3	0.009375
		干旱发生率/%	0.059665
		径流量/（m^3/a）	0.059042
	压力生态风险	水资源开发利用程度/%	0.086276
		总人口/10^4 人	0.090068
		废水排放量/10^4t	0.037109
		水质污染率/%	0.050283
		城市化率/%	0.054089
		水资源承载力/（元/m^3）	0.058961
		农业用水量/$10^8 m^3$	0.007131
		工业用水量/$10^8 m^3$	0.025267
		生活用水量/$10^8 m^3$	0.011780
		生态用水量/$10^4 m^3$	0.024420
	响应生态风险	废水治理投资/10^4 元	0.044037
		废水处理率/%	0.042472
		工业用水重复利用率/%	0.005421
		城市污水处理率/%	0.008673

应用 2002～2008 年自然环境、社会经济和水资源数据，计算出陕西省状态、压力和响应风险指标指数（表 5.15），其中，综合风险为状态风险与压力风险及响应风险之和。可以看出，水资源总量状态指标风险指数比较大，而且呈减少趋势，、旱涝灾害和径流量风险呈增加趋势。水资源开发利用程度、人口、水资源承载力、污水排放、农业用水、生态用水等压力指标风险指数也比较大，且呈增加趋势。响应风险指标较小，呈减小趋势。从陕西省水资源生态风险时间变化（图 5.10）可以看出，陕西省水资源综合生态风险、状态风险、压力风险呈增加趋势，而响应风险呈减少趋势，而且 2006 年以后水资源状态、压力和综合风险增加较大，响应风险减少较多。生态风险的这种变化与

陕西水环境变化状况、经济发展和人口增加相关。由于陕西经济快速发展，人口不断增加，水资源开发利用程度增大，水资源承载的经济和人口规模增加，使水资源压力增大。例如，2008 年陕西水资源总量平均减少了 13.48%，而工农业用水量却增加了约 2%，这就使水资源的状态和压力风险增加。2008 年陕西废水排放量达 104329.3×10^{4}t，比 2002 年增加了 22.43%，虽然政府采取了环境污染治理措施，如 2008 年水污染处理率比 2002 年增长了 15%，水资源重复利用率也在增加，使水资源响应风险指数减小，但水资源状态和压力风险的增大占主导趋势，使陕西省水资源综合生态风险表现出增大趋势。

表 5.15　各种指标风险指数

指标		2004 年	2006 年	2008 年	指标	2004 年	2006 年	2008 年
状态风险	c_1	0.069311	0.000003	0.045855	c_4	0.006050	0.000003	0.009374
	c_2	0.110278	0.087627	0.000003	c_5	0.000002	0.033010	0.059653
	c_3	0.000002	0.020240	0.092080	c_6	0.000002	0.000003	0.047163
压力风险	c_7	0.000003	0.086274	0.020550	c_{12}	0.027732	0.000003	0.088959
	c_8	0.000002	0.038744	0.089894	c_{13}	0.003394	0.000003	0.008227
	c_9	0.000002	0.026662	0.037108	c_{14}	0.021266	0.000003	0.029817
	c_{10}	0.050273	0.034250	0.000003	c_{15}	0.000002	0.002637	0.011779
	c_{11}	0.0484418	0.000002	0.006800	c_{16}	0.000002	0.000003	0.024420
响应风险	c_{17}	0.000002	0.044010	0.003774	c_{19}	0.005421	0.002085	0.000003
	c_{18}	0.042472	0.000880	0.000003	c_{20}	0.0073392	0.008060	0.000003

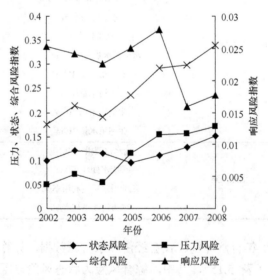

图 5.10　陕西省水资源生态风险时间变化

　　以市区为单元计算出水资源压力–状态–响应生态风险指数，采用 GIS 将这些指数进行叠加给出水资源综合生态风险空间分布（图 5.11）。可以看出，陕西省水环境生态风险空间分布差异较大。西安地区水资源状态生态风险指数最大，为 0.1953，渭南地区最小，为 0.0976，不同地区水资源状态生态风险大小顺序为：西安>铜川>榆林>延安>商洛>

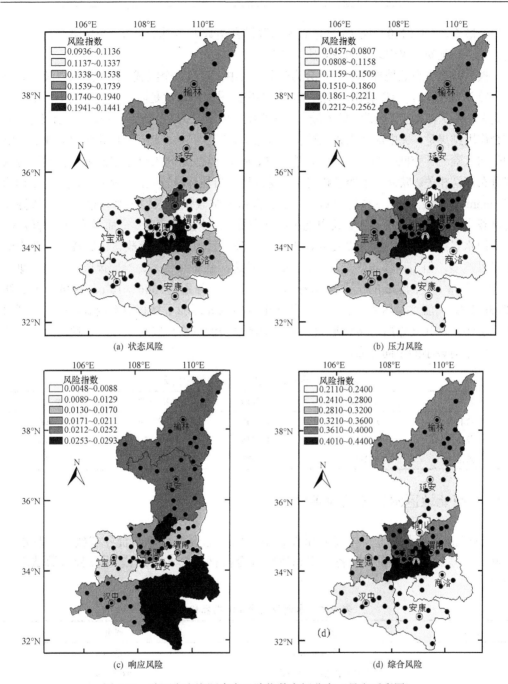

图 5.11　陕西省水资源生态风险指数空间分布（见文后彩图）

安康>咸阳>汉中>宝鸡>渭南。水资源压力风险表现为西安地区最大，为 0.2338，铜川地区最小，不同地区水资源压力风险大小顺序为：西安>渭南>咸阳>宝鸡>榆林>汉中>延安>安康>商洛>铜川。水资源响应生态风险表现为安康地区风险最大，为 0.0296，西安地区生态风险最小，为 0.0048，不同地区水资源响应风险指数大小顺序为：安康>商洛>铜川>榆林>延安>汉中>咸阳>渭南>宝鸡>西安。水资源综合风险以西安地区最大，为 0.4338，商洛地区最小，为 0.2110，不同市区水资源风险综合指数大小顺序为西安＞咸阳＞榆林＞渭南＞宝鸡＞延安＞汉中＞铜川＞安康＞商洛。

　　根据陕西省自然地理环境特点分为陕北、关中、陕南 3 个区域，计算出水资源生态风险指数（表 5.16）。可以看出，陕南响应生态风险最大，其次是陕北，关中较小；压力风险是关中最大，其次是陕北，陕南较小；陕北状态风险最大，其次是关中地区，陕南较小。综合作用结果是，关中地区水资源综合风险最大，其次是陕北地区，陕南地区较小。水资源生态风险这种空间分布与陕西省自然气候、水文环境、经济发展不平衡和水自然环境状况分布密切相关。陕北处于经济相对不发达地区，自然环境较差，年降水量较少，平均为439.6mm，干旱严重，水资源量短缺，而且人口增加较快，人均供水量最少，水资源经济承载力和人口承载力最大；关中地区经济发展，工农业用水量大，而且人口压力较大，人均用水量最大，为 144.832 L/人，水资源经济承载力和人口承载力也比较大；陕南降水量虽然多，但山地暴雨洪灾严重，经济欠发达，水资源状态、响应风险较大；陕北、关中、陕南 3 个区域的工业废水排放量比较大，分别达 $3465×10^4$t、$39448×10^4$t 和 $5205×10^4$t，河流水质污染比较严重，陕北地区污水处理和重复利用率较低，关中地区次之，这些因素共同作用的结果形成了关中地区水资源综合风险最大，陕北地区次之，陕南地区相对较小的空间分布。

表 5.16　不同区域水资源生态风险指数

地区	状态风险	压力风险	响应风险	综合风险
陕北	0.149771	0.110147	0.025274	0.285193
关中	0.134322	0.163735	0.018070	0.316068
陕南	0.121514	0.072382	0.026197	0.245448

5.2.3　西北地区水生态风险评价

　　根据前面的水生态指标建立原理和生态风险综合模型，结合各省实际，从水资源状态和暴露体两方面建立各省生态风险综合指标（表 5.17），采用变异函数法求出权重。

表 5.17　水资源风险评价指标和权重

因子	指标	权重
	均年降水量/mm	0.032306
	全省水资源总量/亿 m^3	0.048799
	地表水资源量/亿 m^3	0.048954
	地下水资源量/亿 m^3	0.033336
资源状态指标	总供水量/亿 m^3	0.016662
	地表供水量/亿 m^3	0.052671
	地下供水量/亿 m^3	0.045943
	其他水源供水量/亿 m^3	0.094342
	年末蓄水量/亿 m^3	0.047517

续表

因子	指标	权重
	林牧渔畜用水量/亿 m³	0.017958
	工业用水量/亿 m³	0.034501
	生活用水量/亿 m³	0.039983
	城镇公共和生态环境用水量/亿 m³	0.051049
	全省废污水排放总量/亿 t	0.034242
	城镇居民生活废污水排放量/亿 t	0.016994
	工业废水量/亿 m³	0.040947
	全省总耗水量/亿 m³	0.022769
暴露体指标	农业（含林牧渔）耗水量/亿 m³	0.024245
	工业耗水量/亿 m³	0.033488
	生活耗水量/亿 m³	0.047045
	城镇公共及生态环境耗水量/亿 m³	0.025434
	总人口/万人	0.038347
	年末耕地面积/万 hm²	0.027213
	农林牧渔业总产值/万元	0.035426
	农林牧渔服务业/万元	0.048795
	总产值/亿元	0.041025

计算得出 2008 年西北地区水资源生态风险指数（表 5.18 和图 5.12），可以看出水资源状态风险以宁夏最大，为 0.257218，陕西最小，为 0.114604，而陕西省的水资源暴露风险强度最大，为 0.469275，宁夏风险强度最小，为 0.008361，综合风险以甘肃省最大，为 0.686415，宁夏最小，为 0.265578。这是因为甘肃、陕西人均地表水资源为 828.593m³和 762.302 m³，宁夏为 167.768 m³，而甘肃省农林牧业用水量和耗水量最大，污水排放和工业废水排放量也以甘肃省最大，为 11.0516 亿 t、陕西、宁夏分别为 1.009 亿 t、2.3773 亿 t。

表 5.18　西北地区水资源生态风险

省（自治区）	自然风险	暴露风险	综合风险
陕西	0.114603	0.469275	0.583879
甘肃	0.224804	0.461610	0.686415
宁夏	0.257217	0.008361	0.265578
青海	0.140112	0.400481	0.540593
新疆	0.18426	0.442452	0.626412

5.2.4　水资源生态风险驱动因素分析

水资源脆弱性可归纳为水资源的数量、质量，稀释、净化污染物等抗干扰能力，以及社会开发利用方式和水处理能力等自然因素和社会因素。通过西北地区水资源状态、

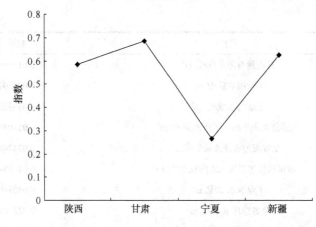

图 5.12　西北水资源综合生态风险指数

压力和响应生态风险变化分析，结合西北地区水资源生态基础本底脆弱性和社会经济系统脆弱性，水资源生态风险驱动因素可归纳为以下几方面。

（1）水资源时空分布不均，降水量和来水量少，水资源总量减少，洪涝干旱灾害严重是水资源生态风险的主要驱动因素。西北地区水资源时空分布与经济发展的布局和要求不匹配。降水主要集中在 7～8 月，暴雨易形成洪涝灾害严重，而春冬季降水少，造成干旱严重。例如，陕西省黄河流域面积占全省的 60% 以上，耕地面积占 80.5%，而地表水资源仅占全省的 25%，使处于黄河流域的关中经济发展地区和陕北地区存在潜在水资源压力生态风险。由于缺水，西北水浇地比例较少，旱地面积较大，再加上气候变化，湖泊、河流萎缩，人口增加加剧了水资源量短缺风险。由于人类活动加剧，植被的破坏与减少加剧了陆地蓄水量和径流量减少。以上因素构成了西北地区水资源风险的潜在自然风险源。

（2）经济发展，水资源开发利用程度增大导致地下水位下降，地下水危机严重，加大了陕西省水环境状态风险。西北地区许多城市地下水大量超采，造成区域地下水位下降、地下水资源枯竭、地下水水质恶化、地面沉降、地面裂缝和地面塌陷等水环境问题。近年来地下水下降还有增加趋势。例如，西安市和宝鸡市由于地下水量开采逐年增加，导致地下水位埋深下降。这些因素影响加大了水资源环境状态生态风险。

（3）水生态失衡。近年来，由于气候变化，降水减少，干旱严重，地下水减少，出现不少河流断流，湖泊萎缩，湿地和水陆交错带破坏严重、功能退化、土壤沙化、森林草原退化、土地荒漠化等一系列主要由水引起的生态失衡问题，促使了水资源自然生态风险增大。

（4）由于西北地区经济的快速发展，废水排放量增加，广施化肥、农药、除草剂，使用塑料地膜，使地表水和地下水资源污染严重。河流水质中的总磷、总氮、化学需氧量和高锰酸盐指数等超标，水质变坏，水环境遭到破坏成为水资源压力生态风险的另一主要驱动因素。

（5）污染源治理和环境保护措施跟不上生态污染和退化。虽然政府部门已经采取了一系列措施，加大污水处理、水资源重复利用、重点污染源治理项目、环境保护措施和资金投入，但治理的速度跟不上生态污染和退化的速度，人类社会活动和经济发展对水资源产生的生态风险依然严重。

总之，西北地区水资源自然生态基础本底脆弱性和社会经济系统不稳定性成为水资源风险的主要驱动因素。

5.3　城市、森林、灾害生态风险评价

5.3.1　城市生态风险评价

1. 城市生态环境分析

城市生态系统相对于自然生态系统是一种人工生态系统，是人们在改造和适应自然环境的基础上建立起来的自然、经济、社会复合生态系统，具有高能耗物耗、高环境污染、低自然资源储备的特点，并且具有一定的脆弱性和不稳定性。当城市发展产生的各种废物流远远超过了自身的自然净化能力时，城市就会在很长一段时间内处于经济发展迟缓的不安全状态。

城市生态风险评价属于城市生态学与风险学相交叉的新兴边缘学科。城市化过程是一个受经济增长刺激和工业发展催化的人口集聚过程。在这个过程中，由于原有的农业生态系统迅速被城镇生态系统所取代，不可避免地会出现一些不利于城市化持续发展的负效应，这就是城市生态风险。城市生态风险不仅包括传统经营方式和技术产生的生态风险，资源开发利用方面的风险因素，还包括市场因素、资金的投入产出因素、流通与营销、产业结构的升级，以及城市化过程中各种生产要素的功能转换因素等。目前城市生态风险主要表现为城市重工业的集聚、汽车尾气排放量、城市用地扩展、水资源无节制的利用，以及工业废水、废气、生活污水等"城市垃圾"造成的局部的气候变化、生物多样性指数的下降、水资源枯竭、土地沙漠化和盐渍化、空气质量下降和城镇生态系统中有害物种类与浓度的增加对原有的生态系统所产生的负面效应。

城市生态系统的负荷承载能力是有限的，超过负荷则生态平衡遭受破坏。当人类处于一种不受环境污染和环境破坏危害的良好状态时，表示自然生态环境和人类生态意义上的生存和发展的风险小。西北五大城市经济发展，能源消耗量大，西安市单位 GDP 能耗为 0.873t 标准煤/万元，单位 GDP 电耗 853.64kW·h/万元，在创造了大量经济价值和良好社会生活的同时，也向生态系统排放了大量污染物。由表 5.19 可以看出，西安市工业废水排放量最大，为 18304 万 t，西宁和兰州及乌鲁木齐城市大气综合污染指数较高，为 3.17 和 2.82，噪声以西安、兰州值最大。西安市的人口密度最大，为 666 人/km^2，人均水资源量比较少，仅为 325m^3，远低于国际平均值，处于十分缺水状态；兰州，银川人均水资源量更少，为 100 m^3，叠加部分河道污染严重，水质较差，加剧了城市的水质性缺水。

表 5.19 西北五大城市环境指标数值

城市区	人口密度 / (人/km²)	人均水资源量 /m³	噪声均值 /dB	城市大气综合污染指数	工业废水排放量 /万 t	第三产业比重 /%
西安	666	325	66	2.55	18304	50.176
兰州	252	100	57	2.82	4200	49.62
银川	260.5	250	54.7	2.17	1996.41	58
西宁	278.11	670	52.6	3.17	4139	41.6
乌鲁木齐	167.74	618	54.9	2.82	14220	56.5

2. 城市生态风险评价指标

城市生态安全评价指标依据城市生态系统的关键组分与过程的完整性和稳定性、服务功能的可持续性、资源的可供给性和抗干扰性，选择既可以反映城市生态的活力、组织结构、恢复力，又能反映生态安全的评价标准相对性和发展特征的相关指标。根据上述的 PSR 模型框架和西北五大城市生态安全的关键性生态环境要素分析，建立城市生态风险评价的压力–状态–响应指标体系（表 5.20），4 个层次 11 个因素。压力指标表示人类活动对环境造成的负荷，状态指标表征环境质量、自然资源与生态系统的支持能力，响应指标表征人类面临问题所采取的对策。采用综合指数法对城市生态风险状况进行评价。将 AHP 和客观的赋值法结合，确定各个因素的权重，客观赋值法采用熵值法求得指标权重。

表 5.20 城市生态风险评价指标

目标层	项目层	因素层	指标层
综合生态风险	资源环境压力	人口压力	人口密度、人口自然增长率、城市化率（社会、人口经济）
		土地压力	人均住房面积、人均道路面积、人均公共绿地面积
		水资源压力	水资源总量、人均水资源量、人均用水量、单位水资源工业废水负荷
		经济发展压力	人均 GDP、经济密度、第一产业占 GDP 比重，第二产业占 GDP 比重，第三产业占 GDP 比重、单位 GDP 能耗、单位 GDP 物耗
		文化生活压力	排水管道密度、每万人拥有公交车辆、城市用水普及率、恩格尔系数、全市人均教育年龄
	资源环境状态	资源质量	森林覆盖率、建成区覆盖率、自然保护区覆盖率、饮用水达标率
		水环境	废水排放量、城市水污染标准、固体垃圾清运量、工业废水处理率
		大气环境	工业废气排放量、空气质量综合指数、环境噪声
	人文环境响应	环境投资	环保投资占 GDP 比例、工业用水重复利用率，工业固体废物综合利用率
		环境废物处理	工业废气排放量、空气质量综合指数、环境噪声
		人文投资	公共服务设施投资占 GDP 比例、科技投资占 GDP 比例

3. 城市生态风险评价

由以上指标和计算方法计算出城市生态风险指数（图 5.13，表 5.21 和表 5.22），由于各城市的产业结构、经济发展水平、城市性质与功能、资源利用的强度、资源环境条件等存在着较明显的差异，因此，每个城市生态风险强度也各不相同。生态环境与城市化程度呈现明显的负相关关系，即城市化过程对当地的生态环境造成了危害，而城市化过程又包括人口城市化、经济城市化和社会城市化。从整体角度分析，各城市水资源供需基本保持平衡。但水资源地区分布不均，各城市农业、工业和生活用水定额存在着差异，这种水资源与用水产业之间的不协调，导致了各城市水资源利用的生态风险不同。

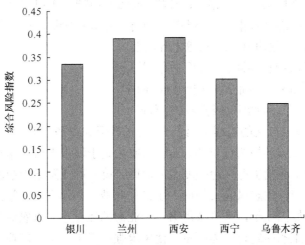

图 5.13　西北五大城市综合风险指数

表 5.21　西北五大城市经济环境风险指数

城市	经济状况	人口	生活	环境	水	平均
西安	0.021721	0.103511	0.021562	0.245013	0.101164	0.098594
兰州	0.073839	0.021713	0.007814	0.286862	0.143046	0.106655
银川	0.083311	0.007924	0.053866	0.190586	0.151277	0.097393
西宁	0.087339	0.016627	0.041156	0.156615	0.110414	0.08243
乌鲁木齐	0.058295	0.009448	0.011053	0.170089	0.028965	0.05557
平均	0.064901	0.033468	0.022575	0.17736	0.106973	0.081055

表 5.22　西北五大城市产业风险指数

城市	第一产业	第二产业	第三产业	平均
西安	0.014996	0.001108	0.000923	0.005676
兰州	0.014996	0.000861	0.000989	0.005615
银川	0.014996	0.001876	0.000001	0.005624
西宁	0.014996	0.00194	0.001936	0.006291
乌鲁木齐	0.014997	0.001536	0.000177	0.00557

西北五大城市风险指数大小顺序如下。

西安：环境>人口>水>经济状况>生活

兰州：环境>水>经济状况>人口>生活

银川：环境>水>经济状况>生活>人口

西宁：环境>水>经济状况>生活>人口

乌鲁木齐：环境>水>经济状况>生活>人口

西北五大城市生态风险强度：西安>兰州>银川>西宁>乌鲁木齐

西北五大城市平均生态风险强度：环境>水>经济状况>人口>生活

五大城市产业经济风险指数大小顺序：西宁>银川>兰州>乌鲁木齐>西安

人口风险：西安>兰州>西宁>乌鲁木齐>银川

生活风险：银川>西宁>西安>乌鲁木齐>兰州

环境风险：兰州>西安>银川>乌鲁木齐>西宁

水风险：银川>兰州>西宁>西安>乌鲁木齐

可以看出，目前城市化的过程中，经济实力的提升是导致生态环境恶化的首要因子，发展经济是以牺牲生态环境为代价的，其影响要远高于城市人口的集聚和社会发展的进步。这就是五大城市环境生态风险强度大的原因。第一产业发展引起的生态风险明显大于第二产业，第二产业生态风险又相应大于第三产业，相比之下，第三产业发展引起的生态风险最低。其原因在于，这些城市第一产业占的比重小，以农业为主，地下水位下降、土地盐渍化等生态问题也较为严重，使风险强度增大。第二产业以工业为主，占绝对主导地位，工业耗能、耗电、投入的风险加大。典型的是，兰州第一产业风险强度为0.014997，明显大于第二产业风险强度0.000861，因气候干旱，降水稀少，沙化面积减少，农业生产总是处于不稳定状态，生态风险强度加大。

总之，城市生态系统的恢复力和资源利用是影响城市生态系统健康水平的限制因素，尤其是生态系统的恢复力。城市生态风险的加大主要原因是城市生态系统的废物利用和还原功能太差，如城市生活污水处理率和工业用水重复利用率很低。虽然政府对城市环境保护投资力度加强，生态系统服务功能有所改善，但整体水平较差，主要表现在城市的环境质量、城市景观、人群出行便利程度等与国际生态城市有较大差距。只有采取有效的生态系统管理对策，改变影响生态系统健康的限制因子状况，城市生态系统才能够朝着健康、有序的方向发展，从而减少城市生态压力风险，加大管理措施，提高城市环境质量，使城市健康发展。

5.3.2　森林生态风险评价

1. 森林生态服务功能分析

生态服务功能是指自然生态系统及其所属物种形成与维持的人类赖以生存的条件和过程，它支撑和维护了地球的生命系统、生命物质的地化循环与水文循环、生物多样性、大气化学成分的平衡与稳定等。森林生态系统提供的服务在不同时空尺度表现的多种多样，主要包括生产、调节、文化和支持等功能。

森林生产价值为林业产品，主要为水果与木材，采用市场法估算。森林文化功能表现为公园自然景观给人带来的视觉的美感。森林气体调节作用是森林生态系统通过光合作用与呼吸作用固定大气中的 CO_2 和增加大气中的 O_2 含量，对维持大气中碳氧动态平衡、减少温室效应有着不可替代的作用。森林气候调节作用是通过调节气温和湿度改变气候，提供气候舒适价值，各种生态服务功能见表 5.23。此外，森林生态系统具有涵养水源、固土保肥、减少泥沙淤积等水土保持作用。由表 5.24 可以看出，五省（自治区）森林生态系统服务功能总价值不同，陕西最大，为 14839544.5 万元，宁夏最小，为 1171847.734 万元。西北五省（自治区）森林生态价值密集区在陕西。在森林生态服务价值中，改善大气环境和水土保持功能最大，分别为 16.02% 和 17.85%，食物生产和娱乐文化及废物处理功能最小，分别占 0.46%、5.86% 和 5.99%。森林生态系统价值总量的分布基本反映了森林资源在西北五省（自治区）的分布状况，价值密集区主要集中在陕西和甘肃。

表 5.23　森林生态服务比例

生态服务项目	气体调节	气候调节	水源涵养	土壤保护	废物处理
所占比例/%	16.02	12.36	14.64	17.85	5.99
生态服务项目	生物多样性	食物生产	原材料	娱乐文化	
所占比例/%	14.92	0.46	11.9	5.86	

表 5.24　西北五省（自治区）森林生态服务功能

项目	陕西	甘肃	宁夏	青海	新疆
森林面积/万 hm^2	767.56	470.7129	60.6126	266.464	676.48
服务总价值/万元	14839544.5	9100481.245	1171847.734	5151659.144	2626194.613
密度：地均价值量/元	7210.66	2002.74	1765.013	718.022	157.739
人均价值质量/元	3944.58	3462.73	1897.127	9293.989	1232.486
森林覆盖率/%	37.3	10.36	9.13	3.71	4.06

仅从价值总量上并不能全面地反映森林生态系统服务的功能。通过计算密度，密度可以表示为地均价值量（E_1），E_1 = 总价值量/土地面积，人均价值量（E_2），E_2 = 总价值量/总人口。密度与总价值量相比，能更为有效地体现各地区森林生态系统服务功能的"贫富"状况。还可以看出，密度中地均价值量以陕西甘肃最高，人均价值以陕西、青海最高，生态服务功能相对富裕，宁夏和新疆的生态服务价值相对比较贫乏。质量指标体现各种生态服务功能的生产效率，数值高低直接反映各项生态服务功能的强弱，根据各项服务功能的计算原理与方法，森林覆盖率越高，单位面积水土流失量越少，能有效反映水土保持能力强弱。陕西省森林覆盖率最大，为 37.3%，青海和新疆覆盖率最低，水土保持能力比较差。

由图 5.14 可以看出，五省（自治区）森林服务价值有增加趋势，这与西北实施退耕环境政策、森林面积增加、自然保护区面积增加密切相关。

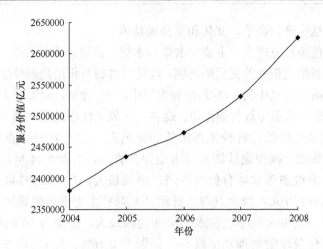

图 5.14　西北五省（自治区）森林生态服务价值变化

2. 新疆森林病虫害生态风险评价

由图 5.15～图 5.17 可以看出，新疆森林病虫害总面积呈增加趋势，2005 年森林病虫害总面积为 241713 hm², 2008 年增加到 1066659hm², 2005 年和 2008 年经济损失分别 12.52 万元和 145.53 万元。森林虫害鼠害比较严重，尤其 2008 年森林病害、虫害面积、鼠害面积分别是 2005 年的 32.9 倍、2.38 倍和 18.03 倍，受害面积大幅增加，经济损失也大幅增加。由图 5.18 可以看出，2005～2006 年森林病害和鼠害的防治率增加，虫害的防治率减少，2007～2008 年森林灾害的防治率减少。2005 年病害、虫害和鼠害的防治率为 77.0%、89.9% 和 85.4%，2008 年减少到 63.1%、84.7% 和 17.8%。

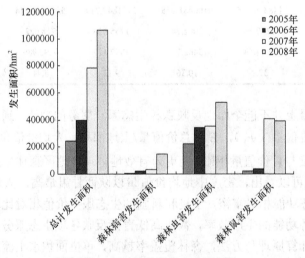

图 5.15　新疆森林病虫害发生面积

根据新疆森林自然状况与灾害情况建立暴露-自然-响应森林风险评价指标体系。暴露指标有：造林总面积/hm²、人工造林占比例/%、用材林占比例/%、经济林占比例/%、

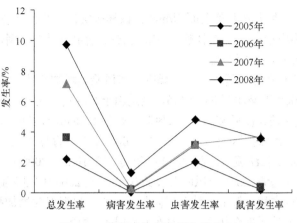

图 5.16 新疆森林病虫鼠害发生率

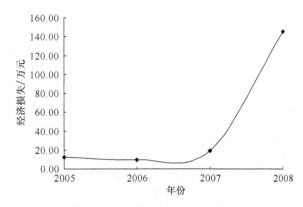

图 5.17 新疆森林病虫鼠害损失

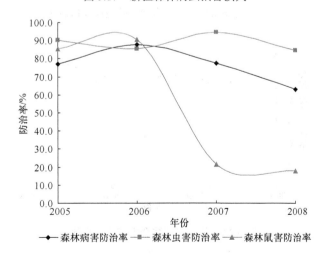

图 5.18 新疆森林病虫鼠害防治率

防护林占比例/%、薪炭林占比例/%、特种用途占比例/%、退耕还林工程/hm²、三北及长江流域等防护林工程/hm²、自然保护面积/万 hm²、自然保护面积占土地比例、工业产值/万元、温度/℃、降水量/mm。自然指标有：发生面积/hm²、森林病害发生面积/hm²、森林虫害发生面积/hm², 森林鼠害发生面积/hm², 森林火灾次数/次、受灾森林总面积/hm²、经济损失/万元。响应指标有：森林病害防治率/%、森林虫害防治率/%、森林鼠害防治率/%、政府投入占 GDP 比例/%。

由图 5.19 和图 5.20 可以看出，新疆暴露生态风险呈增加趋势，2005 年暴露风险强度指数为 0.00207，2008 年增加到 0.465495，这是由于森林病虫害灾害增加。自然状态风险强度 2005~2006 年增加，以后减小，最大风险指数为 0.263628，2008 年最小，为 0.071647。这与新疆人工育林自然保护区面积增加相关。2005 年人工育林 130323hm²，2008 年增加到 217429hm²。三北及长江流域防护林 2005 年为 71321hm²，2008 年为 136341hm²。响应风险强度表现为增大趋势，2005 年风险强度为 0.008164，2008 年风险强度指数为 0.071163。将三项指标风险加权求和，得出森林总风险指数强度，也表现为增加趋势。因此，加强新疆森林病虫害的治理是新疆森林生态系统健康的主要途径。

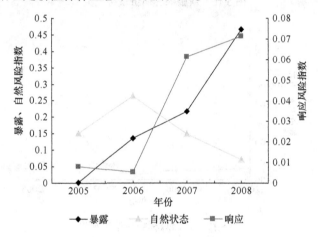

图 5.19　新疆森林暴露、自然、响应风险指数变化

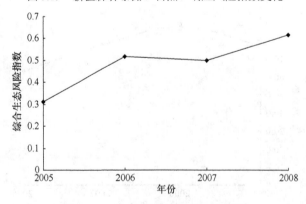

图 5.20　新疆森林综合生态风险指数

5.3.3　生态灾害风险评价

1. 生态灾害风险分析

生态灾害是生态系统能量转化和物质循环的异常变化给社会系统所造成的灾害程

度及其发生的可能性，即由自然、人为或其共同作用的环境条件突变，以及能量和物质输入输出不均衡或系统各部分的平衡失调所致。生态灾害对社会经济的危害除了具有直接的扰动和打击（如洪水、风灾）之外，更重要的是表现为生态系统的功能（生产力或资源供给能力）衰退，目前人为生态灾害日益增多，危害增大。

生态灾害风险是危险性、暴露性和脆弱性综合作用的结果，防灾减灾能力可以减缓（减少）灾害风险度。因此，区域生态灾害风险是由危险性（H）（hazard）、暴露性（E）（exposure）或承灾体、脆弱性（V）（vulnerability）或易损性和防灾减灾能力（C）capability）四个部分组成，数学表达式如下。

生态灾害风险度（ER）=F（H，E，V，R）=危险性（H）×暴露性（E）×脆弱性（V）×防灾减灾能力（C）

风险源的危险性是指人、财产、系统或功能遭受损坏威胁的频率和严重程度，一般灾变强度越大，频次越高，灾害所造成的破坏损失越严重，灾害的风险也越大。风险源不但决定某种灾害风险是否存在，而且还在量上影响该种风险的大小。风险源的危险性是对风险源的灾变可能性大小和变异强度强弱两方面因素的综合度量，一般风险源的变异强度越大、发生灾变的可能性越大或灾变发生的频度越高，则该风险源的危险性越高。因此，风险源危险性的大小通常可用如下公式表达：

$$H = f(m, p)$$

式中，H（hazard）为风险源的危险性；m（magnitude）表示风险源的变异强度；p（possibility）表示自然灾变发生的概率。

暴露性或承灾体是指可能受到危险因素威胁的所有人和财产，一个地区暴露于各种危险因素的人和财产越多，即受灾财产价值密度越高，可能遭受潜在损失就越大，灾害风险越大。包括人及其日常生活活动、人类劳动创造的物质财富、人类的各种社会经济活动、资源与环境等。

承灾体的脆弱性或易损性是指在给定危险地区存在的所有由于潜在的危险因素而造成的对财产的伤害或损失程度，一般承灾体的脆弱性或易损性越小，灾害损失越小，灾害风险也越小，反之亦然。承灾体的脆弱性大小与其物质成分、结构有关，也与防灾力度有关。

风险载体的脆弱性是指自然灾变破坏的可能性和对这种破坏或损害的敏感性。灾害脆弱性包括各类风险载体单体的物理和结构易损性，及单体的功能脆弱性，在更大的范围和尺度上表现为社会经济系统脆弱性和资源环境的灾害脆弱性等。

防灾减灾能力表示受灾区在长期和短期内能够从灾害中恢复的程度，包括应急管理能力、减灾投入、减灾措施及其防灾减灾有效度等。防灾减灾能力越高，可能遭受的潜在损失就越小，灾害风险就越小。

2. 生态灾害风险触发原因

生态灾害发生概括起来包括自然因素和人为因素，其中，自然因素对灾害的影响起主导作用。影响生态灾害发生的自然因素众多。灾害发生的数量、分布范围、活动规模与其发育背景环境的地层岩性、地形地貌、气候条件相关。因此，气象要素（如降雨分布）、地形坡度、土地利用与地表覆盖、土壤类型四种因素成为灾害危险性的主要因素。

生态灾害的风险产生中，危险性、易损性是主要部分。危险性指成灾的范围、深度、灾害的频度，主要与成灾因素有关。易损性指承灾体可能受到的损失程度，与许多社会因素有关，包括居民、耕地等的分布，经济发展程度，抵御灾害的能力等。社会经济发达、人口密集、产业活动频繁的地区，对灾害敏感，易损性高，危险性大而且易损性高的区域，则认为风险性大。自然灾害风险增加的主要原因可以概括为地理位置、人口增长和城市化、气候和环境变化、灾害险情地区价值、保险投保率的变化、地区开发、社会对灾害的脆弱性（易损性）、忽视和低估自然灾害风险、缺乏有效而可操作的自然灾害管理方法、发生各种风险和灾变的可能性增加。

3. 生态灾害风险评价指标

从发生过程看，生态灾害表现为突发式和渐近累积式两种形式。突发式生态灾害，如洪涝、台风、暴发性病虫害等在短时间内给社会经济系统带来巨大损失。渐近累积式生态灾害，如土壤侵蚀、环境污染、物种绝灭和长时间尺度气候异常变化等不断累积带来大范围不可逆的危害，使社会经济系统遭受毁灭性灾难。陕甘宁地区是西北内陆灾害严重区域，根据灾害的诱发过程，生态灾害分为气象灾害、地质灾害和环境污染等。基于这些生态灾害风险形成原理及生态灾害的特点，遵循指标体系确定的科学性、规范性、代表性、简明性、全面性和操作性，建立生态灾害风险评价指标（表5.25）。

表5.25　陕甘宁生态灾害风险评价指标

目标层	项目层	因素层	指标层
生态风险	危险性	缓慢性灾害	土壤侵蚀敏感性指数、沙漠化敏感性指数、盐渍化敏感性指数、土地退化敏感性指数
		气象灾害	低温冷害、干旱、洪涝、霜冻综合敏感性指数
		地质灾害	崩塌、滑坡、泥石流、地面塌陷综合敏感性指数
		环境污染	地表水污染敏感性指数
		农业污染	化肥、农药和农膜污染综合敏感性指数
	暴露性	人口	总人口、人口密度
		社会经济	生产总值、经济密度
		生态环境	农业用地面积比、牧业用地面积比、林业用地面积比、渔业用地面积比
	脆弱性	社会经济	粮食单产波动指数
		生态环境	土地盐碱化面积占全省土地盐碱化总面积、土地沙漠化面积占全省土地沙漠化总面积、水土流失率、土地受旱率、年平均水灾成灾面积、退化草场（含沙化）面积、森林覆盖率、自然保护区面积
	防灾减灾能力		环境污染治理完成投资总额、水土流失治愈率、自然灾害防御能力

4. 生态灾害风险综合评价

通过计算得出陕甘宁各种生态风险指数见表5.26。可以看出气象灾害的危险性风险指数相对较大，其次是地质灾害的危险性。三省中陕西省生态灾害风险最大，其次是甘肃省，宁夏相对较小。这与陕西、甘肃省自然环境脆弱性相关，甘肃省沙化面积及水土流失面积占全省面积比重最大，而陕西省土壤侵蚀敏感性面积占 93.7%，沙化敏感型面积占 68.8%，盐碱化敏感性占 53.3%，生境敏感性为 57.1%。由表 5.27 也可以看出，陕西的经济密度、人口密度是甘肃、宁夏的 2 倍。由图 5.21 和表 5.28 可以看出，陕西省的气象灾害损失占 GDP 比重、地质灾害、沙化土地面积最大，这些因素决定了陕西省的生态灾害风险比其他两省大。由表 5.29 看出陕西省危险性、暴露性风险比甘肃、宁夏，防灾减灾风险较小，总体上生态灾害风险陕西最大，其次为甘肃，宁夏较小。陕西、甘肃、宁夏生态灾害风险与这 3 个省（自治区）的自然地理环境的脆弱性相关。陕西省人口密度大，干旱洪涝灾害、滑坡泥石流灾害发生频率高，损失严重，甘肃干旱、暴雨引发的地质灾害也比较严重、沙尘暴和土地沙化严重，宁夏干旱和草地退化严重，加上甘肃和宁夏经济发展比较落后，防灾减灾能力比陕西省差，这些综合作用结果使陕西省、

表 5.26 陕甘宁地区各种生态灾害风险指数

省（自治区）	气象灾害	地质灾害	沙化	水土流失	人口	经济密度	综合风险
陕西	0.047014	0.020152	0.002281	0.000191	0.008319	0.188146	0.376884
甘肃	0.030659	0.015593	0.009119	0.000238	0.002632	0.003017	0.284911
宁夏	0.01488	0.001746	0.00613	0.000203	0.004234	0.008722	0.166247

表 5.27 陕甘宁人均总值及经济人口密度

省（自治区）	人口密度/（人/km²）	经济密度/（元/km²）	人均生产总值/（元/人）
陕西	182.7988	332.9116	18211.91
甘肃	57.8371	69.89678	12085.1
宁夏	93.03599	165.4557	17784.05

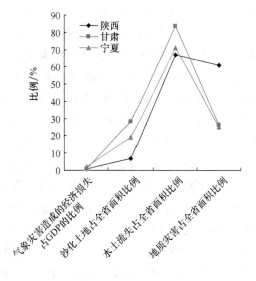

图 5.21 2008 年陕西省自然灾害占土地比例

表 5.28　2008 年陕甘宁灾害面积

省（自治区）	气象受灾面积 /万 hm²	干旱受灾面积 /万 hm²	地质灾害隐患 /处	水土流失面积 /万 km²	沙化土地面积 /万 hm²
陕西	218.1	97.4	8483	13.8	145.5
甘肃	113.32	66.6	6564	38.62	12
宁夏	19.35	9.2	735	3.685	126

表 5.29　综合风险指数

省份	危险性	暴露性	脆弱性	防灾减灾能力	生态灾害风险
陕西	0.06142	0.05213	0.04058	0.02081	0.04832
甘肃	0.05986	0.04867	0.04306	0.02412	0.04808
宁夏	0.05014	0.04028	0.04310	0.02392	0.042448

甘肃和宁夏潜在的灾害风险依然存在。自然环境的脆弱性是很难改变的，这就需要我们加强环境管理，土地利用和农业生产规划，加大治理投资和灾害防御能力提高，才能减缓生态灾害风险发生。

5. 西北农业旱灾风险评估

利用西北五省（自治区）45 年农业旱灾面积和播种面积，取每一年中受旱（或成灾面积）/播种面积为 5%，10%，15%，…50%的发生概率，以省为单元计算，采用信息扩散模型计算出西北五省（自治区）旱灾风险估计值（表 5.30）。由表可以看出，西北五省（自治区）受旱风险水平随灾害的损失而增大，风险概率值减小。陕西及甘肃受旱指数在 5%～15%的灾损的风险水平，大约 1 年左右一遇，宁夏和青海大约 2 年左右一遇。因为新疆有灌溉农业，灾害风险水平为 3～5 年一遇。受旱指数在 20%～30%的风险水平，各省发生概率不等，陕西省最大为 1～3 年一遇，甘肃省为 2.5～4 年一遇，宁夏、青海为 3～9 年一遇。受旱指数为 35%的风险水平，陕西省几乎 4.3 年就要遇到一次，甘肃 5 年一遇，其余各省为 10 年一遇。对于风险概率为 40%以上这种较大灾损风险，陕西、甘肃在 10 年以上，其他各省在 25 年以上一遇。而西北五省（自治区）农业成灾风险相对较小，也就是说成灾灾损较小。而成灾风险也随灾害损失增大，风险概率值减小。成灾指数在 5%～15%的灾损小的风险水平，陕西省较大为 1～3 年一遇，甘肃 1.4～4 年一遇，宁夏、青海 1.4～4.7 年一遇。对成灾概率为 20%的风险水平，陕西 5 年一遇，甘肃、新疆 7 年一遇，青海、宁夏 15 年以上一遇。成灾指数在 30%以上的风险水平，陕西 10 年一遇，其他各省都在 100 年以上一遇。西北五省（自治区）的风险水平依次为陕西>甘肃>宁夏>青海>新疆，在 15%～20%指数干旱灾害风险，陕西省比甘肃省、宁夏、青海及新疆干旱灾害风险水平分别高约 0.24%、0.36%、0.43%、0.59%。同时将实际西北五省（自治区）农业旱灾面积发生概率与估计值进行对比（表 5.31），一般旱灾估计值偏小，中灾估计值偏大，大灾估计值偏大，但基本上能够反映西北五省（自治区）农业旱灾的风险水平。即受旱成灾率在 5%～30%的农业旱灾面积发生概率较大。

表 5.30　西北五省（自治区）农业受旱成灾风险评估值

省（自治区）	5%		10%		15%		20%		25%	
	受旱	成灾	受旱	成灾	受旱	成灾	受旱	成灾	受旱	成灾
陕西	0.9864	0.8421	0.9773	0.6304	0.8876	0.3641	0.6794	0.1997	0.4702	0.1294
甘肃	0.9301	0.7512	0.7793	0.4528	0.6304	0.2597	0.4801	0.1394	0.3496	0.1020
宁夏	0.8421	0.6815	0.6703	0.3594	0.4796	0.2192	0.3299	0.0704	0.2289	0.0029
青海	0.8298	0.6194	0.6310	0.3097	0.4401	0.1594	0.3101	0.0097	0.2283	0.0001
新疆	0.7914	0.6703	0.5048	0.3703	0.2659	0.2398	0.1084	0.0405	0.0252	0.0097
陕西	0.3218	0.1107	0.2371	0.0597	0.1408	0.0201	0.0429	0.0061	0.0006	0.000
甘肃	0.2801	0.0048	0.2109	0.0000	0.1497	0.0000	0.1079	0.0000	0.0702	0.0000
宁夏	0.1604	0.0000	0.0807	0.0000	0.0230	0.0000	0.0048	0.0000	0.0004	0.0000
青海	0.1708	0.0000	0.1198	0.0000	0.0791	0.0000	0.0493	0.0000	0.01806	0.0000
新疆	0.0038	0.0000	0.0017	0.0000	0.0000	0.0000	0.0000	0.0000	0.0000	0.000

表 5.31　西北五省（自治区）农业旱灾统计值与估计值对比

	实际统计结果				估计值			
	一般旱灾	中旱灾	大旱灾	一般成灾	15%～20%	5%～30%	5%～40%以上	5%～20%（成灾）
发生频率	0.35	0.25	0.13	0.32	0.53～0.33	0.28～0.20	>0.14	0.24～0.09
几年一遇（年）	2.9	3.4	8.6	3.3	1.9～2.5	3.6～5.8	8.8	5～13

5.4　小　　结

　　西北地区土地利用风险呈增加趋势，耕地生态风险最大，其次是林地。土地利用变化的生态服务功能呈减少趋势。土地压力风险中以社会经济压力最大，其次是自然环境压力风险。五省（自治区）中综合生态风险值以陕西最大，其次是甘肃，宁夏、青海相对较小。陕西危险性和暴露性风险大，甘肃和宁夏的脆弱性和防灾能力风险比较大。新疆地区病虫害生态风险呈增加趋势，而且比较严重。不同城市生态风险强度顺序依次为西安>兰州>银川>西宁>乌鲁木齐，产业经济风险指数大小顺序为西宁>银川>兰州>乌鲁木齐>西安，西北地区五大城市平均生态风险强度依次为环境>水>经济状况>人口>生活。西北五省（自治区）水资源综合生态风险依次为甘肃>陕西>新疆>宁夏>青海，其中，宁夏自然状态水资源生态风险较大，陕西暴露水资源生态风险较大。综合西北地区各种生态系统风险以甘肃省生态风险最大，其次是陕西生态风险。

参 考 文 献

白晓飞, 陈焕伟. 2003. 土地利用的生态服务价值———以北京市平谷区为例. 北京农学院学报, 18(2):
　　109～111
陈仲新, 张新时. 2000. 中国生态系统效益的价值. 科学通报, 45(1): 17～22
付在毅, 许学工. 2001. 区域生态风险评价. 地球科学进展, 16(2): 267～271

甘肃年鉴编委会. 2009. 甘肃统计年鉴 2009. 北京: 中国统计出版社

甘肃省水利管理网, 甘肃省水资源公报, 2009. http://www.gssgj.com/

贾绍凤, 张军岩, 张士锋. 2002. 区域水资源压力指数与水资源安全评价指标体系. 地理科学进展, 21(6): 538~545

康玲芬, 李锋瑞, 化伟. 2006. 不同土地利用方式对城市土壤质量的影响. 生态科学, 25(1): 59~63

李新, 杨德刚. 2001. 塔里木河水资源利用的效益与生态损失. 干旱区地理, 24(4): 327~331

刘引鸽, 傅志军. 2012. 陕西省水资源生态风险评价及驱动因素分析. 水土保持通报, 32(6): 273~277

刘引鸽, 葛永刚, 周旗. 2008. 秦岭以南地区降水量变化及其灾害效应研究. 干旱区地理, 31(1): 50~55

刘引鸽, 张妍, 史鹏英. 2015. 基于土地利用的陕西省生态服务价值分析. 陕西农业科学, 61(2): 90~93

罗军刚, 解建仓, 阮本清. 2008. 基于熵权的水资源短缺风险模糊综合评价模型及应用. 水利学报, 39(9): 1092~1097

蒙吉军, 赵春红. 2009. 区域生态风险评价指标体系. 应用生态学报, 20(4): 983~990

莫宏伟, 任志远, 李振国. 2009. 陕北榆林市土地生态价值及生态风险动态分析. 水土保持通报, 29(6): 189~192

宁夏回族自治区水利厅, 宁夏水资源公报. 2009. http://www.nxsl.gov.cn/

宁夏回族自治区统计局, 国家统计局宁夏调查总队编. 2009. 宁夏统计年鉴 2009. 北京: 中国统计出版社

欧阳志云, 王效科, 苗鸿. 1999. 中国陆地生态系统服务功能及其生态经济价值的初步研究. 生态学报, 19(5): 607~613

青海省统计局, 国家统计局青海调查总队编. 2009. 青海统计年鉴 2009. 北京: 中国统计出版社

青海水利, 青海省水资源公报. 2009. http://www.qhsl.gov.cn/

陕西省水利厅, 陕西省水资源公报, 2009. http://www.sxmwr.gov.cn/

陕西省统计局, 国家统计局甘肃省调查总队编. 2009. 陕西统计年鉴 2009. 北京: 中国统计出版社

陕西省统计局. 2009. 国家统计局陕西调查总队编. 陕西省统计年鉴 2004—2009. 北京: 中国统计出版社

苏桂武, 高庆华. 2003. 自然灾害风险的分析要素. 地学前缘, 10(1): 272~279

孙洪波, 杨桂山, 朱天明, 等. 2010. 经济快速发展地区土地利用生态风险评价——以昆山市为例. 资源科学, 32(3): 540~546

孙心亮, 方创琳. 2006. 干旱区城市化过程中的生态风险评价模型及应用——以河西地区城市化过程为例, 干旱区地理, 29(5): 668~673

唐国平, 李秀彬, 刘燕华. 2000, 全球气候变化下水资源脆弱性及其评估方法. 地球科学进展, 15(3): 313~317

田宇鸣, 李新. 2006. 土地利用/覆被变化(LUCC)环境效应研究综述. 环境科学与管理, 31(5): 60~64

韦仕川, 吴次芳, 杨杨, 等. 2008 基于 RS 和 GIS 的黄河三角洲土地利用变化及生态安全研究. 水土保持学报, 22(1): 185~189

肖杨, 毛显强. 2006. 区域景观生态风险空间分析. 中国环境科学, 26(5): 623~626

新疆统计局, 国家统计局新疆调查总队编. 2009. 新疆统计年鉴 2009. 北京: 中国统计出版社

新疆维吾尔自治区水利厅, 新疆水资源公报. 2009. http://www.xjslt.gov.cn/

阳文锐, 王如松, 黄金楼, 等. 2007. 生态风险评价及研究进展. 应用生态学报, 18(8): 1869~1876

杨永峰, 孙希华, 王百田. 2010. 基于土地利用景观结构的山东省生态风险分析. 水土保持通报, 30(1): 232~234

喻光明, 胡秀丽, 张敏, 等. 2007. 土地整理的生态风险评价. 安全与环境学报, 7(6): 83~88

臧淑英, 梁欣, 张思冲. 2005. 基于 GIS 的大庆市土地利用生态风险分析. 自然灾害学报, 14(4): 141~145

张继权, 冈田宪夫, 多多纳裕一. 2006. 综合自然灾害风险管理, 15(1): 29~37

张继权, 梁警丹, 周道玮. 2007. 基于 GIS 技术的吉林省生态灾害风险评价. 应用生态学报, 18(8): 1765~1770

左其亭, 吴泽宁, 赵伟. 2003. 水资源系统中的不确定性及风险分析方法. 干旱区地理, 26(2): 116~121

Costanza R. 1998. Introduction special section from on valuation of ecosystem services J. Ecological Values, 7(4): 423~441

Costanza R, et al. 1997. The value of the worlds ecosystem services and natural capital. Nature, 387(6630): 253~260

Montoya L, Masser I. 2005. Management of natural hazard risk in Cartago. Costa Rica Habitat International, 29(3): 493~509

Overmars K P, De Konging G H J, Veldkamp A. 2003. Spatial auto correlation in multiscale land use models. Ecological Modelling, 164: 257~270

第6章　西北地区生态风险驱动因素与趋势

6.1　生态风险驱动因素分析

根据西北地区生态环境分析和生态风险评价结果，生态风险驱动因素可归纳为生态基础本底脆弱性和社会经济系统稳定性差。

6.1.1　生态基础本底脆弱性

西北生态基础本底脆弱性表现为水资源短缺、生态环境恶化、土地严重荒漠化、自然灾害频繁。湖泊是西北水体中最主要的部分，青海、新疆以湖泊水面占主导地位，陕西、宁夏和甘肃的水面以河流为主。甘肃、宁夏的人工水面明显高于其他各省，陕西和新疆次之。西北内陆自然生态对水分的依赖极强，大规模的水资源开发利用使得水的运动、消耗发生明显改变，加速了区域性的生态环境演变。近几十年来由于大量灌溉引水而使地下水位下降、潜水蒸发减少、地表植被退化、荒漠化面积扩展的趋势也在加强，次生盐渍化严重，湖泊河流水面严重萎缩、蓄水量减少等水资源危机成为西北地区水资源生态风险的驱动因素。

西北地区陆地表层环境脆弱，地形以山地丘陵为主，山高谷深、沟壑纵横、地质构造复杂，表层岩体破碎，人类活动影响强烈，植被稀疏，生长缓慢，一旦被破坏，将很难恢复，造成不可逆转的影响，而且将带来连锁反应。崩塌、滑坡、泥石流、地震等地质灾害广为发育。尽管自然灾害历时可能较短，范围也可能不大，但是频繁的自然灾害往往加剧了社会经济系统的脆弱性。

由于植被破坏导致的土地荒漠化，造成土壤结构破坏、土壤养分流失，而土壤肥力的自然恢复需要数十年、数百年，甚至数千年时间。不合理的人类活动对生物资源掠夺性开发、森林和草地的破坏，以及土地退化、湿地萎缩，土地荒漠化面积扩大、土壤侵蚀加剧、盐渍化耕地增加使本来脆弱的西北生态环境恶化加剧。由于西北地区干旱少雨，土地自然风蚀速度加快，加上人口和经济的双重压力，西北荒漠化面积扩大的速度超过治理的速度，土地荒漠化依然严峻。

西北经济快速发展，人类和社会经济活动聚集的地区污染问题严重，而且工业和生活污染主要集中在人口和工业密集的城市地区，如新疆乌鲁木齐和石河子市，甘肃的嘉峪关和玉门市，陕西宝鸡等。

6.1.2　社会经济系统脆弱性及稳定性

生存和发展是人类面临的根本问题，对于处在恶劣生存条件下的西部地区来说，这个问题更加突出。由于自然地理因素的影响，长期以来西北地区经济发展缓慢，人民生活水平普遍偏低，经济的发展需以资源的消耗和生态环境的损害为代价。西北社会经济系统稳定性差表现为工农业基础薄弱，经济贫困。西北地区虽然地域广阔，占国土面积的64.2%，但80%以上是山地、高原、沙漠、戈壁，以及干旱、半干旱和寒冷地带，能为生产生活利用的有效空间极为有限。尽管有非常丰富的自然资源，由于大部分地区偏远，交通不便，资源开发难度大，发展空间有限。西北地区人口占全国的7.3%，但国民经济总产值占全国的1.02%，生产力波动较大，对环境变化和突发性灾害反应敏感，承灾能力较差，社会经济系统极易被损坏。工农业基础薄弱以及经济贫困导致基础设施和资金技术严重不足，预防和战胜自然灾害能力低。另外，西北经济快速发展，人类和社会经济活动聚集的地区存在污染严重的问题，而且工业和生活污染主要集中在人口和工业密集的城市地区，一旦遭到外界干扰，社会经济系统会失衡。2008 年西北地区人口增长迅速平均为 7.24‰，远高于全国平均水平 5.08‰，人口的膨胀对于生存空间狭小、经济容量有限的西北地区而言，势必造成人口相对于资源、生态和环境的严重超负荷。而且西北地区人口中，文盲、半文盲和小学文化程度人数占总人口的 67%。超载的人口规模，低下的人口文化素质和社会系统的封闭性会导致西北地区社会经济系统更加脆弱。西北地区污染严重，由于西北社会生产水平低，经济贫困，环境治理资金有限，工业生产的废水、废气排放量大，大气和水污染严重。这些因素共同作用驱动了西北地区潜在生态风险不断加大。

6.2　西北地区生态风险趋势分析

基于情景分析思想，并假定不同的经济发展政策，依据 2008 年的基本数据，对西北地区人口、国民经济、水资源、土地资源和自然灾害进行未来态势分析。

6.2.1　人口趋势分析

西北经济发展和生态环境变化与人口压力关系密切，人口变化直接影响西北水资源、农业发展、资源环境利用和土地利用格局的变化，因此，人口预测是西北资源生态风险预测的基础。

西北人口增长各省差异较大，具有不确定性。相对落后地区人口难以控制，一般高于较发达地区的增长率，另外，少数民族人口较多的甘肃、新疆、青海、宁夏，由于国家执行少数民族人口计划政策，人口生育率比非少数民族高，再加上西部大开发，外来人口迁移数量也会增加。考虑西北五省（自治区）状况以及 2008 年人口增长率，假设人口增长保持2008 年的增长现状，可以预测2015年西北五省（自治区）总人口将为10173万人，2020 年为10533 万人（表 6.1）。人口增多，在有限的资源情况下，西北地区的生态环境压力风险将会增大。

随着西北发展，城镇化进程加快，生活在城镇的人口将会有较大增长，综合考虑西北的发展和多种因素，结合区域实际情况，城镇化人口水平预测见表 6.2。

表 6.1　西北五省（自治区）人口态势

项目	陕西	甘肃	青海	宁夏	新疆	总计
2008 年现状/10^4人	3762	2628	554	618	2131	9693
自然增长率/‰	4.08	6.54	8.35	9.69	11.17	7.97
2015 年/10^4人	3871	2751	587	661	2303	10173
2020 年/10^4人	3950	2842	612	694	2435	10533

表 6.2　西北五省（自治区）城镇人口态势

项目	陕西	甘肃	宁夏	青海	新疆
2008 年城市化率/%	42.10	32.15	44.98	40.86	39.64
假定城市化率/%	45.0	35.0	45.0	45.0	42.0
2015 年/10^4人	1742	963	297	264	967
2020 年/10^4人	1778	995	312	275	1023

6.2.2　GDP 发展及经济结构趋势分析预测

　　西北五省（自治区）经济发展不均衡，陕西 2001～2008 年 GDP 和人均 GDP 年增长率分别为 12.65%和 12.17%；2001～2005 年 GDP 和人均 GDP 年增长率分别为 11.64%、11.12%，2006～2008 年分别为 14.33%和 13.93%。甘肃 2001～2008 年 GDP 和人均 GDP 年增长率分别为 11.0%和 10.58%；2001～2005 年 GDP 和人均 GDP 年增长率分别为 10.7%和 10.43%，2006～2008 年分别为 11.3%和 10.81%。宁夏 2001～2008 年 GDP 和人均 GDP 年增长率分别为 11.59%和 9.9%；2001～2005 年 GDP 和人均 GDP 年增长率分别为 11.02%和 9.3%，2006～2008 年 GDP 和人均 GDP 年增长率分别为 12.56%和 11.6%。青海 2001～2008 年 GDP 和人均 GDP 年增长率分别为 12.18%和 11.15%；2001～2005 年 GDP 和人均 GDP 年增长率分别为 12.02%和 10.84%，2006～2008 年分别为 12.46%和 11.67%。新疆 2001～2008 年 GDP 和人均 GDP 年增长率分别为 10.67%和 8.75%；2001～2005 年 GDP 和人均 GDP 年增长率分别为 10.06%和 8.5%，2006～2008 年分别为 11.7%和 9.16%。由表 6.3 可看出西北五省（自治区）GDP 增长速度顺序为陕西>宁夏>青海>甘肃>新疆。以 2006～2008 年平均 GDP 增长速度预测五省（自治区）的 GDP 变化见表 6.3。随着经济快速发展，产业结构将不断调整与优化，农业在国民经济中所占的比重继续下降，2000 年陕西、甘肃、宁夏、青海、新疆第一产业、第二产业、第三产业比分别为 14.3∶43.4∶42.3，18.4∶40.1∶41.5，15.6∶41.2∶43.2，15.2∶41.3∶43.5，21.1∶39.4∶39.5。2008 年农业比重下降，其他产业增加，产业结构分别调整为 11.0∶56.1∶32.9，14.6∶46.3∶39.1，10.9∶52.9∶36.2，11.0∶55.0∶34.0，16.4∶49.7∶33.9。从总体产业结构看，西北地区第一产业占 GDP 的比重逐年下降，陕西、宁夏第一产业下降到 10%，甘肃、新疆农业比重比较大，新疆比重最大为 16.4%，高于其他地区水平，因为该地区农业发展的水土资源与光热资源条件好，农业仍是该地区未来发展的重要方面，预计未来到 2020 年陕西、宁夏产业结构变化幅度较小，新疆、甘肃农业比重下降到 12%。

表 6.3　GDP 与人均 GDP 态势（按 2008 年比价）

		陕西	甘肃	宁夏	青海	新疆
2008 年 （现状）	GDP/亿元	6851.32	3176.11	1098.51	961.52	4203.41
	人均 GDP/元	18246	12110	17892	17389	19893
	GDP 年增长率/%	14.33	11.3	12.56	12.46	11.7
	人均 GDP 年增长率/%	13.93	10.81	11.6	11.67	9.16
2015 年	GDP/亿元	17494.26	6719.88	2514.74	2187.48	9119.56
	人均 GDP/元	45460.51	24842.59	38575.21	37655.66	36740.49
2020 年	GDP/亿元	34174.07	11477.24	4543.74	3934.91	15857.69
	人均 GDP/元	87261.94	41504.16	66777.36	65390.22	56945.92

6.2.3　水资源估算与预测

西北地区水资源总量基本保持不变。水资源用量主要包括生活用水、工业用水、农业用水、生态用水。其中，以农业用水量最大，占总用水量的 86.5%，其次为工业用水和生活用水，分别占 5.4% 和 4.8%，生态用水最少，占 3.1%。在西北用水量中，变化最大的是工业用水，农业用水、生活用水和生态用水变化较小。因为社会经济发展与水资源需求同步增长，根据 2004 年、2006 年、2008 年生活、工农业用水统计，社会经济发展用水年均递增率与 GDP 增长基本相同。社会经济增长主要依靠工业发展，所以主要采用工业用水增长分析未来西北用水量态势。由表 6.4 可以看出，2015 年和 2020 年陕西、甘肃和新疆工业需要增加的用水量比较大，如果西北水资源总量不变，西北五省（自治区）的水资源短缺会更突出。

表 6.4　西北地区工业用水量态势

年份	用水量	陕西	甘肃	宁夏	青海	新疆
2008	总用水量/亿 m³	85.5	122.2	74.2	34.4	528.2
	工业用水量/亿 m³	12.9	13.1	3.3	7.9	9.8
	假定增长率/%	14.33	11.3	12.56	12.46	11.7
2015	工业用水量/亿 m³	32.9	25.6	17.9	7.5	21.3
2020	工业用水量/亿 m³	64.3	43.7	32.3	13.6	36.9

生活需水与人口增长和城市化进程有关。一般相对落后地区人口增长高于发达地区，西部大开发实施，会有一定数量的区外人口迁移。生活需水分为城镇和农村生活需水，城镇生活需水包括公共用水，农村生活需水包括农村家庭和农村家养牲畜饮水。随着生活水平的提高和城镇化进程的加快，城市公共设施完善和绿地面积扩大，城镇需水量将不断提高，农村需水量也会有所增长，但西北地区的水资源紧缺状况，会抑制农村生活用水增加，因而预计西北地区需水增长幅度较小。基于人口、牲畜用水定额进行预测，未来随着城市化人口增多，生活需水量会更多，而西北地表水资源基本不变，水资源短缺会更严重。

西北在未来发展中工业的发展还会加速，经济结构调整，工业产值比例增大，在农业规模基本保持稳定，考虑产业结构变化、节水技术和节水管理措施等综合因素，预计未来工业用水量还会增加。

一般而言，农业需水预测包括农田灌溉需水预测、林地灌溉、草场以及渔业补水预测，因西北受资源发展制约，林地、草场灌溉以及渔业需水占比例很小，可以略去，因而农业需水主要是耕地灌溉需水预测，随着节水灌溉力度加强，绿洲区改造工程实施，预计该区灌溉定额会有不同程度的下降。

6.2.4　土地资源未来情景分析

在未来 10 年内，随着气温、降水与蒸腾比率等气候因子的不断变化，以及人类活动强度的不断增加，中国土地植被变化会随时间和空间发生变化。随着气温升高、降水不断增加以及人类活动强度的不断加强，荒漠的不断拓展和延伸的速度将逐渐减少。黄土高原的耕地面积不断减少。各大山脉的林地分布密度不断增大，而且在范围上呈增长趋势。城市、乡村、交通等建设用地不断延伸和拓展。土地覆盖的各种类型面积及其所占总面积的比例大小顺序基本不会发生变化，即林地>草地>耕地>荒漠>沙漠>裸露岩石>水体>冰川>湿地>建设用地。持续增加的有林地、建设用地、荒漠等土地覆盖类型，耕地、水体、草地、冰川、沙漠等土地覆盖类型持续减少。

在外部环境不发生大的突变情况下，如果保持 1992～2008 年的变化速度，园地和城乡用地数量均有增加，其中，城乡用地增加数量较快，林地数量减少速度较快，耕地、水域和未利用地变化不大。这表明随着林地植被的人为减少或自然退化，若不采取相应的措施，生态环境将会恶化，从而制约研究区人类生存和社会经济可持续发展。

西北地区经济发展速度快，建设用地不断增加，人口继续增加。目前陕西的人口承载力最大，为 182.8 人/km^2，其他省人口承载力较小，在 100 人/km^2 以下，未来人口承载力会在允许的范围内。而陕西省，假设在耕地面积基本保持不变情况下，由于人口增加，人均耕地会继续减少，在未来土地压力风险增大。

6.2.5　自然灾害态势分析

由于气候变暖，大气水文循环增强，西北地区温度升高，降水量增多，异常降水出现的强度增大，暴雨引发的地质灾害增多，强度增大，滑坡、泥石流灾害发生频率增多，加上西北地震的灾害导致西北地区山区地质、地貌结构疏松，发生泥石流和滑坡崩塌灾害的频率增强，强度增大。由于人口增多，自然环境压力增大，诱发人为灾害的概率也会增大。由于气温升高，蒸发量增加，干旱灾害发生频率也会增加。总之，未来生态自然灾害风险将会加大。

6.2.6　基于不同发展策略的未来生态趋势分析

影响西北地区生态发展的政策有很多因素，包括生态环境建设、水土资源配置、能源消耗、基础设施建设、产业结构调整、技术投入、科技进步、区域发展水平、教育水平、劳动力素质等，针对西部未来发展政策的驱动力定性分析，主要考虑区域平衡发展、两极化,即注重改善环境或注重经济发展方面情景。

西北地区经济和社会发展落后、生态环境脆弱,但又是国家西部开发的大发展地区。因此,西北地区经济亟待发展和严峻的生态环境形势,构成了西北地区大开发的一对尖锐矛盾,准确认识和理解西北地区的生态环境、社会发展以及产业结构调整之间的关系,确立发展目标成为问题关键。

两极化情景。只注重环境保护,不考虑经济发展,经济发展就会缓慢,贫穷会更突出,东西部差距会继续扩大,地区矛盾、民居矛盾和社会阶层矛盾会激化,从而威胁国家和社会政治生态安全。如果只重视经济发展,不管环境保护,以牺牲生态环境为代价,大规模资源开发和经济发展,造成生态环境继续全面恶化。在未来,西北绿洲消亡、江河断流、环境污染加剧、自然灾害频繁、强度增大,西北生态环境会阻碍经济发展、生存环境危及居民生活,人民生活质量和经济发展滞缓,生态风险就会加大。

区域均衡发展,既重视经济发展又兼顾环境保护。充分考虑西部脆弱的生态环境,以及贫穷现象,对西部实施各种优惠政策和环境治理投资,优先发展经济,在发展经济的前提下保护生态环境。响应西部环境重建政策,退耕还林还草,封山育林,西北生态环境得到改善,生态服务价值提高。渴望未来 20 年内,经济水平大幅度提高同时,西部生态环境恶化态势遏制,社会经济发展,资源、环境、经济可望良性循环,生态风险降低。

6.3　西北地区生态风险预测

6.3.1　生态风险预测指标

生态系统是一个涉及社会、经济和生态环境的灰色系统,对系统的分析和预测,都属于本征性灰色系统预测,依据压力–状态–响应概念模型,从系统压力、系统状态和系统响应 3 个方面构建 4 个层次的预测指标体系(图 6.1)。为了避免人为因素,以及客观上忽略指标的重要性,采用 AHP 法和均方差法相结合计算各指标的权重。权重计算公式为

$$W = \alpha A + \beta(1 - A) \tag{6.1}$$

式中,W 为指标权重;α 为指标的客观权数;β 为指标的主观权数;A 为主客权数的比例。

6.3.2　预测模型与结果分析

1. 预测数学模型

综合考虑西北地区的生态环境状态,给出西北地区生态风险预测模型。假设某一时间 t_1 对未来某一时间 t_2 生态风险进行预测,则预测时段为 $\Delta t = t_2 - t_1$,设生态风险的预测总指数为 ER,E_S 表示生态风险预测指数的临界值,以 ΔE_S 为生态风险指数变化速率临界值,即预测指数在时段 Δt 内变化的临界值。当生态与环境因子、状态及响应的质量评分具有随机不确定性时,给出保证率 η 作为预测评价参数,保证率 η 可根据预测时段

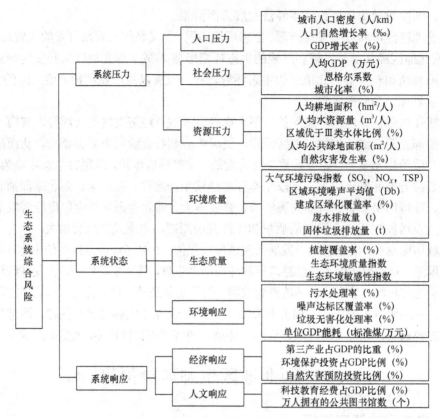

图 6.1　西北地区生态风险指标体系

长短和实际需要而定，一般要求 η 在 85%以上。在给定参数 E_S 和 ΔE_S 的条件下，预测评价数学模型计算公式如下。

不良状态风险：

$$S\{\mathrm{ER}(t) \geqslant E_S\} \geqslant \eta \tag{6.2}$$

慢性生态恶化趋势风险：

$$S\left\{\mathrm{ER}(t) \geqslant E_S, \frac{|\mathrm{ER}(t_2) - \mathrm{ER}(t_1)|}{|t_2 - t_1|} \geqslant \Delta E_S\right\} \geqslant \eta \tag{6.3}$$

迅速生态恶化风险：

$$S\left\{\mathrm{ER}(t) \geqslant \mathrm{EI}_r, \frac{|\mathrm{ER}(t_2) - \mathrm{ER}(t_1)|}{|t_2 - t_1|} \geqslant \Delta\mathrm{ER}_R\right\} \geqslant \eta \tag{6.4}$$

依据计算总指数确定风险临界值，可分为 3 个风险等级，分别为低风险 A、中风险 B、高风险 C（表 6.5）。

表 6.5　生态风险等级

	低风险	中风险	高风险
级别	A	B	C
生态环境状态	差	较差	非常差
区间值	[0, 0.3)	[0.3, 0.6)	[0.6, 1]

2. 生态风险预测结果分析

采用以上预测模式,分别对西北地区综合风险进行预测(表 6.6)。可以看出,2005年以前西北地区的自然环境、压力和响应风险处于高风险状态,随着西部生态环境重建措施实施,2010 年后,响应和环境生态风险有所减小,压力风险不变,到 2020 年随着各省环境治理措施投资增大,响应风险减小,但西北生态环境脆弱性带来的水资源短缺,自然灾害生态风险一直存在,因此,自然生态风险一直保持在中等风险水平,而且威胁着西北地区的生态安全。

表 6.6　西北地区生态风险状态预测

	2005 年	2010 年	2015 年	2020 年
压力	C(0.614)	C(0.621)	C(0.758)	C(0.881)
状态	C(0.918)	C(0.803)	C(0.744)	C(0.705)
响应	C(0.713)	C(0.609)	B(0.531)	B(0.317)

6.4　结　　论

以上分析表明,西北五省(自治区)在 GDP 不断增长的同时,未来人口、水资源、土地资源和自然灾害潜在生态风险比较大,自然环境、经济压力处于高风险,响应和环境生态风险有所减小。因此,只有采取区域均衡发展,西部生态环境恶化态势才能遏制,社会经济发展,资源、环境、经济可望良性循环,从而降低生态风险。

参 考 文 献

陈国阶, 何锦峰. 1999. 生态环境预警的理论和方法探讨. 重庆环境科学, 21(4): 8～11

陈治谏, 陈国阶. 1991. 环境影响评价的预警系统研究. 环境科学, 13(4): 20～23, 26

甘肃年鉴编委会. 2009. 甘肃年鉴 2009. 北京: 中国统计出版社

高季章, 王浩. 2002 西北生态建设的水资源保障条件. 中国水利, (10): 61～65

刘昌明. 2004. 西北地区生态环境建设区域配置及生态环境需水量研究. 北京: 科学出版社

刘纪远, 岳天祥, 鞠洪波, 等. 2006. 中国西部生态环境系统综合评估. 北京: 气象出版社

刘引鸽. 2011. 基于土地利用的陕西省生态风险分析. 水土保持通报, 31(3): 180～184

刘引鸽. 2014. 西北地区生态风险态势及预测. 中国农学通报, 30(23): 133～138

宁夏回族自治区统计局. 国家统计局宁夏调查总队. 2009. 宁夏统计年鉴 2009. 北京: 中国统计出版社

青海省统计局. 国家统计局青海调查总队. 2009. 2009 年青海统计年鉴. 北京: 中国统计出版社

陕西省统计局, 国家统计局陕西省调查总队. 2009. 2009 陕西统计年鉴. 北京: 中国统计出版社

王建林, 林日暖. 2003. 中国西部农业气象灾害(1961-2000). 北京: 气象出版社

新疆维吾尔自治区统计局. 2009. 新疆统计年鉴 2009. 北京: 中国统计出版社

张妍, 尚金城. 2002. 长春经济技术开发区环境风险预警系统. 重庆环境科学, 24(4): 22～24

第7章 西北地区生态安全保障对策

7.1 生态安全内涵

国际社会从 20 世纪 70 年代末开始注意到生态环境问题与国家安全之间的关系。1977 年，美国观察研究所所长莱斯·R·布朗在《建设一个持续发展的社会》一书中，对生态环境问题的严重性给予了高度的重视，并明确提出了"国家安全的新定义"。1987 年，世界环境与发展委员会发表了著名的宣言式报告《我们共同的未来》，并在报告中正式使用了一个与"生态安全"类似的术语，即"环境安全"，并指出"对'环境不安全'因素没有武力的解决方法。对环境安全的威胁只能由共同的管理及多边的方式和机制来对付"（刘沛林，2004）。进入 20 世纪 90 年代后，围绕生态环境与安全的相互关系，美国、英国、德国和加拿大等国，以及北约、欧洲安全与合作组织、欧盟、联合国等国际组织开展了大量研究讨论，出现了一批代表性研究报告和著作。例如，北约的《国际背景下的环境与安全》；德国外交部、环境部、经济合作部的《环境和安全：通过合作预防危机》；美国的《环境变化和安全：项目报告》；加拿大的《环境，短缺和暴力》等（曲格平，2002）。进入 21 世纪，国际全球环境变化人文因素计划（International Human Dimension Program of Global Environmental Change，IHDP）的全球环境变化和人类安全（Global Environmental Change and Human Security，GECHS）研究项目的开展，使得生态安全成为了多学科交叉和综合研究的全球热点问题（崔胜辉等，2005）。

生态安全是一门自然科学与社会科学的交叉学科，目前尚无公认定义，有广义和狭义的两种理解。广义的生态安全以国际应用系统分析研究所提出的定义为代表：生态安全是指在人的生活、健康、安乐、基本权利、生活保障来源、必要资源、社会秩序和人类适应环境变化的能力等方面不受威胁的状态，包括自然生态安全、经济生态安全和社会生态安全，组成一个复合人工生态安全系统。狭义的生态安全是指自然和半自然生态系统的安全，即生态系统完整性和健康的整体水平反映（肖笃宁等，2002；陈星和周成虎，2005）。国内学者也对其概念提出了不同的认识。杨京平（2000）认为生态安全是围绕人类社会的可持续发展，由生物安全、生态环境安全和生态系统安全组成的安全体系；陈国阶（2002）认为生态安全是指人类赖以生存和发展的生态环境处于健康和可持续发展状态；曲格平（2002）提出，我国生态环境问题逐步上升发展成为生态安全问题，已成为国家安全的一个重要方面。

生态安全主要包括两方面涵义：一是生态系统自身是否安全，即其自身结构和功能是否保持完整和正常；二是生态系统对于人类是否安全，即生态系统提供给人类生存所需的资源和服务是否持续、稳定。生态安全的本质可以认为是围绕人类社会可持续发展的目的，促进经济、社会和生态三者之间和谐统一。

生态安全主要是从人类对自然资源的利用与人类生存环境辨识的角度来分析与评价自然和半自然的生态系统，主要针对生态脆弱区研究；生态安全的评价标准具有相对性和发展性，不同国家和区域及不同的时代，其标准是不同的。在分析人类活动的能动性基础上，才能建立生态安全保障体系。

国内已有相关学者做了国家或区域的生态安全管理与保障方面的初步研究。肖笃宁等（2002）认为生态安全维护与管理包括生态资产管理、生态服务功能管理、生态代谢过程管理、生态健康状态管理和复合生态关系的综合管理，要求充分利用生态学和管理学知识，从自然、经济、社会等各个层面对现有生态安全保障系统进行全面整合（肖笃宁等，2002）。崔胜辉等（2005）对建立生态安全保障体系进行了系统阐述，认为：第一，需要对生态安全的定义、本质、特征、原则和作用原理等进行探讨，建立完整的生态安全学科理论方法体系，为调控人类的活动，保障生态安全提供理论基础。第二，还需要建立一套相应的技术与方法，即从生态安全的识别、辅助决策到决策的整套技术与方法体系的研究，为保障生态安全提供技术支撑。第三，为了保障生态安全，需要各国家、私营部门和其他主要团体越来越多地采用综合性的整体决策工具。包括战略环境评价、生态规划、环境管理体系、环境经济政策等，并从自然、社会、经济等方面整合生态保障体系，减少生态风险和改善脆弱性。第四，应先从国家层面上来构建平台，再选取有代表性的区域进行案例研究，进而总结出适合我国的生态安全保障体系。应特别重视对生态脆弱带和重点流域的研究，如农牧交错带、严重水土流失区、绿洲—荒漠交界带等。应重点研究区域生态安全阈值、生态安全监控系统、生态安全预报与预警系统等，以建立完整、有效的生态安全保障体系（崔胜辉等，2005）。曲格平（2002）指出，我国生态安全保障的宏观战略主要包括：①转变发展方式，实现可持续发展；②推行清洁生产，构建循环经济系统；③大力推行生态恢复和生态建设。

生态风险与生态安全互为反函数，只有生态风险减小了，生态就会安全，反之，生态安全了，生态风险就减小了。西北地区属于生态环境十分脆弱、生态环境自身的稳定性和协调能力极差的区域（岳淑芳等，2005）。西北地区深居中国内陆，地理位置特殊，受降水少的先天条件制约，干旱少雨、风大多沙，加上数年来人们毫无节制的掠夺性开发，西北五省（自治区）的生态环境颇令人担忧。日趋严重的环境问题对西北地区乃至周边地区的生存环境和社会经济的可持续发展构成了严重威胁（陈怀和赵晓英，2000；李转德，2003）。

西北地区生态脆弱性主要表现在：①河流流量减少和断流、湖泊退化、地下水位下降、雪线上升、冰川后退等水资源和水生态系统破坏的现象日趋严重。而水体污染和水资源的不合理利用又进一步加剧了水资源的短缺。②严重的水土流失，破坏了生态系统自身修复能力。造成生态恶化，如山洪危害、淤积危害、降低土壤肥力、破坏土地、干旱加剧及相关产业水平低下等。③森林、草原植被的严重破坏，面积不断减少，生态功能不断衰退直接导致了西北地区生态环境的脆弱性。丰富的野生动植物种群正在急剧减少，生物多样性锐减已经对西北地区的生态平衡和经济社会的持续发展造成了严重的威胁。④土地荒漠化、沙化与盐碱化问题日趋严重。沙漠化趋势有增无减，步步威胁人们的生命、财产安全。农区土壤发生严重的次生盐碱化。沙漠戈壁面积扩大，风沙危害蔓延，沙尘暴灾害频繁发生，严重影响人们正常的生产、生活及生命、财产安全等（李转德，2003；唐克旺等，2002；邵波和陈兴鹏，2005；杨新民和李玲燕，2005；兰维娟等，2007）。因此，如何整治西北地区日趋恶化的生态环境，防止自然生态系统的退化，恢复已遭破坏的生态系统，重建人工复合生态系统，并构建完整有效的生态安全保障体系，已成为改善西北乃至全国的生态环境，提高区域生产力，实现西北地区可持续发展的关键（崔胜辉等，2005；刘丽梅，2006；岳淑芳等，2005；陈怀和赵晓英，2000；李转德，2003；唐克旺等，2002；邵波和陈兴鹏，2005；杨新民和李玲燕，2005；兰维娟等，2007）。

西北地区土地利用存在严重的水土流失、土地荒漠化、沙化及盐碱化问题，人类的不合理开发与利用则加剧土地资源生态环境的进一步恶化，生态系统自身的修复能力遭到破坏，生态功能急剧衰退，构建土地利用生态安全保障体系已迫在眉睫。借鉴国内相关学者针对西北地区不同生态类型区的主要生态问题的研究成果，结合西北地区土地利用状况和生态风险评价结果，提出不同生态类型区的生态安全保障措施。

7.2　西北地区水土流失区生态安全保障措施

7.2.1　水土流失区生态安全保障的思路和基本原则

西北地区水土流失主要集中在黄土高原丘陵沟壑区和甘肃、陕西的长江流域。黄土高原面积为62万km²，其中，水土流失面积为43万km²，在丘陵沟壑区严重水土流失地段，土壤侵蚀模数达6万t/（km²·a）。黄土高原每年平均注入黄河的泥沙达16亿t，平均含沙量为35 kg/m³。黄河中游河口镇至潼关段，流域面积为29万km²，年输沙量平均为15亿t，占黄河年输沙量的93.6%，是黄河中上游地区水土流失最为严重的区域。陕西和甘肃均为全国水土流失最严重的省份。陕西全省80%的耕地和70%的人口处于水土流失区，甘肃水蚀面积占总土地面积的30.43%，两省每年输入长江的泥沙量占长江年总输沙量的30%。严重的水土流失造成生态恶化，如山洪危害、淤积危害、破坏土地、干旱加剧及相关产业水平低下等（李转德，2003；杨新民和李玲燕，2005）。

根据国家对生态环境建设的要求和西北地区（特别是黄土高原地区）水土流失的现状及经济社会发展需求，提出生态安全建设和保障的基本思路：

（1）生态安全建设及保障，应本着先局部后区域、先重点后全局的思路，保护与重建相结合、环境改善与经济发展相结合、短期与长期相结合、防与治结合，保护优先，强化治理，从人口、资源、环境协调发展的高度，坚持人与自然的协调与和谐，加强生态保护，充分发挥生态系统的自我修复能力。

（2）采取生物措施、耕作措施与工程措施相结合的综合治理，小流域治理与大区域生态恢复相结合，统筹规划，合理布局。以黄河下游河道淤积有重要影响且经济相对落后的多沙粗沙区为重点，加快以治沟骨干工程为主体的小流域综合治理，促进退耕还林还草；充分利用生态系统的自我修复能力，采取封山育林、封坡禁牧等措施，加快林草植被恢复和生态系统的改善。提高治理的水平和效益，逐步恢复以水土保持植被为主的生态系统。

（3）以合理、到位的政策有力地促进和保障相关生态安全保障措施的实行和效果。例如，生态效益补偿机制，将生态环境的经济外部性成本内部化，从而调动林草植被建设的积极性和资金投入。以改善群众生产生活条件、发展区域经济、减少入黄泥沙为目标，建设黄土高原地区生态屏障，为治理开发黄河，实现区域人口、资源、环境的可持续发展和西部大开发战略顺利实施提供支撑和保障。推动西北地区环境、社会、经济复合系统向健康、持续的方向发展（杨新民和李玲燕，2005；兰维娟等，2007；孟全省，2000；马宁等，2009；白志礼等，2003）。

从生态学角度出发，根据西北地区近年来水土保持生态修复的经验教训，其生态安全保障措施的制定必须遵循以下基本原则。

（1）做好生态区划。西北地区生态环境条件地带性非常明显，无论在水平带还是垂直带上，其生态系统类型都有较大差异。因此，生态修复工作必须建立在退化生态系统评估或生态功能区划的基础上，同时还要求注重区域内小环境的差异，在此基础上进行生态修复规划与技术体系的建立。

（2）注重生物生态位。任何生物都有其适宜生存的生态幅度和范围，在生态修复规划过程中，必须充分认识物种与生态环境条件相适应，才能确定最好的修复方式，不仅要从物种的生态位来考虑，而且在物种配置上也要遵循个体竞争理论，采用的生物配置必须在立地条件的基础上草、灌、乔相结合，野生种、当地种与引进种相结合，不同区域给予不同的生物配置，使修复后的生态系统不仅具有物种多样性，还要使各物种达到互惠共生。

（3）保护与重建并重。生态修复的最终目标是形成适宜区域自然条件的可自我维持的生态系统，因此，植被重建不是唯一的手段。许多生态恢复实践者认为，退化生态系统中的许多残留种，对当地生态修复极为重要，是当地自然条件下稳定生态系统的组成部分。生态修复应是一个保护与重建并重的过程，必须在修复区内划出适宜生物多样性保护的最小面积的区域，在保护生物多样性的同时，这些区域也可能成为修复自我维持生态系统的自然种源扩散地。

（4）"防"与"治"相结合。生态修复的根本目标是通过人工方法和技术恢复重建新的生态平衡，以建立适宜人类生存与发展的良好环境，因此，必须达到防止生态进一步退化和修复已退化生态系统两个目标。从西北地区的现状和可能投入来考虑，全区域范围的修复和重建显然是很困难的，因此，必须在修复的同时，防止生态进一步退化，即"防"与"治"应有机地结合。

（5）生态与经济相协调。生态修复必须在生态环境条件好转的同时，注重区域经济的发展，可根据不同的区域和修复的不同时段制定经济发展目标，并将其寓于修复工作之中，例如，在修复过程中可采用部分经济型植物代替水保型植物，或采用水保、经济复合型植物来进行修复。当然，恢复的长远目标是生态系统的可持续利用，因而修复的目标是生态系统必须能为经济发展作出贡献。国家大力开展生态环境建设无疑是要获取更大的生态效益，为西部大开发创造一个比较好的生态环境和投资环境。但是生态环境建设不光是国家加大投入就能办到的，这需要动员千千万万的农民和社会力量参与，如果参与者不能通过治理从土地上获得较好的经济效益，那么参与者就不可能有持久的积极性。因此，经济效益是生态效益的基础，国家宏观的生态效益与参与者的微观经济效益必须紧密结合起来，不能顾此失彼。这两者不是矛盾的，处理得当，就会相得益彰。例如，"苦瘠甲天下"的甘肃省定西县，经过开展水土保持重点治理工程，以建设梯田和水窖为突破口，已稳定解决群众温饱，有的农户已走上致富道路；陕西无定河水土保持重点治理一期工程 169 条小流域，经过 10 年综合治理，人均收入提高了 2.5 倍，脱贫率达 50%以上（杨新民和李玲燕，2005）。

7.2.2　水土流失区生态安全保障措施

根据上文思路和原则，水土流失区生态安全保障主要以工程措施、生物措施和耕作措施为主。具体措施为：

（1）工程措施。该区以独特的黄土地貌和严重的水土流失为特征，疏松的黄土和稀疏植被使地表抗蚀作用减弱，而侵蚀的程度往往与其坡度的大小有关，因而工程措施的制定不仅要考虑恢复植被的要求，而且要考虑坡度及其地貌类型。以一个小流域为例，包括坡、侵蚀细沟及支沟等，工程措施的配置则应为：

a. 淤地坝。淤地坝多建于支沟下段，以拦截上游侵蚀泥沙和洪水，同时蓄积洪水可做灌溉补给之用，具有拦泥、蓄水、缓洪、淤地等综合功能。在沟道中修建淤地坝，从源头上封堵了向下游输送泥沙的通道，在泥沙的汇集和通道处形成了一道人工屏障，就地拦沙淤地。淤地坝建成后，能够抬高侵蚀基准面，水流速度变小，挟沙能力降低，流体的容重和黏滞性相对减小，削弱了对沟床的切割强度，相应地稳定了沟坡，减轻了沟壑侵蚀。有效制止沟岸扩张、沟底下切和沟头前进，而且能够拦蓄坡面汇入沟道内的泥沙。

淤地坝是黄河流域黄土高原地区人民群众在长期同水土流失斗争实践中创造出的一种行之有效的既能拦截泥沙、保持水土、减少入黄泥沙、改善生态环境，又能淤地造田、增产粮食、发展区域经济的水土保持工程措施。尤其在生态效益方面，它可明显提高防洪抗旱能力，削减洪峰，调节河川径流，蓄浑排清，降低河流洪水含沙量，将一部分转化为地下水，增加了沟道常流水，涵养了水源，对汛期洪水起到了调节作用，改善了水环境。淤地坝在淤满前期可蓄水，这对缓解山区人畜饮水困难有非常重要的作用。淤地坝的存在可调节区域范围的小气候，使得局部的生态环境得到改善。

据调查，大型淤地坝控制流域面积一般为 3～10km²，中小型淤地坝控制面积一般在 3km² 以下，拦泥滞洪效益显著。据有关调查资料，大型淤地坝每淤一亩坝地，平均可拦泥沙 8720t，中型 6720t，小型 3430t。尤其是典型坝系，拦泥效果更加显著。根据黄河水利委员会黄河上中游管理局调查统计，黄土高原区 11 万多座淤地坝可拦泥沙 280 亿 t。另据有关课题研究成果分析，水利水保措施年均减少入黄泥沙 3 亿 t，其中，坝库工程减沙占 60%以上，其生态效益、经济效益、社会效益十分可观。以延安为例，据研究：到 2020 年工程全部建成后，年均减少入黄泥沙量达到 1.67 亿 t；2020 年前新建工程淤满及病险坝配套工程完工后，新增高产稳产坝地 6.90 万 hm²，年可新增种植效益为

49685.92 万元；到 2020 年工程完工后，年可新增防洪保护效益 5380.83 万元；2020 年前后工程建设后，可巩固与促进 41.41 万坡耕地退耕还林、封山禁牧（刘平乐等，2008；刘平乐，2006；戴静等，2007；刘子峰，2007）。

b. 梯田。根据黄土高原地区治理方案，要把 25°以上坡退耕地全部退下来，一部分还林还草，另一部分改梯，保证人均有 0.133hm² 基本农田，到 2050 年，梯田和坝地达到 1245 万 hm²。梯田是在山区丘陵区坡地上，筑坝平土，修成许多高低不等、形状不规则的半月形田块，上下相接，像阶梯一样，有防止水土流失和提高土地产出率的功效。它是治理坡地的重要田间工程，特别是黄土高原地区广泛采用的水平梯田，它使坡地改变成平地，具有保墒、保水、保土、保肥的作用。坡地修成梯田后，具有拦蓄天然降水、增加土壤入渗、提高降水利用率、减少地表径流的功能。能改善农业生产条件和生态环境，形成农业生产的小气候，提高土地产出率。梯田与坡耕地相比，优势明显，效益显著。

据西北农林科技大学水土保持研究所在陕西省千阳县新兴村试验，有田埂的梯田只要田埂不毁坏，100mm 的一次降水量就可拦蓄在农田内。梯田减少 360～375m³/hm² 的径流流失，减少土壤冲刷 57～124.5t/hm²。一般梯田拦蓄径流的效益可达 96%以上，拦住泥沙达 98.6%。据甘肃省定西水土保持站观测，在一次连续降水 101.4mm 的条件下，坡耕地产生径流量 371.25～678.90m³/hm²，冲走有土 57～126t/hm²；而水平梯田基本未发生水土流失现象。土壤含水量比坡地高 6%～11%，在大旱条件下，可高出 20%～60%。因此，群众说梯田是看不见的小水库。由于水平梯田保水、保土、保肥作用显著，为农作物生长创造了良好条件，加上精耕细作，作物产量可大幅度提高。据陕西省永寿县、彬县、旬邑县、淳化县调查，梯田有明显的拦蓄效益。经过平整的梯田，土壤含水量明显提高，梯田土壤的理化结构有很大的改善，协调了土壤中水肥气热条件，为农业增产奠定了基础，增产效果明显（常欣等，2004；王旭明，2007）。

c. 其他工程措施。水平垫地：是在原地上修成"地边有埂畔，田面平展展，蓄水又保土，地肥能高产"的基本农田。垫地能把大部分或全部降雨拦蓄在土壤里，防止径流冲刷，作物产量较高。陕西省永寿县 430hm² 水平垫地作物平均单产 5250kg/hm²，在修筑水平垫地时，容易打乱土层，造成作物减产。在修筑时要注意保留表土，可采用倒桃子平整垫地的田面，用橡帮的方法修筑垫地的埂坎。

隔坡反坡梯田：由于黄土残塬区大都干旱缺水，修筑隔坡反坡梯田能够增加田面蓄水量，并使暴雨时过多的径流由梯田内侧的水窖蓄存或安全排走。相邻两梯田之间隔一斜坡段，从斜坡段流失的水土可被截留于梯田，有利于农作物生长；斜坡段则种草，种经济林。

此外，黄土高原地区在治坡中采用的水簸箕、截水坑、地坎沟、条田等，治沟中的谷坊（土谷坊、石谷坊、柳谷坊）等，都是水土保持比较有效的措施，今后还应继续推广使用（常欣等，2004；张慧芳，2007）。

（2）生物措施。黄土高原水土保持的生物措施主要包括造林、种草、封山育林（草）、退耕还林（草）、林地草场管理等，目的在于增加植被。植被可以缓和雨滴的冲击作用，可阻挡地表径流产生或使径流速度减缓；植被根系可以固定土壤，免受冲刷，还可改良土壤性质。因此，林草措施是水土保持的治本措施，而且投资小，效益大，不仅保持水土，本身还有经济价值，与工程措施相比，应用更加广泛，意义更加深远（常欣等，2004）。

物种选择与配置：在黄土高原降水 400 mm 以上的半干旱及半湿润区，生态恢复的物种应以中旱生及旱生植物为主；在降水 400mm 以下的干旱区，应以旱生和强旱生物种为主。黄土高原区渭源—甘谷—天水—宁县—合水—志丹—延安延长到山西石楼一线的东南部为森林地区，这部分区域的生物配置应以乔、灌为主，结合草本植物，形成水土保持型乔–灌–草复合生态系统，逐步向乔–灌林地演进；此线以北为草原地区，仅局部河谷和水源条件较好的区域有林地分布，因而这一区域的生物配置应以草灌为主，建立草–灌复合生态系统，河谷两岸水源允许的情况下建立乔–灌农用防护林体系。另外，黄土高原，特别是干旱区，降水年际变率较大，因而植被的恢复可根据其降水规律实行丰水期播种保苗、旱期抚育，对恢复不尽好的局部区域丰水期补植，逐步达到期望的复合生态系统（陈怀和赵晓英，2000）。

a. 林地建设。黄土高原地区的林地建设和全国林地建设同步，也是经历了 3 个阶段：

首先始于 20 世纪 50 年代的一般荒山荒地绿化和少数地区防护林建设阶段。其次是从 20 世纪 70 年代末到 20 世纪 80 年代初进入了防护林体系建设阶段。"三北"防护林等防护林体系建设工程相继启动，对特定区域生态环境的改善将随着时间的推移作出的贡献越来越大。例如，榆林市三北防护林工程从 1978 年起实施，截至 2006 年，全市三北防护林工程造人工林 1980.8 万亩，净增造林保存面积 590 多万亩，森林覆盖率达 26.64%，水土流失得到有效控制，流沙得到了固定、半固定，实现了区域性的荒漠化逆转。榆林市三北防护林工程的实施，取得了良好的生态、经济效益，自 1978 年以来，在"三北"工程的带动下，全市林木面积由 806 万亩增加到 1893 万亩，林木覆盖率由 12%提高到 29.3%，每年浮尘扬沙天气由 66 天减少至 24 天，自然降尘较无林区减少 90%，固定沙地上，表层沙土细粒增加，出现结皮层，表层持水量增加 20%以上，10 cm 表层养分增加 5～20 倍。水保效益也显著提高，新增水土保持林 224 万亩，治理水土流失面积 2.02 万 km^2，年输入黄河泥沙减少 2.4 亿 t（聂向东和李海波，2008）。

再次是 20 世纪 90 年代又进入天然林保护阶段。天然林是生态多样性最丰富的生态系统，其所发挥的水保效益绝不是荒山绿化和防护林体系可以比拟的。天然植被具有减少土壤侵蚀、改善生态环境的重要作用。实践证明，黄土高原东南部半湿润森林地带，降水量>500mm/a，封育 10～15 年即可达到恢复林被；封育 10～15 年，阴坡的林被也能恢复，阳坡通常可以恢复到灌草两个层片结构；此带西北部半湿润森林草原地带，降水量为 300～500mm/a，属无天然林地带，封育 5 年即可恢复草本植被，覆盖度可达 60%～70%。在人工造林"小老树"集中分布区，不宜发展乔木林。最西北为干旱荒漠草原地带，降水量<300mm/a，只能生长旱生草本和小半灌木，封育 3 年，覆盖度可达 30%，不宜种植乔木林地带（常欣等，2004）。

b. 退耕还林还草。针对黄土高原大片人口密度比较小、降水适当的地区，要采取退耕、封育、禁牧等措施，促进生态自然修复，恢复植被覆盖，加快水土流失治理进程。退耕还林还草其目的是因地制宜封山、造林、种草和禁牧，达到"山青、水秀、村美、人富"，应贯彻国务院"退耕还林（草），封山绿化，以粮代赈，个体承包"的十六字方针。确定不同自然地理区域或单元可能恢复的植被类型和建群种，根据不同气候水文条件和土壤类型，遵循社会经济自然复合生态系统有效性与稳定性相统一，局部控制、整体调节、因地制宜、宜林则林，宜灌则灌，宜草则草，适地适树（草），乔、灌、草相结合，远近结合等植被恢复重建的基本原则（鲁塞琴，2009；高照良 等，2009）。

从生态环境保护角度出发，大于 25°的坡耕地必须坚决退耕，15°～25°的坡耕地也不宜连续农耕，在自然条件较差的地区可实行有计划、有步骤地退耕还林还草，这也是遵守植被生物地带性规律的具体体现。通常认为秦岭以南（包括陕南地区和甘肃陇南地区）是混阔森林地带，适于退耕还林。秦岭以北直到离石—延安—庆阳—天水一线为半湿润森林草原地带，应退耕还林与还草并重，但在一些海拔较高的土石山区（如黄龙山、关山、桥山、子午岭，以及领巾的关帝山、六盘山等，因为其偏湿润林区，残存着大量的天然次生林。又是许多小河流（泾河、渭河、洛河、汾河等）的发源地，应以退耕还林为主，以发挥森林的水源涵养和水土保持作用。从半湿润区往北到陕甘宁长城沿线，以及青海以东地区为半干旱地带，这里为典型的草原植被，仅阴坡凹地及沟边河谷才有森林生长，在陡坡地域应以退耕还草为主，也可适当发展一些旱生灌木林；在有较好水源条件的局部地方（如榆林地区）也可适当退耕造林。退耕后的植被恢复重建应结合当地具体自然状况，采取自然恢复封育和人工封育两种措施，对遭到破坏的林草植被进行恢复性养育，对剩余无几的珍贵天然植被进行封育性保护，对大面积的土地沙化、水土流失区域结合实际进行治理，大规模绿化宜林（草）的荒山荒地，从根本上改善生态环境，恢复西北地区受威胁或受损生态系统的状态与功能（岳淑芳等，2005）。

黄土高原地区实有耕地 804 万 hm^2，林地 99.0 万 hm^2（含灌木），人工种草 27.1 万 hm^2，荒地 27.6 万 hm^2，非生产用地 340 万 hm^2。在水土流失严重的地区，退耕还林（草）成为恢复植被、改善生态的重要措施之一，并在大规模实施退耕还林（草）的头 5 年时间里，取得了一定的成效。截至 2005 年年底，甘肃、宁夏、青海、陕西已累计完成退耕还林（草）面积 400 万 hm^2，其中，退耕地还林（草）197 万 hm^2。退耕还林区植被覆盖度增加，局部地区的水土流失得到一定程度的控制，特别是在许多国家投资的重点治理区，生态环境建设与农业生产结构都发生了显著变化，取得了比较明显的水土保持、生态和经济效益。水利部黄委会遥感监测中心对陕西延安、榆林地区的监测结果表明，从 1997 年 7 月到 2002 年 7 月的 5 年间，该地区植被覆盖度提高了 8.45%；据宁夏隆德县水利局水保站的观测结果，坡耕地退耕还林（草）后，土壤侵蚀模数比退耕前降低了 1400t/（km^2·a）（宋富强 等，2007）。甘肃定西试区实施在梁峁沙棘、油松林带和沟道反坡台、水平沟内大面积种植紫花苜蓿和红豆草、草木樨等，不仅迅速提高了地面覆盖度，减少了水蚀、风蚀，而且还为畜牧业提供了优质饲草来源，改变了当地生态小气候（鲁塞琴，2009；高照良等，2009）。

陕西省吴起县自 1998 年实施退耕还林（草）工程以来，截至 2004 年，退耕还林（草）面积达 1.10 万 hm^2。经过 6 年退耕还林、封山禁牧，吴起县植被覆盖率由退耕前的 19.2%提高到 69.8%，年土壤侵蚀模数由退耕前的 1.113 万 t/（km^2·a）减少到 0.16 万 t/（km^2·a），有效地遏制了水土流失的发生；土壤的理化性质得到了明显改善，土壤容重降低，持水能力增强，养分含量增加；区域小气候得到了明显改善，沙尘暴等灾害性天气显著减少，生态环境明显改善。在获得巨大的生态效益的同时，社会、经济效益也取得了很大成效（赖亚飞和朱清科，2009）。有 75%的退耕还林农户从事养羊业，其中，11.5%的农户养畜收入占家庭收入的 30.65%以上，超过了 6000 元，人均养畜业收入 1598.1 元；19.1%的农户养畜收入占家庭收入的近 25%，达到了 3000~6000 元。从总体看，退耕后养殖业发展迅速，农户养畜业收入已占家庭户均收入的 15.62%。随着吴起县退耕面积的扩大，还草量增多，大量的优质牧草的产出为养畜业提供了良好的基础。另外，政府投资力度的逐年增大和养羊业稳定的收入，使农户积极性普遍提高。因此，随着养畜业的发展壮大，其收入占当地农民收入的比例将会越来越大，这将进一步激发群众退耕还林（草）、恢复生态环境的积极性，促进生态的良性循环，获得更大的经济效益（常欣等，2004；赖亚飞和朱清科，2009），这种措施应继续保持。

c. 飞机播种。飞机播种造林种草是模拟植物天然下种，利用飞机大面积撒播树种、草种，以达到恢复植被、保持水土的一种机械化造林方法。它的优点是速度快、工效高、省劳力、成本低。一架伊尔 14 型飞机，每个飞行日可播种 0.27 万~0.34 万 hm^2，一架运五型飞机可播 0.07 万~0.14 万 hm^2，飞机花费的劳力不到人工撒播的 5%，约占点播的1%。飞机造林播种成本仅为直播的 1/4~1/3。例如，陕西延安采用飞机播种的成本，油松每公顷为 50 元，柠条为 36 元，沙打旺为 35 元，而人工直播造林每公顷需投资 150 元。飞播造林种草应正确地选择播区，合理配置与选择树种、草种，确定适宜的飞播期与播量，做好飞播后的林地草地管护与利用。只需掌握这些环节，飞播是可以成功的。从黄土高原地区来说，飞播具有明显的推广应用前景，可供飞播的面积在 0.07 亿 hm^2 以上。飞播造林种草可加速黄土高原地区宜林荒山、荒地、草山、草坡的绿化步伐，制止水土流失，改善生态环境。2003 年，全国飞播造林任务近 100 万 hm^2，陕西省飞播造林任务14 万 hm^2，约占全国的 14%，其中，新播面积 10 万 hm^2，夏播 4 万 hm^2。分布在 10 市61 个县、市、区，80%分布在黄土高原地区。

黄土高原地区先后被纳入国家"三北"防护林工程、重点地区防沙治沙工程、重点地区飞播造林计划、天然林保护工程、退耕还林还草工程、黄河中上游生态治理工程等国家重点生态治理项目。特别是飞播造林，陕西延安是北方启动飞播造林较早的地区之一，自 20 世纪 70 年代初取得试验成功以来，已累计飞播造林 26.7 万 hm^2，飞播技术质量得到逐步提高。延安飞播采取 GPS 导航和针阔、乔灌混播技术，加强了播后跟踪调查监测和封山管护工作，从历年飞播造林的统计看，有效面积达到 80%，成林面积达到41%以上，$667hm^2$ 成活株数平均在 110 株以上。延安市的飞机播种造林是从 1990 年开始进行试播的，1992 年正式开始，至今已连续实施了 12 年，累计作业面积为 3.9 万 hm^2，成苗面积为 0.07 万 hm^2。飞播造林已同人工造林、封山造林一样成为加快黄土高原造林绿化步伐，加快恢复和扩大森林资源的有效手段（常欣等，2004）。

（3）耕作措施。耕作措施与黄土高原的水土保持有着密切关系，采用保护性耕作可以减轻水土流失，并可提高农业产业化水平，优化区域生态环境，促进黄土高原社会经济可持续发展。黄土高原的耕作措施主要实施农业常规技术升级战略，将育种、施肥、节水、植保等技术全面升级到优质高效和低投入、低成本、可持续发展的水平。

　　a. 水土保持耕作法。水土保持耕作法的类型很杂，名称繁多，有坑田（或区田、丰产坑、大窝塘）、壕田（或圳田、渠田、丰产沟集约耕作法、旱农蓄水聚肥改土耕作法）、垄作区田、沙垄耕作、等高耕作、掏钵种植等。20 世纪 50 年代有陕北丘陵区推广 1.53 万 hm^2，取得良好的效果。圳田高粱产量为 22625kg/hm^2，而一般耕作只有 750kg/hm^2。20 世纪 70 年代山西省推广旱农蓄水聚肥改土耕作法，甘肃省推广丰产沟集约耕作法，保土增产效果十分明显，一般增产 30%～60%，有些超过一倍，高者达几倍。这些措施对保土增产有明显作用，黄土高原地区广泛推广应用。在一些燃料充足地区，可引进覆盖耕作技术，广大水土流失区采用作物残体（如秸秆、残株、玉米秸或牧草残体）覆盖土壤表面，可使土壤损失减少一半以上（常欣等，2004）。

　　20 世纪 90 年代，陕西延安市推广大垄沟种植，它是在山地水平沟、丰产沟、川地垄沟的基础上创造出来的新种植沟法，其主要应用山坡地种植，它的耐旱、丰产效果优于水平沟，投工投劳也优于丰产沟，即弥补水平沟三保（保水、保土、保肥）方面的不足，又克服丰产沟浪费劳力浪费时间而且难推广的弊端。通过 1993～1996 年推广，山坡大垄沟平均产量为 6600kg/hm^2，是山地普通平种的 1.7 倍，最高田达 9000kg/hm^2，大垄沟谷子平均 4260kg/hm^2，是平种的 5.56 倍，大垄豆子平均 2250kg/hm^2，是平种的 3.52 倍，大垄洋芋达 33900kg/hm^2，是平种的 7.73 倍（常欣等，2004）。

　　b. 少耕（免耕）法。目前少/免耕已成为保持水土、节约能源的重要措施。根据黄土高原地区连续 6 年的试验结果表明，免耕法每年土地上的土壤冲刷量为 0.87t/hm^2，而习惯耕作法为 108t/hm^2，特别是在发生百年不遇的暴雨之后，免耕地流失土壤只有 2.57kg/hm^2，而习惯耕作法高达 182.1t/hm^2，免耕法仅为习惯耕法的 1.4%。少耕法在轮耕周期培肥地力，改善土壤的有机质状况。土壤有机质状况可以看做是土壤肥力的中心，制约着土壤养分的固定与释放，又是土壤良好结构的物质基础，从而密切关系着土壤的保肥供肥，保水供水和水肥气、热的协调。西北农林科技大学农学院在陕西合阳推广的"留茬少耕（免耕）秸秆全程覆盖技术"，借鉴国外保护耕作法的经验，结合黄土高原地区雨养农业的特点，是经过 10 余年研究、示范的基础上提出来的。通过对农田留茬全程覆盖，有效地减少了水分蒸发和流失，把自然降水保蓄率由传统耕作法的 25%～35% 提高到 50%～65%，可为农田增加 6000～12000m^3/hm^2 的水分。

　　c. 节水灌溉措施。黄土特殊的理化性质和不合理的灌溉是引发黄土高原农业生态问题的症结所在，所以改变农业生产中的用水模式是解决灌溉农业发展中的生态地质问题，确保农业可持续发展的关键。应当改变传统的灌溉方式，推广滴灌、喷灌等节水灌溉，适当发展集水农业，减少灌溉水的下渗（朱创鑫等，2007）。

　　农艺节水技术。一是小麦、玉米、水稻高产节水技术，主要是根据作物水肥需求规律，应用耕作技术，减少无效用水。二是在条件不具备的情况下，继续运用梯田与条田种植、水平沟种植、隔坡水平沟种植、坑田种植、地孔田种植、垄沟种植等传统的节水种植方式，这些种植方式土壤含水率一般提高 1%～8%。

　　节灌技术。节灌的目的就是把有限的水资源最经济、最有效地用于农业生产，把利用人工集存的有形水用于土壤水分严重亏缺时段或作物需水关键期定量补偿灌溉农田。小麦一次性供水量控制在 20～50mm，供水方式可采用微滴灌、微喷灌和小管出流灌。

玉米一次性供水量为 50～70mm，供水方式可采用微滴灌，小管出流灌、瓦罐渗灌、点浇等形式。甘肃武威市凉州区水利局在缺水的黄草羊河试验，该地区春小麦生育期为 3 月上旬至 7 月下旬，多年平均降水量为 124.6mm，蒸发量为 658.1mm，土壤主要以中壤土为主，地下水埋深 120m 以下，试验区为全国节水增效灌溉项目区，通过 2000 年试验，节水效果十分明显。

薄壁水窖技术。水窖（又名水瓮、旱井）或水窑，是干旱缺水地区修建的一种蓄存"天水"的水利工程。它具有投资小、投工少、见效快和施工简单、群众易办、管理使用方便等特点。目前，水泥薄壁水窖作为一种控制水土流失的新技术，不仅具有积蓄雨水、拦沙拦泥作用，而且建在公路附近的薄壁水窖还具有保护公路及两旁农路和梯田的作用，利用庭院建造的薄壁水窖和蓄雨水，既可补充人畜饮水的不足，又可以发展塑料大棚，日光温室种蔬菜，在果树需水关键期进行补充灌溉，发展适度规模养殖，宁夏海原冯川村在连续大旱，作物基本绝种的 1992～1995 年集水补灌的瓜菜和地膜玉米单产分别达到 1500～4100kg/667m^2 和 410～650kg/667m^2。

推广行走式节水机械灌溉播种技术。行走式节水机械灌溉播种技术的主要工艺是用拖拉机牵引载有水箱的拖车，后部牵引播种，同时进行施水、施肥作业，水箱上引出的水管与播种机施水装置相连，播种时可一次实现开沟、施水、施肥、播种、覆土等多项作业。如果土壤墒情不好，还可以结合苗期缺水，进行苗侧施水、施肥联合作业。这项技术不仅充分利用了农村保有量较大的拖拉机等动力，提高了现有动力机械的利用率，而且配套的播种机具有结构简单，多功能，复式作业，造价低，能够适应当前农民的收入水平。同时，这项技术还体现了新的灌溉理念，即灌溉不是大水浇地，而是根据作物需水要求，适时、定量地施水到种子周围和作物根部土壤中，从施水机理上避免或减少了多种形式水的浪费，实现了高效、节水、抗旱、保苗和增产目的（鲁塞琴，2009；高照良等，2009）。

d. 其他农业技术措施。水土保持农业技术措施是指以保土保水保肥为主要目的改善生态环境的提高旱地农业生产力的技术措施。黄土高原地区不同类型区均有各具特色的农业技术措施，主要有以改变微地形，增加地面覆盖度为主，改变土壤物理性状为主和改善土壤肥力性状为主等类型。例如，大面积推广的小麦全程地膜覆盖穴播栽培技术，具有显著的保湿、节水、抗旱、增产、增收效果，与露地小麦相比，该技术可使小麦节水 750～1500m^3/hm^2，平均增产小麦 900～1200kg/hm^2，增产幅度在 30%以上（岳淑芳 等，2005），甘肃省 1998 年推广示范面积已达 67 万 hm^2。平均增产 30%～50%，节水量 500～900m^3/hm^2，水分生产效率提高了 4.5～13.5kg/(mm·hm^2)（常欣等，2004）。

7.3 荒漠化地区生态安全保障对策

西北干旱和半干旱区，位于大兴安岭以西，长城和昆仑山—阿尔金山—祁连山一线以北。行政区划跨新、宁、甘、内蒙古及吉、辽、冀、陕等省（自治区）的一小部分。地形地貌以高原和盆地为主，中部为辽阔坦荡、波状起伏的内蒙古高原；西部是（新疆境内）三山夹两盆。从公元前 3 世纪到 1949 年间，西北地区共发生有记载的强沙尘暴

70 次，平均 31 年发生 1 次。而新中国成立以来的近 50 年间已发生 71 次。毛乌素沙地地处内蒙古、陕西、宁夏交界，面积约 4 万 km²，40 年间流沙面积增加了 47%，林地面积减少了 76.4%，草地面积减少了 17%。浑善达克沙地南部由于过度放牧和砍柴，短短 9 年间流沙面积增加了 98.3%，草地面积减少了 28.6%。此外，甘肃民勤绿洲的萎缩，新疆塔里木河下游胡杨林和红柳林的消亡，甘肃阿拉善地区草场退化、梭梭林消失等一系列严峻的事实，都向我们敲响了警钟（张民侠，2009）。

西北地区绝大部分处于半干旱、干旱和极端干旱或高寒地带，天然降水少，且分布不均，植被稀疏，生态环境非常脆弱，最集中的表现是土地荒漠化趋势日益严重。而且土地荒漠化加快的问题不是局部的，从青藏高原到河西走廊，从内蒙古、宁夏到新疆，土地退化和荒漠化成为无法回避的问题。主要表现为土地退化、沙化面积快速增加，各种湿地大量萎缩和消失，水土流失十分严重，风沙天气明显增加，沙尘暴灾害频繁，并向区外扩散等，对华北和华东地区也构成了严重生态威胁。西北地区的荒漠化具有如下特点。①面积大，扩展速度快。据国家林业局 1994 年与 1999 年两次调查对比，5 年间荒漠化土地面积扩大了 5.2 万 km²，年均净增 1.04 万 km²，其中沙化土地面积年净增 3436 km²。②分布范围广，存在不均衡性。西北地区荒漠化土地面积达 147 万 km²，占全国总荒漠化面积的 56%；西北地区共有沙漠（包括风蚀沙地）、戈壁及沙漠化土地 90.7 万 km²，占沙区总面积 308 万 km² 的 29.4%，已沙漠化土地共有 6.58 万 km²，占北方已沙漠化土地面积的 38.30%，其中，新疆地区已沙漠化土地面积最大，为 2.73 万 km²，其次是陕西，已沙漠化面积有 2.17 万 km²。③荒漠化类型多样，这一区域不仅荒漠化分布范围较广，而且类型多样。有风蚀荒漠化、水蚀荒漠化、盐渍荒漠化几种类型，其中，以风蚀荒漠化分布比例最高，主要分布在干旱、半干旱地区。例如，青海省风蚀荒漠化类型土地面积占其荒漠化总面积的 70.8%（张民侠，2009；佟艳和樊良新，2010；廖咏梅和王琼，2006；马松尧等，2004）。

7.3.1　荒漠化地区生态安全保障的思路和基本原则

为了成功实现遏制土地荒漠化继续蔓延扩大这一基本目标，必须树立人与自然和谐相处的理念，制定正确的、符合科学的生产方针、经济增长方式、产业结构和生态建设，才能达到人口、资源、环境与社会经济可持续发展的目标。必须抓源头治理，坚持生产和生态统一的观点。为此要做到 5 个改变：指导思想的改变；增长方式的改变；生产方针的改变；产业结构的调整；治理路子的改变（中国工程院"西北地区土地荒漠化与水土资源利用"课题组，2003）。西北地区的荒漠化防治应全面规划，综合防治，预防为主，因地制宜，加强管理，重视效益。不仅要重视现有荒漠化的治理，而且对那些轻微退化的草场和轻微水土流失的地区，要强化监督、监测；对潜在的不合理的人为活动可能造成的荒漠化，要提早预防；对风蚀荒漠化和水蚀荒漠化的防治，要点面结合，以重点防治为基础，因地制宜，因害设防。将防治和开发利用相结合，改善生态环境与群众生活水平的提高相结合。以防治保护开发，以开发促进防治（张民侠，2009）。

　　西北地区荒漠化治理的思路创新和对策制定应该重视如下方面。

　　（1）针对西北地区荒漠化加速扩展的实际和荒漠化治理的艰巨性，荒漠化防治应从以往的突出以治理为主转移到以保护为主，确立治理与保护相结合的指导方针。西北地区生态系统脆弱，破坏容易，治理艰难，在以往的生态建设中，虽也提倡保护，但从指导思想到具体工作安排都是强调治理，对保护一般号召多，真抓实干少，其结果是仅有少数地区生态环境治理取得明显成效，大多数地区仍遭受各种人为破坏，而且面积越来越大，程度越来越严重，即使治理成效明显的地区，由于保护措施不力，又恢复到原有的状态，使生态环境反而更趋于恶化。所以，西北地区荒漠化治理的第一步就是要遏制生态恶化的趋势，保护的重点应放在荒漠化潜在区和已治理区上。

　　（2）建设节水型社会，提高水资源的利用率。内陆河流域水资源的稳定性决定了水资源利用率与其所能承载的绿洲面积的正相关关系。建立节水型社会的核心是根据市场机制和环境保护的要求建立水价和水资源费的形成机制，引入水权管理的配套制度，依此作为水资源管理的主要经济杠杆，利用反馈作用引导社会调整用水结构和数量，建立水资源集约化高效利用的社会体系。加强和树立节水意识与环境意识，加强环境保护和建立节水型社会体系；加强科学研究，依靠科技进步，促进社会经济的可持续发展（陈梦熊，2004）。

　　（3）建立按流域进行水资源统筹规划的分配管理体制。防治土地荒漠化的对策最重要的一环，是合理开发利用水资源，按流域合理规划与科学管理、分配水资源。一方面，应将一个流域作为一个完整的生态单元，对流域水资源进行多目标的配置和规划，统筹考虑流域上、中、下游的经济利益和用水关系；另一方面应重视生态用水，尤其是下游的生态用水，实施以水确定耕地规模和发展规模。同时，对农业用水与城市及工业用水，实行水资源的合理分配。地表水与地下水必须综合利用，统一调度。积极保护绿洲，保持绿洲外围地区的生态用水，维持全区的生态平衡。这项工作由于涉及流域不同群体的利益，工作难度较大，为避免不同群体的利益冲突，首先应该用科学的定性与定量结合的方法，界定水权。

　　（4）应保证生态环境恢复所需的土地资源与水资源。要划出一定数量的生态用地。经研究调查表明，根据各自的自然环境条件，北疆、河西走廊地区，人工绿洲与天然绿洲之比，可以大于1。南疆及干旱地区，人工绿洲与天然绿洲比应该小于1。初步匡算，整个西北荒漠化地区生态用地的土地面积应不少于 66 万 km^2，应占土地总面积的 20%左右。要留出最低的生态用水。干旱内陆河流域要保证有水流尾闾塔河干流、玛纳斯河、艾比湖、黑河、石羊河五条流域的最低生态用水量需要 67 亿～70 亿 m^3。根据相关课题组的研究，西北内陆干旱区的生态环境和社会经济系统的耗水应当是各占 50%为宜。

　　（5）应重点解决好荒漠化潜在地区的经济、社会发展问题，提高其土地承载力和生态系统承载力。这类地区一般是"人地关系"比较紧张的地区，要遏制潜在的荒漠化转变为现实，根本的出路是在解决人类生存和发展的问题上，通过高新技术的应用和全社会的科技进步，提高资源利用效率和单位面积土地的承载力，增加生态系统的环境容量；并通过推动区域农业产业化和工业化，促使人口压力从农业内部向工业和第三产业转移，使人口对土地的压力得以释放，从根本上消除导致土地荒漠化的因素。

（6）应将控制人口数量和提高人口素质作为荒漠化防治的基本策略。减轻人口对区域生态环境的压力，控制人口的盲目增长，压缩牲畜数量，制止耕地扩大，严格控制农业用水。要切实做到退耕、退牧、还草、还林、还水、还湖。尽管西北地区是全国人口密度最小的地区，但只有 1/3 左右的面积比较适合人类居住，与西北地区的土地承载力相比，人口密度已严重超过国际上建议的警戒线，人口密度过大、人口增长过快和人口素质低下已成为西北地区人地关系矛盾紧张的主要方面。所以，坚定不移地实行计划生育国策和通过发展教育事业提高人口素质就成为西北地区荒漠化防治的根本措施。

（7）加强荒漠化防治的制度创新。制度创新除了完善法律、法规体系外，激励机制的建立是很重要的方面。激励机制的建立应重视优惠政策的制定和生态效益补偿制度的建立。在政策上应该把防治荒漠化的重点生态工程建设同产业开发结合起来，增加工程建设中的开发任务，对产业开发进行倾斜，同时国家在资金、税收优惠的基础上，界定和落实荒漠化治理成果的权属，鼓励各类群体和个人承包治理和开发荒漠化土地，实行谁建设谁受益的政策，允许继承、转让、拍卖治理好的荒漠化土地（马松尧等，2004）。

7.3.2　荒漠化地区生态安全保障的具体措施

西北荒漠化地区的生态安全保障应以退耕、退牧、还草、还林为切入点，构建以防治荒漠化为中心的生产、生态相协调的安全保障体系，实现可持续发展。具体措施包括：

1）产业结构调整措施

在草原牧区，要合理利用大面积的天然草地与集约经营一定面积的人工草地结合，集约经营的首要目标是提高冬春饲养水平。首先要走控制牲畜数量、提高质量、提高效益的发展道路，以草定畜。典型草原控制在 15～20 亩地养一只绵羊单位，荒漠草原约 40 亩养一只绵羊单位。大力建设基本草牧场，包括划区轮牧，改良草地，加强水利建设，开发一定面积的人工饲料饲养基地，发展为畜牧业服务的种植业。粗略估算，西北地区有条件建设人工饲草料基地的土地资源约 4000 万亩，要实施半牧半养、夏牧冬饲的现代草原畜牧业发展方式。

在农牧交错区，要改广种薄收为少种高产多收，坚决转变将以农为主，转变为以牧为主、农牧结合，发展混合农业。农牧交错带的农田面积要从目前的 24%压缩到 10%，人工饲草料的基地占 30%～50%，林灌草的土地面积为 50%～55%。把有条件的农牧草带建设成一个独特的、农牧紧密结合的谷物—养羊带和以舍饲为主的现代畜牧业。

在干旱荒漠绿洲区，要大力发展节水农业，提高牧业比重。节约用水，降低灌溉定额。例如，目前新疆平均灌溉定额为 $800m^3$/亩左右，石河子地区采用膜下灌溉技术，棉花地每亩灌溉定额下降到 220～$250m^3$/亩。提高牧业比重，改变农业结构单一性。新疆不少绿洲以棉花为主的种植业比重高达 60%～70%，而畜牧业比重却在 20%左右徘徊，农牧比重失调。对天山北坡和河西走廊等地调查表明，畜牧业占农业的比重达到 30%～50%比较合适。

在农牧区关系上，要改变农、牧区分隔，促进农牧区结合，发挥区域资源优势互补。

应在平原农区（新疆、河西地区）与农牧交错区（内蒙古高原）建立强大的人工饲草料饲养基地和育肥基地，发展两个季节畜牧业。即山地繁殖，平原育肥（如新疆）和北繁南育（内蒙古高原），发挥资源的整体优势。还应进一步考虑，是否把内蒙古牧区与东北农区玉米带更大范围内的整合，也就是草原繁殖，玉米带育肥（中国工程院"西北地区土地荒漠化与水土资源利用"课题组，2003）。

2）生物措施

（1）退耕、退牧、还草、还林措施。退耕、退牧、还草、还林是防治土地荒漠化的切入点和重大举措。当前，退耕还草还林地区的关键问题是要建设好高产稳产的基本农田，建设好高产稳产的人工饲料饲草基地，发展高产稳产的经济林果业，这样才能做到"退得下，还得上，稳得住，不反弹"的要求。

大面积封育是防治土地荒漠化、沙化的最有效措施，应提高到战略高度来认识。大面积封育的基本原理是充分调动自然生态系统的自我修复能力，这也是长期治理土地荒漠化工作中所忽视的重要措施。干旱区防治土地荒漠化的关键是要控制地下水位。天然绿洲的地下水位，应该保持在 4～5m，当地下水位下降到 6～7m 时，植被持续增长就不良，并且导致死亡，降到 10m，一般认为是植物生长的极限。如果地下水位保持在 3m以上，那么就容易形成或加重土壤盐渍化，为了保持一定的地下水位，一是必须保证地下水的补给，二是禁止地下水超采，尤其严禁在沙漠边缘和绿洲边缘开采地下水（陈梦熊，2004；邓宣凯和刘小杰，2007）。

（2）植被建设措施。种植驯化植物。在荒漠化生境中，水分短缺、蒸散剧烈、基质养分贫瘠和经常性的干扰构成了生境的基本特征。驯化植物由于具有驯化生长习性和很强的水平扩展能力，因而适宜在异质性的环境中生长。在具有多尺度异质性的生态过渡地带，如农牧交错带、荒漠化和非荒漠化交错带，驯化植物能从一个生境扩展到另一个生境，凭借其跨越相当长距离的根茎（或匍匐茎）生长和较强的分株间驯化整合作用，能够很容易地支持新分株拓殖荒漠化生境，并将其物质和能量从有利的生境传输到相邻的不利生态系统。同时，多年生根茎驯化植物的驯化器官——地下根茎形成多层、致密网状的地下茎结构，并将地上分散分布的植冠连接起来。这些密集的地下网络一方面为水土流失提高了机械的阻力；另一方面大大促进了土壤肥力的提高。驯化植物在荒漠化土地中的出现，使得生境得到改善，为其他物种定居提供了可能。在拓殖—占据—固定—改造荒漠化土地过程的延续中，最终实现荒漠化的治理。适应当地环境的驯化植物，特别是多年生驯化植物，可大大提高荒漠化土地的自我恢复能力，因而可选用一些适应荒漠化环境的多年生驯化植物，如沙鞭、羊柴、沙地柏等植物来治理土地荒漠化。

保护生物多样性。生物多样性将影响到生态系统的生产力和稳定性。鉴于生物多样性对生态系统稳定性的作用，因而应该保护荒漠化土地中现有生物的多样性，特别应该重点保护植物的多样性，禁止挖掘像沙棘、麻类、甘草等适应沙生环境的中药材，禁止搂发菜，同时应建立保护区重点保护荒漠化地区濒危的动植物，以维持较高的生物多样性，使生态系统生产能力提高。需要注意的是，生物多样性的保护和单纯的物种保护不同，它应着重于从基因、物种、生态系统和景观 4 个层次上的全方位保护。

合理配置植物的种类。荒漠化是生态系统极度退化的表现,对于这样的生态系统,采用自然恢复的方法需要时间长,为了即时减轻和遏制荒漠化,应该建立人工植被。建立人工植被后,如果范围足够大,近地面的小气候得到改善,植被近地面形成冷湿效应,从而改善了荒漠干燥炎热的气候,使得环境适宜大多数植物的生存。根据演替规律,在荒漠化治理的初期,应该引进生长快、适应性强的先锋树种,如柽柳,它的根冠比为 20:1,根系可达 8m 的地下水位,且繁殖能力强。灌木的选择优于乔木,因为灌木具有适应性强、生长快、稳定性好、耗水少等优点。菌根是陆地生态系统的主要组成部分,是严重干扰群落和生态系统演替轨道的主要调节者,在决定恢复生态所需时间中具有重要作用。研究表明,菌根能促进植物个体养分吸收,增加植物的抗旱性和光合作用,增强植物的抗盐性,能影响群落物种间的相互关系和演替及物种多样性,因而在建立人工植被时,特别是在自然条件差的地段,种植菌根化苗木,不仅能够提高林木的成活率,也能够促进林木的生长。在建立人工植被的过程中,还应根据生态位原理,考虑种植的物种在地上和地下水平、垂直空间的生态位分化,使其地上部分能充分、高效地利用光资源,地下部分交错分布,有效利用土壤资源和水分,减轻土壤的侵蚀,为其他种类植物的生长提供良好的环境。种植多种生活型植物对于退化生态系统的改良具有一定的作用(廖咏梅和王琼,2006)。

(3)生态农业措施。生态农业是一种既能生产一定质量、足够数量的粮食和农牧产品,又能保持良好生态环境,并能使资源可持续利用的农业模式。生态农业是维持生态平衡、防治荒漠化、保障农业持续发展的必由之路。在荒漠化地区推行生态农业,不仅可减少对资源的过度开发和利用,减轻土地的压力,还可增加农民的收入。

在实施生态农业时,首先应根据荒漠化地区的具体环境,选择相应的农业生物种群,并在时间、空间和时空耦合尺度上合理配置和布局这些种群,使生物、光热等资源的利用率和转化率达到最佳水平。荒漠地区生长着许多种有毒灌草,例如,在我国西北地区广泛分布的沙冬青、披针叶黄华、骆驼蓬等。这些植物属沙地生耐干旱植物,具有防风固沙、涵养水分、保护植被、维护生态平衡的重要作用。同时,这些有毒灌草中含有生物碱、毒蛋白、有机酸等有毒成分,是生产纯天然绿色植物农药的理想原料。选择类似的农业生物种群就可以把荒漠化治理与发展当地经济结合起来,形成两者的良性循环。在进行水平空间规划时,应考虑农作物、经济作物、防风固沙植物等的合理配置。垂直格局的设计中,应研究茎枝叶根的合理分布,使复合群体最大限度地利用光、热、水、气和土资源,同时还可以抵抗土壤的侵蚀。在生态农业时间格局的设计时,应根据生物生长发育的时间节律进行科学的嵌合。这样,农业生态系统才能不断地与周围环境进行物质、能量和信息的交换,以抑制荒漠、风沙、干旱等正熵流的产生,不断增加系统的负熵流来维持系统的有序性和稳定性,使生态农业在荒漠化的防治中发挥其重要的作用(廖咏梅和王琼,2006)。

3)工程措施

(1)坡面治理措施。为增强地表拦蓄,分散地表径流,治理坡面应本着减小坡度,截短坡长的原则,把 25°以下的斜坡农田改为林地、草地或水平梯田;25°以上的坡地造林、种草。治理沟谷应分段减比降、固定沟床、减缓下切、稳定沟坡、淤地打坝。贫困地区实行以工代赈的"坡改梯"工程，在一般治理荒漠化的基础上，由国家划拨以工代赈专款，加快坡改梯的进度。大江大河流域的上、中游搞好水土保持，减少入河泥沙，保障下游河道安全。对因生态环境恶化，造成河流干涸的河段，在种树、种草改造地区生态环境的同时，可引进外地河水注入干涸河流，加快改变该地区的生态环境。上、中游地区进行生态改善的付出，部分应由下游地区予以补偿，健全流域经济支持系统。

（2）防风固沙措施。在干旱风蚀荒漠严重地区，要种树、种草，实行乔、灌、草相结合的生物工程防风固沙，还可设防风沙障固定流沙。例如，宁夏中卫沙坡头采用草方格治沙。一方面可以增加地表粗糙度，削减风力；另一方面能截留水分，提高沙层含水量，有利于固沙植物的存活。有条件的地方还可引水、拉沙实行造田种草，将工程措施与生物措施结合。在风化花岗岩地区和石灰岩地区，实行崩岩治理。所有矿山企业在开采过程中，新造成的土地破坏要采取复垦再利用的措施，基本控制新的土地破坏，对矿山产生的废弃物进行填埋、复垦等活化处理（张民侠，2009）。

（3）旱区径流利用措施。发展旱区径流充分利用当地稀少降雨资源，结合保水节灌、农林植保等综合技术植种林灌草来防沙治沙、恢复生态将是今后生态脆弱地区进行生态建设的主要发展趋势。这种技术不仅可以解决林灌草因干旱缺水而枯死的问题，而且还有效地防止了径流冲刷坡面的侵蚀，既有利于水土流失治理，又促进了水土保持的建设。

目前，我国利用雨水集流造林技术的研究逐步成熟，但利用雨水集流技术在生态环境建设方面的研究还不系统，还没有形成一个完整的技术体系。在以往的径流研究和应用中，农业方面集水面的处理方式有夯实整平、水泥、沥青等，也有的采用局部覆膜，覆膜可以减少蒸发、改善土壤状况等，同时也可以达到小量汇流的目的；在林业方面，集水面的处理多采用化学剂喷涂地面防渗以增加地表径流，但是集水效率低，成本较高，又不能达到防沙治沙的目的，同时减少蒸发作用也没有覆膜显著。应用全面覆膜产流、保水节灌以及农林植保等综合技术进行大规模的防沙治沙、生态建设工程在国内外还不多见。

这种覆盖产流营建植被治沙技术还需要进行以下研究：①高效集水相关技术的研究。包括集水区的形状、面积、土壤质地、坡度及降雨特性与集水效率等关系的研究，使有限的降水在空间上叠加，尽可能多地富集于蓄水区（林灌草栽植带），成为可利用的水资源。②保水剂在集雨径流生态建设中的应用效果研究。③集雨径流林灌草种植带内土壤水分运动状况的研究。包括土壤水分入渗、运移和分布的研究。④雨水集流与退耕还林还草生态环境建设相结合的优化模式的研究。包括荒山坡地集雨系统的水分循环、营养循环特征的研究，以及对整个流域可再生水资源和生物多样性的影响的研究和局部地区集雨对大区域水环境和生态环境可持续性发展的影响的研究。⑤耐旱节水林灌草种的研究（段树萍和斯庆高娃，2008）。

7.4　水资源利用生态安全保障措施

西北地区气候干旱，降水稀少，水资源时空分布不均，开发利用难度大，水利建设滞后。西北地区水资源与生态环境问题多样且严重，主要表现在：水资源贫乏，时空分布不均；用水效率低与过度利用并存；河湖萎缩；水土流失严重；土地荒漠化加剧；草地退化严重；水污染日益突出等。从某种意义上说，恶劣的水资源条件是西部地区生态环境脆弱、经济文化落后、贫困人口集中的重要原因。因此，水资源是西部地区最为重要的战略资源，同时也是西北地区生态系统恢复与建设的根本（闵庆文，2004；毛德华等，2004；贡力和靳春玲，2004）。

7.4.1　水资源利用生态安全保障的思路和基本原则

西北地区水资源安全已经成为西北地区社会经济可持续发展和生态环境建设的重要限制因素。解决西北干旱区水资源利用中的生态环境问题，水资源的可持续利用是关键。水资源的可持续发展利用要将地表水和地下水资源作为有机联系的整体，进行综合规划、合理开发；控制人口增长，以供定需；水资源的开发利用，既要技术上可行，又要经济上合理。采取水资源可持续利用的正确对策，加强科学管理。通过优化产业结构和种植结构，理顺水资源管理体制，科学合理地界定和明晰水权，提高用水效率和节水；提高防污治污及生态系统自我修复能力；提高水资源和水环境的承载能力，以水资源的可持续利用支撑和保障经济、社会的可持续发展。应按照"以水定地，以水定人口，以水定发展规模"的原则，进行水资源的合理配置；按照流域是一个完善的地表和地下水相互联系的生态系统的观点，统筹协调上、中、下游用水关系，农、林、牧、生态与工矿、城市用水关系，地表水与地下水联合开发的关系，以实现水资源的可持续高效利用。而以流域为单元，切实加强流域水资源保护和管理并进行合理地开发利用，实现干旱区流域内水土资源的综合平衡，是恢复与重建受损生态系统的关键所在。水资源是西北干旱区保证整个流域生态–经济系统和人地关系地域系统稳定持续发展的决定因素。西北干旱区生态恢复与重建解决的首要问题应该是流域水资源保护和管理，以实现水资源对整个流域生态经济系统的持续供应（闵庆文，2004；毛德华等，2004）。

西北地区水资源利用生态安全保障应注意以下几个方面。

（1）普及水资源安全忧患意识，增强节水观念。

西北地区缺水是事实，但西北地区的水资源浪费也是十分严重的，一个很重要的原因就是还没有充分意识到水资源安全的严峻程度。要全方位节约用水。不仅要发展节水型农业，而且要发展节水型工业，建立节水型城市、节水型社会。为此必须采取综合措施，应用经济、技术、法律和行政等手段，单靠某一项措施是难以奏效的。要加大宣传力度，转变思想认识，增强全民节水意识。强化节水法制，加大执法力度，从法制上对保护和节约水资源予以保障。

（2）引入生态系统管理思想，加强水资源的统一管理与合理利用。

要合理开发西北水资源，必须改变一些传统的思路和做法，引入流域生态系统管理的思想与方法，协调流域水资源管理和行政区水资源管理的关系，强化流域水资源统一管理，进行水资源总量控制。同时，随着市场化的推进，水资源税和水价对资源合理配置的作用日益明显，应当注意水资源利用与保护中的一些政策性问题，特别是水价问题、水生态服务功能评价与价值核算问题以及水权交易与水生态保护的补偿问题等。在上游注重发展节水型的经济和节水型产业（特别是节水农业），为生态系统的健康维持和中下游地区的发展留出足够的水资源；通过有关补偿机制的建立，由下游受益地区为中上游提供一定的经济补偿，促进上中下游的协调发展。

（3）保证生态用水，并根据区域水资源承载力进行生态环境建设。

加强生态环境建设是实施西部大开发战略的基础，也是实现西北社会经济可持续发展的关键。但是，生态建设离不开水资源。因此，在水资源的分配上不仅要考虑生活用水和生产用水，还要考虑生态用水，不能因过分追求短期的经济效益而忽视长期的生态系统健康的维持。同时，在西部地区的生态环境建设中，特别要重视退耕还林还草和水土保持工作，要密切结合当地的水资源承载力水平，原则上不宜依靠人工供水来维持植被的生长。植被的恢复应因地制宜，具体就是"宜林则林，宜灌则灌，宜草则草"，避免因盲目的生态建设，造成新的水资源浪费，这在目前是一个非常重要而值得关注的问题。

（4）协调经济发展与生态保护。

在保证一定的生态面积和最低生态需水量和土地适宜性的前提下，还应充分重视资源优化配置后的经济效益。可持续发展的落脚点是发展，没有发展的可持续，对人类而言是没有意义的。我国实行西部大开发战略并不仅仅是为了西北生态系统的恢复与重建，更重要的是要通过加速西北地区的经济发展，改变西北地区落后面貌，缓解东西部梯度差异，促进西北地区社会稳定、民族团结，保障国家边疆安全。而且，只有稳定的经济增长，良好的经济效益，才能促使西北地区人民有热情，搞好生态环境建设（闵庆文，2004；耿艳辉和闵庆文，2004；余涛，2007）。

7.4.2　水资源利用生态安全保障的具体措施

1. 节水措施

1）发展节水农业

发展节水农业是世界各国在用水量重新分配上的一个必然趋势。

第一，发展农业节水灌溉。节水灌溉是节水农业的一个重要组成部分。节水灌溉的目标不仅仅是为了节水，更重要的是为了增产。一是主要通过灌区渠系配套，渠道衬砌防渗及推行低压管道输水等技术措施来解决渠系输水损失问题；二是积极推行节水型灌水技术，如喷灌、微灌、渗灌等；三是提高节水灌溉管理水平。发展节水农业还必须从农作物本身，即通过掌握作物生长发育规律去挖掘节水潜力，最大限度地提高水的有效利用率和水的生产率，使农作物获得高产。

第二，利用农田覆盖减少土壤蒸发与作物蒸腾。目前比较成熟的技术是采取地膜覆盖和秸秆覆盖。实践表明，地膜覆盖不仅增温、提墒，而且可以促进种子萌发，促进作物早出苗，出壮苗；但存在"白色污染"问题，除小面积高值的经济作物，不宜大面积应用。而秸秆覆盖是一种资源丰富、效益明显、无污染、发展前景广阔的节水技术。

第三，调整种植结构，发展抗旱高效利用水分的农作物，培育节水高产品种。根据西北地区区域种植的实际情况，调整优化种植结构，对提高农田整体水分利用效率是非常有利的。水分利用效率高的农作物和节水高产品种的培育是提高作物产量的重要途径。培育抗旱增产的农作物和抗旱增产品种是现代作物育种的一个新方向，也是提高农业用水效率必不可缺的举措。

第四，培肥土壤，以肥调水。西北旱区土地瘠薄，产出率低，多以广种薄收、粗放经营为主。水分胁迫固然是旱地农业生产的主要障碍，但尚未成为大部分旱地农业生产的首要制约因子。培肥土壤、以肥调水也是提高旱地水分利用率的有效措施。陕西渭北旱原通过大力推广"以磷促根吊水"技术，年增产粮食 4 亿 kg，成为仅次于关中的第二大粮仓。

第五，推广应用抗旱剂、保水剂。节水农业的发展和效益的提高最终依靠科学技术，特别是高新技术。它代表节水农业的发展方向。抗旱剂、保水剂在旱区的应用表现出显著的抗旱增产效应。以黄腐酸为主要原料，并配以植物所需的 30 多种元素生产出的旱地龙，已经在全国推广了 67 万 hm^2，使作物增产达 10%～15%，节水 20%～30%，投入产出比为 1：15，经济作物则达 1：20 以上。保水剂是一种高吸水树脂（简称 SAP），能够吸收自身质量几百至几千倍的纯水，在干旱少雨时可将保蓄的水分缓慢释放，供植物生长所需。

目前西北地区年农业用水总量达 808 亿 m^3，灌溉农田不足 1 亿亩，亩均用水约 800m^3。如果灌溉定额能降到 350 m^3/亩，则全区可节约用水 450 亿 m^3。

2）工业与城镇生活节水

工业节水。工业用水是城市用水的重要组成部分，一般占城市用水的 80%左右，用水量大而集中，应以技术进步型和结构调整型节水为主。一是通过循环回用，重复利用，串联使用，一水多用等手段，提高工业用水的重复利用率。二是加大生产设备更新力度改造工艺流程，降低工业用水定额，利用高新技术改造传统生产工艺和节水方式，推广闭路循环用水和清洁生产方式，尤其是对重污染型行业和"五小企业"的改造；三是加快城市污水处理回用，发展低耗水、高附加值的高新技术产业，促进工业用水量逐步趋于零增长或负增长。

城镇生活节水。相对工业用水、城镇生活用水的节水难度较大，硬件方面应以推广节水型卫生设备和节水器具为主，提倡使用节水材料和节水工艺，降低城镇管网漏失率。针对其他用水，按照优水优用、劣水差用的原则，推行一水多用和分质供水系统，如在新建一些建筑群、大宾馆、大型公共建筑和城市居住小区时将中水回用系统和主体工程同步建成使用，处理回用的部分生活污水用于冲厕、园林绿化等，以提高生活用水的重复利用率。软件方面应该建立健全完善的节水管理机构，制定节水政策，实行计划供水，取消用水包费制，采取水表入户，计收水费、用水增容费、排水费和奖罚制度。同时，还应积极推行村镇集中供水和农村生活节水。针对村镇居民用水分散、农产品加工工艺简单、村镇供水设施简陋、饮水安全保障程度低、用水效率低等特点，积极推行村镇集中供水，保障饮水安全，推广家用水表和节水器具。结合新农村建设，推进农村生活垃圾及污水处理，加强农村水环境保护（任倩，2007）。

城市绿化方面，西北干旱区城市可以推广干旱化景色工程，即在城市或城郊引进一片迷人的、土生土长的耐旱植物、灌木和地面覆盖品种，以取代耗水多的绿色草坪。美国加利福尼亚诺瓦托的一个研究发现，干旱化景色比草坪减少用水 54%，化肥 61%，除草剂 22%；且从生态效益上看，树优于草，$1hm^2$ 树木每天吸收的二氧化碳和释放的氧气分别是同样面积草坪的 218 倍和 311 倍，$1hm^2$ 树木每年的吸尘量为 67t，而同样面积的草坪仅为其 1/3。所以，城市绿化植树优于种草。借此经验，种植一些适宜生长的耐旱灌木，取代广阔的草坪，可以节约用水和各种费用（杨庶和王江涛，2008）。

3）坚持水费改革，实现合理用水

目前供水水价普遍较低，低水价是造成水浪费的主要原因。为此，应充分体现水价的杠杆作用。积极稳定地推进水价改革。要全方位节约用水，必须采取综合措施，应用经济、技术、法律和行政等手段，单靠某一项措施是难以奏效的。首先，要加大宣传力度，转变思想认识，增强全民节水意识。一要认识到我们的发展离不开水，而水资源又是有限的；二是真正行动起来，保护水资源和节约用水。让珍惜水、节约水成为每个公民的自觉行为。其次，要充分发挥市场经济的调控作用，尽快实现工业用水和生活用水的市场化；农业用水在推广节水措施的同时，逐步使水价改革到位，尽快改变喝"大锅水"的局面。充分利用经济杠杆作为调节供求的重要手段，提高用水效率。进行水价制度改革，按水的用途实现分类定价的原则，使水价符合市场经济规律。采用能够鼓励节约用水的价格政策，实行水费差价制度，如浮动制水价、高峰用水水价、季节水价等水价制度。推行抑制性措施（高价、罚款），如农业水价，核定不同地区，不同作物的灌溉定额。定额以下水量实行低价或成本价；超过定额水量实行递增水价标准，浪费部分要征收惩罚性水费，使用水户能够真正重视节约用水（贡力和靳春玲，2004；余涛，2007）。

城镇生活、工业供水应实行总量控制、定额管理、超额加价的分段水价政策。农村供水考虑现阶段实际情况，应力争按成本收费，努力做到供水工程良性运行，有条件的可试点推行按用水紧张程度区别的季节性"峰谷水价"政策。对于提取地下水工程，可考虑调整机井用电价格，实行分段累积加价的电价政策，以此经济杠杆控制地下水过度开采。在水价制定过程中要考虑用水户的承受能力，保障他们起码的生存用水和基本的发展水，对于特殊地区、行业和用水人员要进行适时适地的政府补贴；而对于不合理用水部分，则通过提升水价，利用水价经济杠杆实施控制，消除不合理用水，实现水资源高效利用（任倩，2007）。

2. 水资源开发利用措施

1）雨水资源开发利用

西北地区水资源缺乏，但分布范围广的雨水资源可以利用。西北地区降雨多集中在 6～9 月，且多以大雨或暴雨形式出现，降雨历时短、强度大，水分入渗慢而产生径流，造成降水资源浪费。黄土高原平均降水 443mm，虽然雨量偏少，但折合雨水总量为 2757 亿 m³，是当地地表和地下水总量的 9.2 倍。西北地区大力发展雨水收集和集水农业是非常必要的，降水成为西北地区经济可用的重要资源之一。

可以因地制宜发展小型水利水保工程，见水就堵，见沟就闸，修谷坊，建塘坝，打水库，提高拦土蓄水能力，解决山岭旱薄地种植果树、粮食和庭院经济用水问题。甘肃省榆中北山地区，开展的"121"雨水集流工程，使 25 万户居民靠 1 户修建 2 个水窖和 1 个 100 m² 的不渗水面收集雨水，已成功地解决了农村饮水困难，同时还发展了众多的庭院经济，改变了贫困面貌。只要联合攻关，突破关键技术，即可把雨水集流工程发展到大田，与兴修水平梯田、水土保持工作相结合，既解决了春旱缺水，提高旱作农业的产量，又有利于水土流失的治理。黄河水利委员会天水、绥德水保试验站进行了雨水资源高效利用方面的研究，从就地拦蓄入渗、覆盖抑制蒸发和富集叠加利用 3 个方面入手，对雨水资源进行高效利用，初步形成如下模式：将林地修成回字型集水面，采用地膜覆盖、秸秆覆盖和绿色覆盖三种形式抑制地表水分蒸发，配合使用保水剂、抑制蒸发剂等，比较好地提高了雨水资源的利用率。加强降水资源的开发利用，可以在一定程度上缓解用水压力（杨庶和王江涛，2008；朱显鸽和郭旭新，2005）。

2）地下水资源开发利用

加大地下水资源勘查力度。查清区域水资源的数量和质量是科学规划和合理开发利用水资源的基础。近十多年来，地下水资源开采深度和强度不断增加，随着自然条件变化和人类活动影响，水资源量和水环境也发生了较大变化，重新评价地下水资源十分必要。根据 2008 年水利部的有关信息，西北地区地下水资源年总量为 1125 亿 m³，年可开采量为 430 亿 m³，目前的实际开采量为 123 亿 m³，只占可开采量的 1/4 左右。西北干旱半干旱区地下水资源开发利用有广阔的前景。近年来的地下水资源勘察也获得了重要突破。例如，近年来在被称为"死亡之海"的塔克拉玛干沙漠腹地 420m 以下深处，找到了单井涌水量 1300m³/d、矿化度较低的地下水。在被称为"生命禁区"的罗布泊阿奇克地区找到涌水量近 500m³/d 的地下淡水。在腾格里沙漠东侧，地下水位小于 3～5m，含水层厚度为 60～70m，单井涌水量可达 1000m³/d（杨庶和王江涛，2008；陈德华等，2009）。

在积极开展地下水资源勘察工作、扩充地下水资源总量的同时，进行地下水资源的合理利用与配置。西北地区地下水开发利用的总的方针应是：一方面对于地下水严重超采的地区，主要是各省（区）首府和河西走廊东部地区，要严格控制地下水开采量，因地制宜地推广地下水人工回灌技术，建立人工地下水库，增强地下水的调蓄能力；另一方面，在地下水比较丰富的昆仑山、天山、阿尔泰山、祁连山的山前地区和部分内陆河流域等地合理开发利用地下水，可以有效地缓解西北部分地区水资源紧张局面。

充分利用地下水库调蓄水资源。西北干旱区降水量较少，但多暴雨洪水；同时区内已修建或正在建设的许多大中型跨流域调水工程多缺少配套调蓄水库，限制了调水工程效益的发挥；特殊的区域地质环境，西北地区中新生代规模不等的断陷盆地和冲洪积平原，砂砾石等含水层极为发育。①地下调蓄水库。西北地区分布有大范围的冲洪积平原，其含水层厚度多在数十米至数百米，以砂砾卵石、砂砾石或砂碎石为主，具很强的调蓄能力，大中型河流单个流域的总库容多在上百亿立方米以上，多年地下水位下降腾出的库容达 10 亿 m^3 以上。主要的工程手段是大规模垂直开采和垂直补给，通过加大开采强度，加快地下水的垂直与水平交替强度。例如，新疆的广大平原，关键是如何实现地表水对地下水的快速补给，同时进行地表水与地下水的联合调度。甘肃的河西走廊、陕西的关中平原，关键也是如何实现地表水对地下水的快速补给，同时进行地表水与地下水的联合调度。②河谷型地下水库。西北地区分布有众多的河流，这些河流形成了较宽阔的河谷盆地，在构造作用下还形成了宽阔的山间盆地，如甘肃的秦王川盆地、定西内官盆地、陇西渭河河谷盆地等，其含水层厚度多在数十米至数百米，以砂砾卵石、砂砾石或砂碎石为主，亦具有巨大的储水空间，可修建地下水库，但需要修建地下拦水坝。主要的工程手段是修建地下帷幕工程，使之形成地下水库，关键也是如何实现地表水对地下水的快速补给，同时进行地表水与地下水的联合调度。充分利用山间盆地和戈壁带山前构造洼地粗颗粒大厚度含水层的天然地下水库调节功能，与山区地表水库和跨流域调水工程相结合，完全可以实现水资源多年调节和季节调节的目的，为城市、重要工矿企业提供稳定的供水水源（李亚民等，2009；王志强等，2008）。

合理开发中游地下水浅埋区的地下水资源。中游地下水浅埋区地下水的补给条件和开发利用条件都比较好，充分发掘地下水的潜力，是增加水资源可利用量的重要手段。垂向上深浅结合，平面上较均匀布局，合理开发地下水，一是可以有效控制地下水位，减少地下水无效蒸发和地表积盐，防止土壤盐渍化；二是替代平原水库解决春旱问题，减少地表水的无效蒸发；三是地下水位埋深增大后，灌溉水入渗补给地下水后，可以有效地储存起来，实现水资源的循环利用。通过开发利用地下水，可减少中游地区的地表水引用量，增加向下游的输水量。需要注意的问题是，处理好地下水开发与天然绿洲、湿地和重要景观（如名泉、坎儿井等）保护的关系。

严格限制开发下游地区深层承压水。多个内流盆地地下水流系统的研究结果表明，流域下游深层承压水（埋深一般大于 100 m）的（^{14}C）年龄一般在 1 万～3 万年，有的甚至大于 3 万年。也就是说，流域下游深层承压水是地质历史时期补给形成的，虽然处在缓慢的运动之中，但循环交替速度十分缓慢，再生性很差。在深层承压淡水开采过程中，上下层劣质水（咸水）的越流补给速度远大于侧向径流补给速度。因此，应十分珍惜和保护深层承压水资源，严格开发管理，主要作为饮用水和特殊用途用水的水源，禁止用于大规模农业灌溉（李亚民 等，2009）。

3）废水资源开发利用

西北内陆干旱区废水资源化在生态环境建设中会起到非常有效的作用，同时也会表现出良好的经济效益和社会效益。主要效益表现在：

首先，缓解生态用水不足的矛盾，增加了干旱区水资源总量。在西北干旱地区，由于水资源总量小，其时空分布差异较大，使水资源显得更为短缺。特别是用于生态修复与建设的水源极为不足。废水再利用可以获得使区域水资源总量放大的环境效应。根据鞠荣华描述的西北地区用水量的资料推算，西北地区全年用水量为 858.4×10^8m^3（1998年，其中工业和生活用水为 89.0×10^8m^3，农业用水为 769.5×10^8m^3），那么西北地区每

年产生约 $23×10^8m^3$ 的工业和城市生活废水，以及约 $190×10^8m^3$ 的农业退水，这部分废水可以解决 20%～25% 的用水问题。因为废水经处理后得到的中水，还可用于种草种树，防治沙漠化、荒漠化，治理土地退化和农田灌溉、养殖等，进行区域生态环境建设，就做到了水资源的重复利用，实现了水资源总量放大的效应。

其次，减少污染，改善环境质量。污水处理不能做到消除污水的全部污染物，以有机污染物为例，一般的去除率为 80%～95%。污水经再生后进行农灌，可做到污水向水体的零排放，最终利用土壤的自净能力，彻底消除污染。如果把废水合理地利用到生态建设中去，则可以减少城市里直接使用污水浇灌草地或行道树等造成的空气污染和对人体健康的威胁；同时农业退水用于生态改为生态建设用水而不直接排入河流，避免对河流水质污染，同时也降低污水直接下渗对地下水产生的危害，保证地表和地下水资源的安全（王文瑞和南忠仁，2004）。

最后，废水资源化可获得伴生效益，如回收沼气可用于发电。从污水和沉淀物中提炼有用物质，如从钢厂废水中回收铁粉，从造纸厂废水中回收纸浆、滑石粉等有用物料，从焦化厂废水中回收精酚等。从而节省水资源，减少农业新鲜水的用量，降低污水处理费用。经测算，若污水处理的目的是为农林业提供再生水，污水处理设施的投资可比直接排向水体节省约一半，运管费用节省约 40%，易被西北贫困地区的财力所接受（张文莉和魏东洋，2005）。

3. 水资源管理与调配措施

1）水资源管理

长期以来，西北地区对水资源实行统一管理和分级、分部门管理的体制。多头治水导致在水资源管理实践中权力分散，行政分割严重、部门关系交错复杂，使得水资源管理效率低下、水资源配置不合理。在流域为单元的水量和水质统一管理原则下，实行流域与区域相结合的分级负责管理体制。西北内陆河流域水资源的可持续利用迫切需要加强以流域为基础的水资源统一管理、规划、调度，统一发放取水许可证、征收水资源费，统一管理水量和水质，严格履行取水许可、计划用水申报、审批、年审、监管等制度。本着全面规划、合理布局、短长期效益兼顾原则，正确处理经济社会发展用水与生态环境用水之间的矛盾，加强水资源的统一管理调度，建立水资源有偿使用和补偿机制，增强流域水资源的优化配置和可持续利用，为流域经济社会发展提供有效保障（张军驰和张祖庆，2008；王世金等，2008）。

进行水资源管理制度的创新，推行水权制度和水价制度的改革。首先，应在认真总结我国已建立的实施初始水权分配和水市场试点（如甘肃省张掖市试点）已取得的经验的基础上，借鉴国外初始水权分配和水市场建设的成功经验，大胆探索在社会主义市场经济条件下，如何建立具有中国特色的水权管理制度框架，这一框架具体包括水分配利益调节机制及以初始水权分配和转让为核心内容的水市场机制。其次，应多方面入手完善水价管理制度。一是应分步调高水价，逐步建立起一个比较科学、合理的水价管理体系，充分发挥价格这一经济杠杆的市场调节作用。二是建立不同主体的利益补偿机制。

利益补偿可通过政府财政转移支付、水市场收入、国家对水利设施的投资及其他专项补贴等多种途径来实现。除了建立良好的市场补偿制度外，还应建立政府补偿制度，主要目的在于对经济欠发达的贫困地区的利益受损群体进行适度补偿。三是建立有效的水价听证会制度。充分发扬民主，建立有效的水价听证制度，广泛听取公众、不同用水户的意见，充分发挥公众、用水户在水价决策管理中的作用，切实维护流域所有用水户的正当权益（李锋瑞，2008）。

2）水资源调配

西北地区的水资源总量不足，且空间分布极不均匀，跨流域跨地域调水显得越来越必要。在适当的时候启动南水北调西线工程及其他一些跨区域调水工程，不仅可以增加供水量和提高供水保证率，大大缓解西北地区的缺水问题，而且可以改善生态环境，提高水资源的可再生维持能力。西北地区地表水与地下水关系密切，区域水资源合理配置既要考虑流域上、下游水量供需平衡，也要重视防止生态环境恶化（王恩鹏，2006；杨庶和王江涛，2008）。

南水北调西线工程从水量相对丰沛的长江上游自流引水到黄河上游，规划从雅砻江、大渡河 5 条支流调水 40 亿 m^3 方案为第一期工程，从雅砻江干流调水 50 亿 m^3 方案为第二期工程，从金沙江调水 80 亿 m^3 方案为第三期工程。三期工程总调水量为 170 亿 m^3。西线工程调水进入黄河源头，作用范围大，可达黄河上中下游广大地区。利用黄河干流已建和规划建设的控制性水库进行调节，可较好地协调来水与用水关系（余涛，2007）。

实施流域水库优化调度与跨流域调水可以调剂相邻河系和水库间的丰枯差异及流域内水资源供需余缺，提高水库之间的供水能力和保证程度。以石羊河流域为例，从长远看，流域有限的水资源无法从根本上满足未来经济社会的发展和生态环境建设对水资源的需求。实施跨流域调水工程是解决石羊河流域水资源短缺的重要途径，也是石羊河流域经济社会可持续发展的战略保障。在做好石羊河流域水库间优化调度的前提下，应结合流域实际和调水的可行性情况，实施跨流域调水工程建设，以增加用水供给量。近期已经实施调水的工程有：景电二期工程延伸向民勤调水工程和"引硫济金"工程。景电二期工程向民勤调水工程是利用景电二期工程空闲时间抽水输入民勤红崖山水库，以解决民勤县水资源短缺的供水工程。"引硫济金"工程是从青海省境内硫磺沟引水至石羊河流域的西大河，经已建成的西大河水库和金川峡水库调节后向金昌镍基地供水。未来应尽快开工兴建"引大济西"二期工程，积极开展结合"引黄济民"与延长"引大入秦"干渠向民勤调水等工程应及早进行前期工作，充分比较论证（王世金等，2008）。

4. 流域生态安全保障措施

要深刻认识到保护生态环境与持续发展水资源密切相关。水土保持和植被建设用水是水资源利用的组成部分，不仅能减少下游径流量，而且可减少下游冲沙水量；水土保持和植被建设，能涵养水源，削减小流域洪峰，增加枯水期地下水补给径流，还能减少泥沙入河，对水资源的持续发展是十分有利的。在保证环境用水的前提下，开发利用水资源以改善生态环境（李元寿等，2006）。

1）保证生态环境需水量

为了保证西北地区生态系统健康，应结合正在进行的"退耕、还林、还草"工程，进行生态功能区划，划出一定的生态面积。鉴于引起西北地区生态环境变化的关键因素是水，有水或无水是生态环境恶化与改善的症结所在，因此应充分考虑生态用水，保证最低生态需水量。在水资源配置时，应在计算出每条内陆河流的最低生态需水量及生态用地的生态需水量之后，再计算农业生产的可用水量。例如，对于塔里木河干流、玛纳斯河、艾比湖、黑河、石羊河 5 条流域的最低生态用水量，需要 $67\times10^8\sim70\times10^8\ m^3$；西北内陆干旱区的生态环境和社会经济系统的耗水应各占 50% 为宜（耿艳辉和闵庆文，2004）。

2）水源涵养功能区生态安全保障

山区是流域水资源系统的径流形成区，一旦山区森林遭到严重破坏而失去其应有的水源涵养、水土保持、调节气候等生态功能时，经济的发展和人们的生活就会因缺乏水源供给而受到严重的威胁。尤其是在西北干旱区，内陆河大都发源于祁连山、天山等高山地区，因此，应按照"退耕还林（草）、封山绿化、以粮代赈、个体承包"的山川秀美建设的十六字方针，贯彻落实中央关于"退耕、还林、还草"的决策，植树造林，"退耕、还林、还草"，加强山区森林保护，保证流域水源供给（杨庶和王江涛，2008）。如祁连山水源涵养功能区，可采取如下措施构建生态安全保障：①天然林保护。结合天然林保护工程，利用铁丝围栏等措施保护祁连山水源涵养林，按核心区、缓冲区及实验区的不同要求，确定相应的保护等级，采取不同的手段进行保护。②退耕还林（草）。对祁连山区坡度在 25°以上的坡耕地实施退耕还林、还草、还荒，有效减少上游地区的耕地；对东大河、西营河、杂木河、金塔河、黄羊河、古浪河等与民勤分水关系密切的 6 条支流上游作为退耕还林（草）的重点区域。③天然草场保护。对天然草场，特别是地处浅山草原及荒漠草原亚区的草地要进行围栏封育，减轻放牧强度，恢复天然草被；在皇城区、山丹军马场、黄羊河水库上游等适宜发展牧业的地区进行人工种草；同时，加强水利基础设施建设，提高水资源利用效率，减少用水量，保障出山径流的稳定。④人工造林。在祁连山区的宜林地或林中空地、林缘地，以及由于开矿、滑坡等人为和自然因素造成的水土流失区，结合天然林保护工程的要求进行人工造林，以增加植被覆盖，减轻水土流失，提高山区的水源涵养能力。⑤封山育林。对有条件的林地、草地及有可能成林的灌丛地进行封山育林（沈清林等，2005）。

3）走廊盆地绿洲生态经济功能区生态安全保障

①绿洲农业亚区：完善农田防护林体系，以维持中游绿洲的稳定；以"生态村"建设为依托，进行村级道路、四旁、沟渠绿化，改善人居环境，达到人与自然的和谐发展。通过灌区改造，发展节水农业。通过灌区配套及节水工程，调整农业内部产业结构、实施常规节水、推广高新节水技术等，减少用水总量，提高用水效率。有计划地减少地下

水的开采，逐步恢复地下水位；严格控制耕地面积，进行超定额耕地退耕还林；发展舍饲养殖，减少畜牧业对自然植被的压力；以工业化发展带动城镇化发展，以工业化带动农业、推动第三产业的发展，扩大经济总量，增加就业，实现劳动力的非农化转移。以国有林场为主体，保护天然植被和人工植被，特别是对大面积的防风固沙林和农田林网要进行重点保护，以永昌喇叭泉人工沙枣林为主，建立自然保护区。②绿洲城市（镇）亚区：以小城镇建设为骨架，按照"小康标准"的人工绿地面积，推动城镇绿化进程。按照治理"三废"的需要，在城市河湖滩地、公园、道路两旁及水分条件较好的地方营造片林和行道树，减少城市外围风沙对城市功能的干扰（沈清林等，2005）。

4）荒漠绿洲过渡带生态缓冲功能区生态安全保障

建立完善的农田林网防护体系：以"三北"防护林建设规划为依据，在绿洲外围1～2km 内重点建设防风固沙灌木林带；在水源有限的情况下，适宜发展以杨树、沙枣、柽柳、花棒、柠条为主的乔灌混交林，以灌木为主，形成骨干防护林带，维护下游绿洲的稳定。退耕还林还草：压缩耕地面积，调整产业结构，继续推行常规节水和高新技术节水，有计划地减少机井数量，逐步恢复地下水位（沈清林等，2005）。

5）沙漠戈壁生态功能区

封沙育林育草：在金川绿洲、昌宁绿洲、清河绿洲及民勤绿洲以北、芨芨泉—花儿园—青土湖以南的流动沙地、半固定沙地、固定沙地、戈壁和风蚀劣地上，凡植被综合盖度大于10%的地方，都应划为沙漠与绿洲的缓冲带或过渡带。这个区域是封滩育林育草的重点地带，由于降水量有限，必须在人工干预下（造林、补植、灌水、覆膜及其他工程措施）进行封育。防沙治沙：采取生物与工程措施相结合的方法，在缓冲带或过渡区的重点风沙口、居民点、交通要道、水利设施周围采取草方格、黏土沙障等进行工程治沙。荒漠景观的保护：在花儿园—青土湖—洪水河—马路滩以北，省界以南的史前地质时期形成的原生沙漠、戈壁景观，由于目前社会经济和技术水平的限制无法利用或治理，应划定相应的范围，进行景观保护。以金川区北部盐爪林、民勤南湖、古浪马路滩为基础，建立各种级别的自然保护区，保护荒漠植被（沈清林等，2005）。

6）流域生态安全检测与预警

生态安全信息是科学决策和管理的依据。建立完善的生态安全监测体系，快速、便捷地掌握其变化规律。同时建立生态安全预警机制，依据生态安全监测结果，及时对重大生态安全事件进行预警。这对于保障西北地区水资源利用生态安全，提高决策水平，对水资源生态环境问题进行有效治理具有十分重要的意义。①水资源生态安全监测系统建设：根据流域的特点，设立上游末端、中游末端和下游尾闾区监测点。应重点监测建设措施对生态与环境诸因子的影响及对流域水资源的作用。地理信息系统建设：建立生态监测信息服务汇总中心，分析处理从监测点收集的信息，并及时汇报，发布信息，作为制定政策和科学决策的依据。利用现代网络技术，建立生态与环境信息网络系统。培养信息管理人才，提高信息资源管理水平。当前，要重点建立水土资源开发利用信息系统、植被监测动态信息系统、农作物产量监测信息系统、自然灾害动态监测信息系统等（沈清林 等，2005）。②水资源生态安全预警机制。随着预警机制的出现，国内外出现了环境预警系统。建立水资源安全预警系统可以较好地保障国家安全和国家经济安全，更好地保证安全用水，有利于改变水资源不安全的现状，是保证水资源可持续利用的需要。西北地区应当在全国率先开展水环境安全预警系统的开发和研究，及时提供水污染事件的影响、不可预测的水量变化引起的水污染事件、未来可能出现的水污染事故，以及区域水资源使用对社会经济系统可持续发展要求造成的影响等（王世金等，2008）。

7.5　城市、森林及灾害生态安全保障措施

7.5.1　城市生态安全保障

西北地区地广人稀，资源环境承载力较弱。近年来，随着经济快速发展和人口增加，对脆弱的自然生态系统的压力越来越大，矛盾突出，产生了一系列生态环境问题，如资源过度开发、能耗不断增大、环境污染加剧、交通拥挤严重等，对经济和社会的持续、稳定发展构成了威胁，同时也成为制约城市发展的瓶颈因素（陶明娟，2006；马远和龚新蜀，2009）。

西北地区城市主要生态环境问题有：

（1）大气污染严重。西北地区是我国重要的能源及工业原材料基地，煤炭、钢铁、石油、天然气产量在全国占很大比重。它们在促进西北地区城市经济发展的同时，产生的煤烟、粉尘、各种氧化物等有害气体，也使城市空气变得污浊不堪，烟雾缭绕，总悬浮颗粒二氧化硫和氮氧化物等大气主要污染物指标，随燃煤量的增加而升高，严重危害人们的健康。据《1999 年中国环境状况公报》报告，在我国 47 个环保重点城市空气综合污染指数比较中，西北地区的乌鲁木齐、兰州、银川等城市的空气综合污染指数分别位于 2 位、4 位、8 位。

（2）水体污染，水资源匮乏。西北地区地下水和地面水径流量仅占全国水资源总量的 10.07%，是我国水资源极为匮乏的地区。随着城市工业的不断发展和人口的剧增，城市所排放的工业废水、生活污水等也逐年增多，污水排放造成城市水源的大量污染，直接危害人们健康。

（3）城市"垃圾"化。随着城市规模的不断扩大和城市化进程的加快，城市人口不断增多，城市生活垃圾产量也在迅速增加，许多城市形成了"垃圾围城"的严重局面。仅西安市的"城市垃圾"年产量就超过 90 万 t，并且随着城市建设的发展和人口的增加，以平均每年 5%的速度上涨。

（4）噪声污染严重。随着城市工业、交通、运输业等的飞速发展，城市噪声来源增多，噪声的危害是多方面的，它可以使人听力衰退，引起多种疾病，还影响人们的正常工作和学习，降低劳动生产率，特别强烈的噪声还能损坏建筑物，影响仪器设备的正常运行。

（5）光照环境差，现代城市的强光广告、玻璃幕墙等产生光污染，不仅损害人的生理功能，还会影响人的心理健康。据专家研究发现，光污染会使人正常的生物节律受到

破坏，产生头晕、呕吐、精神压抑、烦躁、身体乏力、视力下降甚至失明等症状，还可导致鸟类迷失方向，动植物死亡，城市生态环境遭到严重破坏（史素珍，2006；曹萍和朱志玲，2002）。

1. 西北地区城市生态安全保障的思路和基本原则

从战略需求角度分析，西北干旱区城市化过程不仅是提高资源优化配置程度、人口集聚程度的过程，也是有效提高干旱区人均收入、解决就业问题、调整结构和建设小康社会的过程。对于加快国民经济的生态化进程，实现"退耕还林还草"目标和"生态移民"等都具有很重要的现实意义（方创琳等，2004）。要解决城市生态环境问题，首先应处理好经济发展与生态保护的关系，既不能强调发展城市经济而放任生态环境恶化，也不能为追求高品质的城市生态环境而降低经济发展速度，两者应统筹规划（曹萍和朱志玲，2002）。

生态城市建设恰好适应了当前我国西北地区的迫切需要，为保障西北地区城市生态安全提供了一条现实可行的途径。它既是一种关于社会经济与资源环境协调发展的新理念，又是一种新型、具体的实践模式。生态城市是依托现有城市，根据生态学原理，并应用现代科学与技术等手段逐步创建的，在生态文明时代形成的一种经济高效、环境宜人、社会和谐的人类居住区。"自然融入城市，城市归于自然"是生态城市基本的自然观。"和谐、宜人的人居环境"是对生态城市的本质的概括。随着社会经济的不断发展，城市化和人类生活水平的不断提高，人们越来越需要一个良好的生存环境和发展空间，建设生态城市已经成为城市未来发展的必然趋势（曹萍和朱志玲，2002；方创琳 等，2004；薛翔燕，2007；李育冬和原新，2007）。

在西北地区进行生态城市建设保障城市生态安全，应遵循如下原则。

（1）可持续发展的原则。

根据西北地区城市的实际状况，转变传统的思维方式与资源型经济发展模式，遵循经济规律和自然规律，依靠科技创新，保证资源的永续利用，突出自然资源的合理开发利用和有效保护，增强生态环境对城市经济、社会可持续发展的保障作用，使城市稳定发展，实现社会经济的可持续发展。

（2）生态环境保护与生态环境建设并举的原则。

切实加强生态环境的保护，充分认识保护资源与环境就是保护生产力，把生态环境保护与生态环境建设，城乡建设、国民经济社会发展、基础设施建设有机地结合起来。在加大生态环境建设力度的同时，必须坚持保护优先、预防为主、防治结合，实行"边建设、边保护"，使生态环境建设发挥长期效益。

（3）突出城市特色与发挥资源、生态环境优势的原则。

立足于西北地区城市的地域特色，充分发挥生态资源优势和潜力，因地制宜地确定主导产业和优势产品，促进产业结构优化，产品结构升级。重点发展生态产业、绿色技术，把资源环境优势转变为现实生产力。

（4）因地制宜、统筹规划、突出重点、分步实施的原则。

生态城市建设要与西北地区生态建设规划相衔接，在生态环境现状调查的基础上，深入研究、科学规划。在保护、建设生态环境的前提下，注重发展生态经济。在不同的生态经济区，确定不同的发展模式，优先抓好核心产业和重点工程，分期推进，逐步实施，形成不同类型、不同特点的生态城市经济示范体系。

（5）经济效益、生态效益和社会效益协调统一的原则。

以经济建设为中心，强化生态建设，不断提高人民生活水平，全面改善人居条件，促进精神文明和物质文明建设共同发展，在保持经济持续稳定增长的同时，取得良好的生态和社会效益（谢天成和谢正观，2006）。

2. 西北地区城市生态安全保障的具体措施

1）优化产业结构，发展循环经济

不断调整和优化产业结构。在大力发展城镇化的同时，必须改善对资源和环境的粗放态度，走集约式城镇化发展道路，减少对资源的浪费，提高利用效率，从源头减少和控制环境污染问题。适时适度地推进工业高新技术化，现有工业向深加工和精加工方向发展，开发高新技术产业，发展新技术、新工艺，使生产前节约原材料，生产中提高资源的利用效率，使产生的废气、废液、废渣成为下一道工序的原料，构建相对闭合的循环生产过程，生产后减少污染物的排放量。这样可以减少环境污染，降低企业的生产成本，消除企业治理污染的高成本障碍，提高企业的市场竞争力。另外，要不失时机地推进经济结构调整，高度重视第三产业升级扩张，大力发展金融、商贸、旅游、教育、会展等低能耗、无污染、人性化、知识化的都市产业、文化产业和现代服务业（马远和龚新蜀，2009；薛翔燕，2007）。

推行以循环经济为核心的经济运行模式。发展循环经济为生态城市建设找到了有效的实现形式和途径。可持续发展是循环经济的最终目的，而循环经济则是可持续发展的重要实现途径。坚持资源"减量、再生、循环"的原则，加快发展循环经济，推广节能新技术、新工艺、新产品和新设备，重点发展水和空气污染防治、废弃物处理及储存、环保监测仪器仪表制造等技术和装备，发展清洁能源和可再生能源。从产品设计、生产加工、能源利用、污染物处理等各方面全面实现清洁生产，把推行清洁生产同技术进步、资源综合利用及加强企业管理结合起来，实现从以末端治理为主向以源头治理为主转变。积极推广生态工业，实施"环境友好企业"计划，逐步走上清洁生产、绿色消费之路。大力发展生态农业和农业循环经济，走基地化、园区化、设施化的道路，加强河流、水域、道路、农田林网等农业生态环境综合治理和建设。禁止施用有残留和残毒的农药化肥，提倡施用有机肥、农家肥，积极推广生物防治农作物病虫害技术（李育冬和原新，2007；张玉和李灵，2007；韩志文和白永平，2009；李蓓蓓，2006）。

2）科学合理的城市规划布局

城市规划是城市建设的重中之重。规划合理，对于城市生态安全保障可起到事半功倍的作用。从统筹城乡发展、保护耕地和自然生态环境及历史文化遗址的角度出发，按照一城多心的发展模式，合理调整城市空间布局，形成以城乡人口聚居区为结点，以生态林草绿地廊道、斑块为连接的网络系统。疏解老城区的部分功能，外围区县按各自生态条件、产业特色分担市区部分城市功能，与中心市区构成生态、产业密不可分的网络系统。对于工业发展规划，应按照城市各个不同区域功能要求进行，制定相应的环境质量标准。对新建的工业企业，则要求集中于工业园区，对其所排放的污染物尽可能做到集中处理；对建于市区的工业企业，则要求搬迁至工业园，远离商业区和居民区，减少污染危害。同时在城市上风向、水源地、旅游风景区和环境脆弱地带，严禁兴建工业项目，从源头上控制污染。在制定城市规划的同时，也制定区域和流域的开发规划，按照环境容量和资源承载力的要求，优化产业结构，合理布局工业企业（李育冬和原新，2007；李蓓蓓，2006）。

3）城市环境污染治理

城市发展过程中要抓好城市质量建设，加强城市环境污染治理力度。完善现有的生态环境保护制度，加强对城镇工业"三废"、生活污水等的治理。同时建立健全城市发展对生态环境影响的补偿机制，加大对资源环境保护性投入的同时，要对个人或集体保护生态环境的投入或放弃发展机会的损失进行经济补偿，将城镇化的外部效应内部化，实现两者和谐共处（马远和龚新蜀，2009）。

治理水体污染。对水体污染的治理，关键是加大投入，重视发展城市污水处理技术，增加污水处理量。建设城市污水处理厂，提高城市污水的处理能力，减少污水的直接排放。完成七里河等地的污水处理厂设施配套管网改造建设，减少 COD、氨氮和悬浮物的排放量，同时对零散排放的生活污水要进行集中净化处理，降低污水直接排入河造成的危害，加强排洪沟的清理整治。同时，按照国家政策对废水排放不达标的工厂严格实行停、并、转、迁，加大处罚力度。

治理大气污染。对大气污染进行科学治理，重点是控制大气污染物的排放和改善城市地面的空气流动。应限制工业废气的排放量，增加工业废气中有害物质的处理率；逐步改变原有的冬季供暖方式，大力提倡集中供暖，减少煤烟尘、二氧化硫和氮氧化物的排放。在工业结构已经形成并且还在继续发挥巨大作用的情况下，选择走循环经济的道路，将工业排放到大气的污染物进行二次利用，达到减少污染物排放量，改善城市环境质量的目的（曹萍和朱志玲，2002；薛翔燕，2007）。

建立以清洁能源为主体的城市能源体系。针对西北地区以煤为主的能源结构，生态城市建设应制定鼓励使用清洁能源的经济、技术政策，推广使用清洁能源，改变城市能源结构，提高城市天然气、煤气、液化气、电等清洁能源的使用比例。同时，加强西北地区太阳能、风能、沼气等优势可再生能源的利用。在当前，对重点城市区域要划定禁止使用高污染燃料的区域，推行气体燃料或电能；加强煤炭品质管理，鼓励和支持使用洁净煤（李育冬和原新，2007）。

此外，积极研究城市固体垃圾的无害化处理技术，逐步在城市居民中推广西方一些国家实施的垃圾分类制度，增加垃圾的回收处理率，减少废弃垃圾的总量（曹萍和朱志玲，2002）。

4）建设城市绿地系统

把城市绿化作为优先发展的战略，是建设和谐生态城市的关键。植被是城市自然生态系统的重要组成部分，它不仅能绿化环境，同时还具有防风、吸尘、杀菌、减污、降噪、净化空气、碳氧平衡等生态效应。在城市中尽可能地增加绿化面积，让森林来改善自然生态环境，减少城市污染。生态绿地建设不仅是对城市中原有的自然环境部分进行合理维护与提高，更是通过人工重建生态系统的系列措施和模拟自然环境设计手段，在城市这个人工环境中对自然环境的再创造。针对西北地区城市绿地覆盖率较低的缺陷，可大力开展植树造林活动，对城市边缘地带、道路、公园、校园、广场、居民区等地进行绿化。

以生态学原理和美学思想为宗旨，基于西北地区实际，按照适地适树，地域生态特色突出，宏观与微观统一，耗水少的原则，科学、合理地构建层次多元、结构复杂、生态多样、功能最优的城市人工生态系统，来改善我国生态脆弱地区的城市环境，减轻当地生态压力，从绿地规划设计、树种选择、群落构建、植物配置与造景等关键环节入手，坚持乔、灌、草相结合，构建复合型的立体生态绿地系统，达到城市生态的良性循环和城市可持续发展。

在绿化植物的选用和配置上应当坚持生态优先、适地适树、适花适草的原则，以利于丰富城市生态系统，提高生态效益。尤其是西北地区水资源严重短缺，在城市生态环境建设中，应大力提倡以生物措施为主，生物措施与多种措施并举，生态治理与资源保护并重。在实施生物措施中，应着重节水园林建设，坚持乔、灌、草相结合，构建复合型的立体生态绿地系统。

在城市绿地建设中既要充分展示城市形象，也要体现城市的历史文化内涵，让自然与人文相宜，传统与自然相兼。充分利用当地的植物资源，加强乡土树种的应用和开发，以反映西北地区城市的独特风貌，如古城西安的市花——石榴的应用，以及与其古老的城市历史相辉映的古槐、银杏等特色植物的应用；银川市反映其回乡风情特色的沙棘、枸杞、垂柳等的应用都是很好的例证。

西北地区由于自然条件和经济条件限制，植物物种的多样性与我国其他区域相比，丰富度较低，城市绿化树种单调，从而制约了西北城市的城市绿化工作的开展，不利于城市的生态环境建设。因此，西北地区要从政策上引导、鼓励、支持新品种的开发利用，加强当地野生观赏植物的开发利用，重视引种驯化适应能力强的观赏植物。园林绿化部门应组织技术力量，进行新品种的培育、引种、更新、繁殖、推广工作，丰富西北地区城市绿化树种资源（史素珍，2006；曹萍和朱志玲，2002；薛翔燕，2007；张玉和李灵，2007）。

此外，水能够美化环境，还能通过水分子的分解，产生负离子，从而增加空气中负离子的含量，为城市居民创造一个健康的生活环境。因此，应加强对西北地区城市人工湖泊、天然湿地、人工渠道的保护和开发，不仅能增加城市的游览地，同时又具有生态效益，并使其生态环境结构更加丰富、完善（曹萍和朱志玲，2002）。

5）提高公众对生态城市的认识

全民的环保意识是实施可持续发展战略的基本条件与实现城市生态化发展的关键。因此，要对市民进行环保意识教育，倡导生态价值观，培养市民的环保意识和生态伦理道德观。逐步把生态、环保纳入法制化轨道，促使人们在吃、穿、住、行、用、娱等方面形成环保的行为模式和消费方式。使市民爱护生态、保护环境的良好习惯蔚然成风，使他们重视城市环境质量的优劣与他们切身利益的关系，从而具有主动参与意识，使保护环境成为他们自觉的行为，从而促进生态城市建设的进程。这将是西北地区城市生态环境问题得到解决的根本保证，也能为发展循环经济、建立生态城市的顺利进行创造一个良好的环境。

积极倡导绿色生活和绿色消费方式。社会公众需要树立同环境相协调的价值观和消费观，自愿选择有利于环境的绿色生活方式和绿色消费方式，推动市场向循环经济方向转变。因此，倡导绿色的消费政策是构建循环经济、实现生态城市目标的重要环节。绿色消费有四层含义：第一，是倡导消费未被污染或者有助于公众健康的绿色产品；第二，是在消费过程中注重对垃圾的处置，不造成环境污染；第三，引导消费者转变消费观念，注重环保，改变公众对环境不宜的消费方式；第四，倡导消费者树立俭朴意识，不尚虚荣，自觉抵制一切讲排场、过度的生活消费，以节约资源，减少能耗，净化环境（薛翔燕，2007；张玉和李灵，2007）。

7.5.2　森林生态安全保障

森林是陆地生态系统的主体，它的价值不仅只在于其为人类提供木材或其他林副产品。作为地球上最大的初级生产者，具有时间、空间、种群等优势，保持着陆地生态系统中最强大的第一性生产力，森林为生态系统的循环提供了基础和原始动力；随着可持续发展理论在全社会范围内普遍被认可，森林生态系统在生态安全的保护过程中具有的根本性和不可替代性作用也被越来越多的人意识到它具有涵养和保护水源、防止水土流失、防止沙漠化、防止泥石流等自然灾害、调节自然气候、提供氧气、净化二氧化碳、减少噪声污染、保护生物生存和美化人类生活环境等生态功能，在保护国土资源安全、水资源安全、生命健康安全和生物物种安全等方面具有关键性的作用。如：①减轻水旱灾害，大雨降落时林冠层可截留 15%～40% 的降水，枯枝落叶层截留 5%～10% 的水量，而结构良好的森林土壤通过渗透作用使大量地表水转为地下水，最终减缓了地表径流的流速和减少了流量，减轻了土壤侵蚀，在汛期湖泊的入水得以缓和，同时森林蓄水又延长了降水的有效利用周期，调节了水量的时空平衡状况，雨季不致成水患，旱季不致成水荒。②减轻水土流失。降水时森林以树干茎流的形式将降雨集中到树干基部，并改变透冠水的雨滴大小、分布和相应的动能，从而改变林冠上方降雨的侵蚀能力，减轻了雨水对土壤的冲刷，枯枝落叶截留减缓了地表径流的冲力，地表径流的拦蓄又降低了泥沙含量，控制了泥沙下泄，森林强大的根系起到固土保土的作用，各地治理经验都证明植树造林才是治理水土流失的根本措施（康志雄，2009；段显明，2001；黄莉莉等，2009；

徐晓燕和赵文治，2006）。

在过去数十年中，西北地区的森林资源遭到了严重破坏。全国森林覆盖率为13%，而西北大多数地区的森林覆盖率还不及全国森林覆盖率的一半，如甘肃省为4.33%，宁夏为1.54%，新疆和青海分别为0.79%和0.35%。最新的调查结果显示，西北地区林地总面积和经济林面积有了一定幅度的增长，但同时生态功能较强的天然林和防护林的面积却有所减少。林地总面积的增加使森林覆盖率有所提高，但森林蓄积量却有所下降，这反映了森林资源呈现数量型增长与质量型下降并存的局面，森林生态系统趋于简单化。天然林下降，人工林增加，森林树种趋于单一化，加之林分结构不尽合理，因此，森林生态功能差，自我调节能力也严重下降。由于人为活动干扰频繁，目前，森林质量已明显下降，生态功能弱化。因此，加强森林资源培育，提高森林生态服务功能，增强森林生态系统防灾减灾能力，是维护生态安全体系的稳定，构筑生态屏障体系的必然要求（徐晓燕和赵文治，2006）。

1. 西北地区森林生态安全保障的思路和基本原则

生态安全保障体系建设的主体是以绿色植物为主导的生命保障系统。森林是其生态安全保障体系的主要物质载体。山地天然林、荒漠乔灌木林和平原人工林构成了西北地区山地生态系统、荒漠生态系统和平原人工绿洲生态系统生态安全保障体系的主要物质载体。因而以完备林业生态体系，包括山地天然林、荒漠乔灌木林和平原人工林为主导的生态安全保障体系建设，是西北地区整个生命保障系统生态安全保障体系建设的重点所在（任兰增，2003）。

建设以森林为主体的生态安全保障体系，其基本目标是通过植树造林实现大地的绿化，应注意：①"达到一定数量的森林覆盖率"只是建设绿色生态安全保障体系的基本目标。其根本目标在于优化森林资源的地域结构，提高生态系统的生态完整性和稳定性，增强和改善森林的环境服务功能，使其能够支撑和保障经济社会的可持续发展。②从森林担负的生态功能考虑，西北地区森林生态安全保障体系建设的根本目标和任务在于：将以森林为主体的山地生态系统，以荒漠乔灌木林为主体的绿洲外围荒漠生态系统和以人工林为骨髓的绿洲内部防护林体系三者有机统一起来"相得益彰"，从地域空间上形成稳定且具有强大生态服务功能的绿洲生态安全保障体系。③对以森林为主体的山地生态系统要以天然林资源保护工程为契机，在大力保护现存森林资源的同时，对已破坏了的地区进行恢复和重建。并在适宜森林生长的地区进一步扩大森林植被，把森林的主要目标放在提高森林生态系统的生态完整性和水源涵养功能上。④绿洲防御体系的营建要内外并重。外部要在保护绿洲外围现有荒漠植被的同时，对破坏区进行原生荒漠植被的恢复和重建，并把提高荒漠植物群落的稳定性放在经营管理的重要位置。内部要继续营造和改造现有防护林的结构。两者并重，在提高防护林的稳定性和物种多样性，改善其生态环境服务功能的前提下，把防护林的生态效益和经济价值在时空上的有机结合放在首要位置（任兰增，2003）。

2. 西北地区森林生态安全保障的具体措施

1）科学合理造林

抓住水源地带的生态林业建设，把防沙治沙作为生态环境建设的重点，确定合理的建设目标科学造林。以河西走廊地区为例：

（1）稳步发展水源林。祁连山水源涵养林是调蓄涵养水源的生态林，要坚持以管护为主，封山育林，因地制宜，积极造林，把不断扩大林草植被盖度，提高涵养水源能力作为生态安全目标，实行"五禁"措施，封育灌草植被，增加林草植被盖度，积极防治森林病虫害，逐步扩大水源涵养林的面积，保护生物的多样化，维护干旱地区山地森林生态系统功能，增强水源涵养能力。

（2）切实保护好防沙固沙林。北部风沙区是区域内土地沙漠化的强烈发展地段，直接危害干旱荒漠草场、绿洲工农业生产、生态环境，对整个走廊陆地生态系统构成严重威胁。治理土地沙漠化，除了依赖水资源的合理匹配之外，更重要的是要选择适合区域生态环境建设的抗性较强的林草品种，宜草则草，宜灌则灌，宜林则林。按林木生长的水分极限理论，科学筛选适合沙区生长的林草品种，结合沙区产业结构调整，把以增加沙区抗逆性强、效益好的林草植被恢复作为绿起来的生态建设目标，不断削弱高耗水阔叶乔木防风固沙林的比重，增加沙生灌木和耐旱饲草比重，集中连片，规模治理，结合造林种草，扩大封沙育林育草面积，把风沙线建成固沙防沙的生态防护屏障和区域生态环境的安全预警线。

（3）更新改造绿洲防护林。绿洲是河西走廊人口密度最大、工农业经济、商业、文化的集聚区，也是生态环境状况表现形式最易感染居住人群情绪的部位。在绿洲农区要建立健全农田防护林体系，加强林木病虫害防治；在城市绿洲上，要发展节水工业、清洁工业，积极推进小城镇建设，减轻农村土地压力；要采取有效措施，改善城市环境质量，提高城市绿化覆盖率，建立起城市相对独立、功能完备的绿洲生态防护体系。

2）发展抗旱造林技术

（1）树种的选择和处理

a. 树种的选择。在造林前要根据造林地的环境条件和造林目的选择好合适的树种，做到既"适地适树"，又满足培育目的。一般来说，选择树种的原则主要是：对于一般的水土保持林来说要求根系发达、树冠浓密、生长迅速、耐旱、耐瘠薄、能进行多种利用等，对水土保持用材林来说要求速生、丰产、品质优良；对薪炭林则要具备生长快、生物量高、萌蘖力强等特点。在土壤、环境、经济条件都具备时应尽量选择价值较高的树种。水分作为干旱地区的关键限制因素，在树种选择时应给予特别的重视，一般要尽量选择深根系、根系发达、蒸发量比较小的耐旱性强的树种。

b. 树种的保持与处理。在确定了造林树种、密度和完成集水整地后，即可准备造林种苗。在土壤水分缺乏的情况下，播种造林、扦插造林受到一定的限制，一般选择植苗造林。选择壮苗是植苗造林的基础，应当选择一级苗，并尽量选择大规格的移植苗，在条件许可时可以选择容器苗。要坚决舍弃不合格的苗木和弱苗，不要因为可惜让不合格的苗木影响到林木整个世代的生长发育，造成更大的浪费。在栽植前一定要保护好苗木，并对苗木做必要的处理。在起苗、分级、包装、运输、储藏、假植、栽植等一系列环节中要特别保护好根系，防止风吹日晒造成根系失水过多而使苗木或活性降低，运输是要对苗木进行包装以保持根系的湿度，可以事先给根系使用一些保水剂，在假植时要浇足水。最好是就近调苗。

c. 密度与林分结构确定。造林密度是林分形成合理空间结构的基础，也是林木个体生长发育与营养空间大小的决定因素。西北地区水分有限，造林密度一般就是成林密度，不经过中间间伐，有时至多有一次间伐利用，否则中间的间伐太小，没有什么经济价值，而且会影响到林分群体的生长发育。因此，一般的原则是宜稀不宜密。为了能使我国西北地区的特点充分发挥出来，要通过树种、密度、水分和立体配置形成合力高效的空间结构，以达到提高林分抗性、改善环境的目的，可以选择对林分需求不同的树种进行针阔混交或乔灌混交，可以调节株行距、降低集水稀植所带来的不良影响，也使光照、土壤等因子得到较充分的利用。

（2）蓄水保墒配套技术措施

a. 集水整地技术。在西北地区，为了有效地聚集降水，经常采用反坡梯田、水平沟、鱼鳞坑、V 型等不同形式的林地整理。反坡梯田是集水整地最常采用的方式，具有径流拦蓄量大，表土利用率高和不易崩溃等特点。一般来说，田面越宽，拦截地表径流的能力越强；田面宽度相同时，树木当年生长量与行距成正相关。由此可以看出，反坡梯田整地带间距离和利用面宽度对造林地土壤水分和林木生长均具有明显影响。对水平沟整地的研究表明，造林后两年内山杏的树高、地径、单株鲜重和土壤储水量均随株行距的增大而增加，而单位面积生物量随株行距的增加而减少。

b. 蓄水保墒技术。蓄水保墒从两个方面提高土壤水分含量，一是加大水分输入；二是防止水分无效散失，生产中经常将两种措施结合起来使用。如"座水栽植"就是典型的例子，即在栽植之前适量灌水、然后栽植，最后覆盖，这种方法的优点是用水量小、水分利用效率高。栽植以后灌水，等水分完全渗透以后再进行覆盖。覆盖材料可以就地取材，塑料薄膜、作物秸秆等都可以采用。覆盖可以防止水分无效散失、提高地温以及改善苗木周围的小环境，因此，不仅可以提高造林成活率，而且能够促进幼苗幼树生长（白峰，2010）。

3）生态林业管理措施

（1）完善林业产权制度

要明确森林所有权，所有者有权自由处置自己的物品，使所有者的个人活动代价与收益间建立明确关系，从而形成有效经济刺激机制。我国现行生态林业政策失灵案例绝大多数与未明确林地、林木产权制度有关。国有森林由谁代表、谁管理、谁监督，管理不当由谁负责，应落实到组织、单位甚至个人，责任明确后负责任的人才会真正关心公有物品。在明确林地、林木所有权后，还应遵循经济自由原则。林业政策应保护经济自由，免受社会势力的强制，不应以保护为名，实施更大的强制。我国现行森林保护政策实际上就是以借保护森林资源为名，以实施干涉经济自由之实，不允许或限制经纪人采伐林木，打击了经纪人从事林业生产的积极性。国有森林谈不上限额采伐，也无必要实施采伐许可证。国家完全可根据生态需要和木材市场拟订生产计划，行使自己的所有权，无需他人审批；集体所有、个人所有的林木，所有者自己会权衡何时采伐，采伐多少，政府可利用市场规律调整林木采伐数量，也可收购一部分对国家、区域有重大生态价值的森林。

（2）建立森林生态效益补偿制度

《森林法》规定"国家建立森林生态效益补偿基金，用于提供生态效益的防护林和特种用途林的森林资源、林木的营造、抚育、保护和管理"。这为建立生态效益补偿制度提供了法律依据，但需尽快解决包括资金来源等一系列问题，2000年以来国家财政进行了一系列改革，为建立森林生态效益补偿制度提供了可能；补偿对象的界定、补偿标准和补偿年限尚需进一步调研。笔者认为全国尚未全面建立森林生态补偿机制之前，西北地区生态林业政策不妨借鉴我国台湾省林业相关政策，即"公有林或私有林有下列情形之一的，由中央主管部门收归国有，但应给予补偿金：国土保安上或国有林经营上有收归国有必要的；关系不限于所在地省区之间的河流、湖泊、水源和其他公益者"。"森林有下列情形之一的，应由主管机关限制采伐：林地陡峻或土层浅薄恢复造林困难者；伐木后土地易被冲蚀或影响公益者；位于水库集水区，溪流水源地带，河岸冲失地带，沙丘区地带者"。"禁止砍伐竹木之保安林，其土地所有人或竹木所有人依其所受之直接损失为限请求补偿金"。我国政府可从国家财政或退耕还林款项中拿出部分资金，对确系具有显著生态功能的集体、私人经营的林木进行收购或租赁，弥补由于禁伐给这些经营者所造成的损失，并起到调动投资主体经营林业积极性的作用，减少政策执行成本。

（3）实施以土地换生态的林业政策

目前我国经济基础薄弱，必须走社会办林业的路子，必须在物质利益原则上做文章，制定出一套切实可行的西部地区土地使用和开发政策，使社会团体和个人在治理过程中得到实惠。可考虑将一定面积的荒山、荒地、沙漠以低价、无偿或先期注入资金扶持的方式承包、分租或批租给某些单位和个人，在治理开发前期给予贷款补贴、贴息等政策，规定几十年，甚至上百年不变。承租者拥有真正的土地使用、转让和经营管理权，政府的目的就是先投资，慢慢地少投资，直至不投资，鼓励并稳定一部分人长时间，甚至一生以植树种草治理土地为业，土地治理开发产生明显经济效益时，政府通过各种手段鼓励承包者将所得利润用于土地更大面积的治理开发，直至形成治理开发的良性循环（姚顺波，2005）。

7.5.3　灾害生态安全保障

1. 准确把握西北地区灾情

西北地区处于大陆西北灾害带及青藏高原灾害带之中，具体又包括黄土高原严重灾害区、蒙疆灾害区、青藏灾害区等。西北地区是有特殊自然条件的地理单元，干旱、少雨、多风及沙漠化制约着西部的发展，频发的灾害是西北地区不容忽视的区情。西北地区自然环境复杂多样，高寒区与干旱区相依并存，长期以来生态的敏感性和环境的脆弱性矛盾突出。其主要灾害类型可概括为"旱、涝、震、沙、病、生"6 个字。旱指缺水；涝指洪涝；震指地震及地质灾害；沙指沙漠化及沙化；病指地方病灾；生指生物及农林牧灾等。此外，还包括城市及小城镇建设进程中的工业事故，火灾、交通、环境等人为的公害。为此要研究西北地区自然与人为灾害发生的背景条件或成因。如自然灾害源的分布，受灾体的分布及突变界线，自然地理的分区特征，灾害强度等。

2. 强化综合减灾的管理及立法

西北地区开发规划应充分考虑综合减灾立法内容。最重要的是，应充分关注其立法模式、范围、内容中的防灾减灾和生态安全等问题。不从西北地区的资源、人口、环境之基本要素科学规划并实施立法约束，到头来后果将无法收拾。西北地区开发总体规划要有防灾减灾的明确地位，并强化防灾抗灾能力建议。国务院西部开发总体规划和我国"十五"计划，无疑包含了生态环境和环保内容，也涉及某些灾种的对策，但从整个西北地区综合减灾的管理体系讲，尚未达到可持续发展的总体要求。作为防灾法及其立法研究至少要注意两点：其一，强化西北地区防灾管理立法体系研究，并落实在程序及规范上。对西北地区上项目防灾立法的工作应该像消防审查、安全防范审查一样，开展以重大项目风险评估的方法研究，《重大建设项目风险评估导则》立法已势在必行。其二，要强化建设以《西北地区防灾条例》为中心的法规研究。从生态安全与防灾的管理政策上看，西北地区脆弱的生态环境及灾变的事实不是偶然的，是人类与自然叠加作用影响的历史产物。西北地区西部历史上多次开发但进展缓慢，一直延续贫困，原因是植被生态遭破坏，但不能不承认根本原因在于过去放任自流，弱化管理所致，或者说没有抓住管理的关键点。为此，西北地区应组建各省区的综合减灾管理机构，主要职能不仅是应对突发事件（事故或灾害），更主要的是应组织对在建大型工程项目及开发项目的安全风险评估，旨在保障在建拟建项目的可持续性，万万不可造成"新灾种"，留下决策失误的恶果。

3. 科技减灾产业化发展

西北地区生态环境建设的科技减灾防灾作为政府指导下的准军事行动，也不宜一味强调唯一的公益性。在市场经济条件下，政府应起的作用是强化综合减灾管理和体制建设，对防灾减灾，尤其是备灾物品及资金仅仅能做到适量投入，否则一味强调单纯由国家财力投入，对于重灾大国是难以负担的。要加强科技减灾的作用，一是最大限度地普及并教育西北地区的公众树立生态环境和防灾自护意识，一切开发行动按章办事，不允许任何破坏性"建设"行为；二是树立西北地区减灾防灾生态经济学的思路，从经济规律与自然规律的结合入手，研究减灾与经济的结合点，靠科技减灾变劣势为优势，走上一条可持续发展的科技减灾致富之路；三是进一步启动保险减灾的作用，针对西北地区灾害风险评估,有目的地选择重点区划进行生态建设,发挥保险业的作用,带动西北地区经济能力和综合实力的提高。应特别加强西北地区生态建设科技减灾产业化模式。研究减灾产业化的核心是如何落实科技减灾,并将减灾成果转化为生产力。但现状是,迄今国家缺少安全减灾产业发展政策,安全减灾产业作为一个特殊产业的存在,在学术界、科技界、管理界尚有质疑。对比国外每年数以千亿美元的减灾产品生产总值,国内的差距很大,但更大的差距是国家各层面对公众小康安全的需求不强烈,"消费"安全减灾产品的心态尚未列入正常开支计划中。应从现实入手,推出一系列适用减灾技术和减灾科技产业。

7.6 生态安全保障政策

目前,我国,特别是西北地区生态安全保障政策存在许多缺陷和问题,导致生态安全保障不力,政策功能特性不当。禁止性、限制性强,而激励性、补偿性、扶持性偏弱,激励与约束不对称,未能有效地发挥政策功能,实现政策目标。政策工具过于简单,品种少,缺乏选择余地;政策工具(措施)设计开发不科学,使用不方便,费时费力,操作性差。政策投入严重不足,致使政策软化和变形,政策难以正常运转。政策角色不当,经常越位或缺位,致使政策功能模糊,政策对象、政策范围泛化和失控。政策多变,政策预期差,政策信用低,广大群众对政策反应不良,戒备心理强,经常抵制政策,政策难以有效实施和遵守。政策体系严重不健全,政策不仅空白多、遗漏多,而且重复多,经常打架(冲突),例如,生态补偿政策、生态融资政策规定严重空白,生态建设资金严重缺乏,生态建设难以有效执行。诸如此类,政策缺陷还很多,严重困扰或干扰生态安全保障(吴晓青等,2003)。

建立强大生态建设政策保障,首先要准确、及时地认识生态建设政策需求、政策需求规律、需求动态,然后生态建设政策制定才可能准确地进行。除了从政府部门、人大、政协、立法机构了解生态建设政策需求外,还要注重生态建设政策需求的实际调查和理论研究。要经常到生态建设一线,真实地倾听生态建设者和管理者的呼声和愿望,掌握丰富的感性材料,准确把握感性需求。同时加强生态建设政策需求的理论研究分析,预测政策需求动态和演变趋势,增强政策需求理性认识;从而能够分析出生态建设者需求的合理部分和不合理部分;从而既能满足,也能引导和转化政策需求,使目前需求与未来需求协调统一。

生态建设所需的思维、心理、意识、价值观念、伦理道德、法律法规、精神状态、环境、背景、运行机制、社会秩序、社会关系、利益格局、物质分配方式等,都需政策做调节和改善。因而生态建设政策需求丰富,内容广泛,教育政策、资金政策、经济政策、组织管理政策、法制政策、科技政策等都属于政策需求的内容和对象。这些政策构成完整的生态建设政策保障体系。目前我国生态建设是初始阶段,也是低级阶段,需要提高生态建设的吸引力,号召动员广大群众参与生态建设,扩大生态建设活动的资源要素总量,提高生态建设的收益和利润,因而经济政策成为生态建设的重点和核心(吴晓青等,2003;赵鑫,2003;陈振发,2007)。

7.6.1　生态安全保障教育政策

生态安全建设战略的确定正是人类针对日益复杂的环境问题进行深刻反思的结果。我国生态环境的恶化更多的是人为的破坏造成的，而在人为因素中，既有技术、经济和管理等方面的原因，但更主要的原因还是人们缺乏必要的生态道德意识和责任感。于是片面地认为"先发展后治理"，一味盲目地采取不符合生态道德准则的高投入、高消耗的发展手段，将经济的发展简化为数量型增长或外延式扩大再生产，自然资源开发往往缺乏深入的调查研究和全面科学的论证、评估与规划，急功近利，重开发，轻保护，甚至只开发，不保护，导致环境污染严重，生态系统失调，经济发展与生态之间的矛盾趋于尖锐。严峻的现实告诉世人，经济的无序发展已经给生态带来了巨大的，甚至是灾难性的破坏。如果不从根本上解决好这一问题，就会削弱经济发展的基础，于是生态安全建设被提到议事日程。它强调环境和资源相互协调，既满足当代人的自身需要，又不对后代人及他人的生存发展构成危害，要求对所有生命都要诚心诚意地善加爱护和保护。

实施生态安全建设最主要的是依靠政府的政策、法规、道德与科技，但仅有这些是不够的。生态意识强烈与否，直接影响到人们保护生态环境的思想和行为，直接关系到对生态平衡的认识和重视程度，影响到环境、法规、技术措施的制定和实施，最终影响生态环境。强烈的生态意识是解决人们面临的各种生态危机的思想基础。作为培养生态意识的主要途径——生态教育，就是要将生态和环境知识纳入到各种教育中去，使生态意识普及化、大众化。从某种意义上讲，生态安全教育是进行生态安全建设的重要保障（张平和陈国生，2005；王印堂，2003）。

1. 强化政府决策者的生态安全意识

通过生态教育强化政府决策者的生态意识、环保意识，以保护西北地区生态环境为首要任务。中国实行政府主导型的环境保护，各级政府决策者的生态、环保意识直接影响到当地各项政策、环境法律法规的制定和实施，影响到环保宣传的深度和广度，对西北地区生态环境的保护和发展有着深远的影响。一些基层企业等的相当一部分决策者生态意识淡薄，因而人们的生产行为和生活行为普遍地、不可避免地加重生态环境的恶化。只有在正确的生态思想的指导下，政府制定合理有效的保护生态环境及经济发展的良策，并切实予以贯彻，对土壤、森林、草原、矿产等进行科学保护开发和利用，使经济效益、社会效益、生态效益统一，才能求得西部地区生态系统的协调平衡。政府的决策应做到坚持落实环境保护的基本国策，坚持经济建设、城乡建设和环境建设同步规划、同步发展的方针。当务之急是国家加大资金投入，采取科学措施，大规模发展林业、改良草场。同时实行金融、税收等政策的倾斜，建设生态农业开发区，大力控制人口增长，重视公民基础教育、生态教育等系列技术措施。

2. 构建公民生态安全素养

王阳明特别强调"知是行之始，行是知之成"。这对生态安全教育深具启发，不仅要有正确的生态安全知识，同时更要有生态安全的行动。然而对于公众个人污染无法监控，也无法用规范排污标准去管理。这就要求公众在日常生活中具有生态安全意识，并身体力行，养成良好的环保习惯，不乱烧废物，不乱踩绿地，不乱摘花朵，不食珍禽异兽，不制造噪声，不污染空气，从我们每个人做起，减少对环境的污染。如果讲生态安全保障建设而没有生态安全素养，那么这种生态安全建设不但很难成功，而且很容易沦为政治工具。生态安全的基本素养是什么？一是公平竞争，不仅人与人之间应公平竞争，人对万物也应该表现公平性、平等性。人们在生态安全建设上，不仅不能垄断自然资源，更不能具有凌驾万物的心态。二是人人尊重客观的规定，例如，造成环境污染就需要赔偿，有关各方均应该共同遵守规则，不能任由制造污染的一方狡赖，也不容受害一方私自报复。唯有大家共同尊重客观规则，谋求积极补救之道，才能真正落实生态保护。三是人人均应尊重裁判决定，不能以主观成见自以为是，破坏公益权力。环境污染是否已达处罚标准，或者公害补偿应该理赔多少，这些均需要通过客观的评鉴过程，必要时则应由司法决定。

3. 加强生态安全教育立法

对西北地区生态环境的保护仅仅靠生态教育显然是不够的，还要采取必要的强制性措施，特别是靠有关的法律作为生态环境保护的强有力的保障。20 多年来，我国已先后颁布了环境法 6 部，资源法 9 部，如《中华人民共和国环境保护法》《森林法》《草原法》《土地法》《水土保持法》《农业法》《水利法》《环境影响评价法》等，国务院的行政法规 29 件，环保部的规章（条例）70 多件，国家环境标准 375 项，地方性法律900 多件。有关生态环境的法律制度日臻完善。形成了以宪法有关规定为指导思想，以《环境保护法》为基本法律文件的生态环境保护法律法规体系。虽然《环境保护法》对生态安全教育已做了原则上的规定，但尚缺乏一个单独的、全国性的生态安全教育法律性文件，因此，必须出台专门的生态安全教育法，从法律上保证生态安全教育的贯彻落实，建立面向大众的、终身教育的生态安全教育体系，通过生态安全教育形成人与自然和谐相处的思维观念和意识，树立生态安全价值观。

4. 加强社会生态环境教育

现代生态教育是一种面向大众的、全面的终身教育，是一种跨学科的教育措施。采取一种综合的、统一协调的教育方法，才能使人们理解当今世界生态安全建设这一主题，加强生态文明观，增强国情和忧患意识。为了使每个人具有生态意识，必须依靠社会各方面的力量在各阶层中进行生态教育和环保宣传，在此方面，各级政府机构应采取各种措施对社会进行生态教育、环保宣传，例如，各级政府经常性的宣传，成立自然保护协会、生态教育团体、环境保护团体等，充分利用电视、广播、报纸、杂志、书籍、计算机等多媒体手段进行生态教育，环保宣传，致使生态教育成为全社会认同的活动，最终形成纵横交织的生态教育网络，使每个人具有生态意识和科学的生态思维，从而形成一种生态文化，使每一个公民自觉保护环境，保护动植物资源，自觉遵守自然保护法和环境保护法，树立保护自然环境和合理利用自然资源的责任感，以造福子孙后代。

5. 加强学校的生态环境教育

加强各级各类学校生态教育是实现生态环境可持续发展的必由之路。青少年儿童是国家未来的建设者，他们的素质决定了一个民族和国家的未来，而青少年儿童是否具有强的生态意识决定了国家或地区生态环境的可持续发展，因此，加强各级各类学校的生态教育是国家或地区生态环境可持续发展的重要保证，学校生态教育、环境教育包括：一是高等学校设置生态学和环境学科专业。全国现有 64 所高校设置了 15 种环境保护类的本科专业，专业点有 86 个，包括理科、工科、农林科、医科及师范类的有关环境专业。二是中等专业学校生态、环境学科的设置。三是开设有关生态和环境的独立学科。例如，数学生态学、化学生态学、生物生态学、社会生态学、经济生态学等。从目前来看，上述专业设置及课程设置层次不够合理，地区分布不平衡、不普及，特别是西北地区这一问题更突出，因此，应加强高中等教育的生态教育专业和课程的设置，造就大批生态发展与环境保护方面的人才，为西北地区生态、环境保护服务。在基础教育阶段，除了在所有课程中渗透生态与环境教育内容外，还要通过学校开设必修课或选修课，开展第二课堂的活动，拓展生态教育的深度和广度。懂得生态平衡，使学生认识到人类按照自然规律能够调控、改造生态环境，为人类造福。通过环境道德教育，使学生具备保护环境、爱大自然的社会公德，从而发挥学校教育在生态教育中的主导作用，最终为生态、环境、可持续发展奠定基础（张平和陈国生，2005；王印堂和 2003）。

7.6.2　生态安全保障资金政策

生态安全保障是新兴的经济活动，资金严重缺乏，需要高频率地融资，筹集生产要素，需要融资的政策激励和扶持，尤其需要通过融资的政策扶持扩大资金数量和流量。生态环境保护与建设的投资需求量大，必须采取有效措施，多渠道筹措解决。积极争取国家的有关专项资金和有关部门在科研、扶贫、民族发展扶持等方面的专项补贴等，注重整合生态保护与建设、农业、扶贫等方面各项资金，以及国际相关机构、金融组织、外国政府的贷款、赠款和生态环境综合治理的专项资助、无息贷款等（吴晓青等，2003；王小军和魏金平，2008）。

1. 稳定的政策投入资金

环境与经济发展的不同阶段有密切关系，不同阶段对环境保护的投入水平不同，然而无论何时对环境保护进行投入都会产生社会、经济效益。据有关学者估算，占 GDP 约 1% 的环保投资，将会使环境污染造成的经济损失减少量占 GDP 的 5.03%，也就是说，环境保护投入的经济效益大约是 1：5。到 2010 年，如果环境保护投资达到 1.5%，环境污染的经济损失减少量将为 7.5%，环境污染将得到有效的控制，局部将有所改善。

由此可见，环境保护投资的经济效益是很高的，如果加上由于环境质量的改善，给人们带来的精神上的享受的社会价值，这一结果会更高。目前就国家环保政策有关规定及西北地区实际情况而言，可以从以下几个方面筹措环保资金：从新建项目筹措环保资金——国家对基本建设的环保投资有个倾向性意见，这就是"三同时"经费应占到新建项目总投资的10%。这个比例是合理的，既有利于环境保护，又有利于经济发展。从技改项目筹措环保资金——这项环保投资国家有明文规定，即技改资金的7%应用于环保投资。从城建费中用于城市环境综合整治的经费筹措环保资金——是继新建项目"三同时"经费后的又一项环保经费的重要来源。排污收费——排污收费是环保资金渠道来源之一。此外，还有综合利用利润留成、环保补助资金、贷款及其他等。

2. 省级生态安全保障

省级生态安全保障资金由财政专项经费和各种生态资源税费收入、对破坏自然环境的罚没收入、发行债券和环保彩票、社会援助和捐赠等构成，主要用于启动和引导性资金，以及对生态补偿的转移支付。地方各级政府也要设立相应的专项资金，用于引导社会资金投向生态环境建设和发展生态效益型经济。同时要加强监察，严防生态建设资金的挪用、滞留。确保其重点用于生态资源与环境的保护和建设。对供水、污水处理、垃圾无害化处理等生态建设项目，通过引入市场竞争机制，吸纳社会资本以独资、合资、股份制、BOT（建设–运营–移交）等方式参与投资建设（陈振发，2007）。

3. 国家生态安全保障基金

以青海三江源地区为例。有关专家建议以青海三江源地区为国家试验区，以2008年为基年，以国家财政收入的1‰计设立国家生态安全保障基金，每年60多亿元，相当于GDP的万分之二，以10年为期（如到2018年），进行国家生态安全投资（或购买）试点，以扭转我国自然生态恶化的趋势。2007年该地区农业增加值为46亿元，而其伴随的生态破坏损失可能是100倍，甚至更高。如果国家用60多亿元来购买当地的减人减畜，那么国家所获得的生态效益将是此项生态投资的上百倍。例如，三江源地区三大外流河每年向外省区输送径流量512亿 m³，相当于全国地表径流量总量2700亿 m³的19%。其中，仅饮用水和水力发电价值就达1545.6亿元，相当于2007年青海省GDP为761亿元的2倍，相当于国家生态投资的25倍左右。因此，设立国家生态安全保障基金来购买三江源地区的生态安全，是一个"激励相容"的多赢机制，农牧民"赢"，地方也"赢"，国家更"赢"。

对于基金的管理，充分授权省级政府负总责，包括规划设计；地、市、州和县级政府作为实施主体；中央部门（国家发改委、财政部牵头）给予国家支持和指导，包括规划设计、人力资源、研究与技术、发展能力建设等。这样做可以降低中央与地方之间的信息不对称性，是调动"两个积极性"且以地方为主的做法。最后，分阶段对实施项目进行生态产出指标评估，例如，草场退化面积减少、土壤沙化面积减少、湿地面积增加、湖泊水位下降趋势扭转等，既可监测，又可评估，以反映生态资本、账户资本（包括资本增加）与负债（包括负债减少）（胡鞍钢，2010）。

此外，为进一步满足西北地区生态安全保障的需求资金，应积极探索新型生态环境建设融资模式。通过项目承包经营、租赁、让利等融资方式，吸引外国企业、国内企业、投资机构、民间等各方面的资金，用于生态保护与建设工作（王小军和魏金平，2008）。

7.6.3　生态安全保障经济政策

生态环境问题产生的重要根源之一是"外部不经济性"，纵观发达国家环境治理经验，不难发现，环保经济政策的健全与否、完善与否、科学与否会直接影响环境管理水平和治理污染的能力。因此，从保障西北地区生态安全、促进经济与环境协调发展的角度出发，为了更好地构建和谐社会，全面实现小康社会建设目标的需要，有必要对现行生态安全保障经济政策进行相应的调整。西北地区生态安全保障经济政策的调整需要多管齐下，包括现行税费政策方式转变、改进财政补贴及转移支付政策、完善生态补偿政策等措施（安锦，2010；白羽飞和屈晓明，2007）。

1. 转变税费政策方式

目前，西北地区生态安全保障工作中，生态建设收益比较低，往往低于生产企业平均利润水平；不合理的税费使生态建设收益和利润大幅降低，严重制约生态建设者物质利益的实现，削弱生态建设的热情和积极性。规范各种税费行为，减轻生态建设者负担，实行政策减免和优待，增加生态建设收益和利润成为生态建设政策需求的热点问题（吴晓青等，2003）。

1）完善税制体制

（1）推进税费改革进程，设立专门的环境税种。适时开征生态税，即环境保护税，对破坏生态环境的生产行为和消费行为征收相应数量的税收。可将对二氧化硫、水资源的收费纳入生态税的征税范围，以加强对污染行为的调节和限制，保护水资源的利用。由于征税比收费更具强制性、固定性、无偿性、统一性，所以征税可以克服收费的随意性、拖欠和拒缴现象，解决各地征收标准不统一问题，并防止政出多门，减少机构重叠以及部门和地方利益的干预，节约征收成本。然而，考虑到我国的现实情况，一步到位完成费改税还不具备足够条件，可以首先将现行各种环境收费中征收对象较为稳定、征收管理相对容易的部分项目改为环境税（待条件成熟后，再进行其他项目改革），如将 SO_2、NO_x 和水资源费改为 SO_2 税、NO_x 税和水资源税，从而形成专门的环境税种。

（2）科学改进现有税种，完善税制体系。第一，改进资源税。在现行资源税的基础上，将土地、海洋、森林、草原、滩涂和淡水等自然资源列入征收范围，限制对资源的过度开采，减少对生态的破坏，并为恢复生态平衡提供资金。同时，将现行其他各类资源性收费并入资源税，设置不同税目，统一征收管理。今后应根据资源丰度、人类依存度和替代产品开发成本等调整差别税额，提高非替代性、非再生性，特别是稀缺资源的税率。同时，将现行资源税按销售量或自用量为计税依据改为按实际开采量计税，减少滥砍滥用，并将森林资源、草场资源等目前消费比较严重的资源纳入征税范围。第二，改进消费税。一是扩大消费税的征收范围。对资源消耗大的消费品和消费行为，如一次性木筷、高档建筑装饰材料、高尔夫球具等，应列入消费税的征收范围，对煤炭、电池、一次性塑料包装物及会对臭氧层造成破坏的氟利昂产品也应列入消费税的征收范围。二是提高消费税的税率。对导致环境污染严重的消费品和消费行为，如大排量的小汽车、越野车、摩托车、摩托艇应征收较高的消费税。三是开征油税。取消消费税中对汽油、柴油的开征，对汽油、柴油、重油等在其销售环节开征燃油税，适当提高含铅汽油和低标号汽油的税收负担，以抑制含铅汽油的消费。第三，改进其他税种。如改革耕地占用税：较大幅度提高耕地占用税的税率，真正起到对耕地的保护作用；将占用湿地的行为纳入征税范围，且适用高档税率等（安锦，2010；白羽飞和屈晓明，2007；李琦和韩冰，2007）。

2）深化排污收费制度改革

我国目前关于排污收费的主要指导章程是 2003 年 7 月 1 日颁布实施的《排污费征收使用管理条例》，该条例的出台正式确立了我国市场经济条件下的排污收费制度，进一步规范了排污费的征收、使用、管理，使排污收费制度改革较之前有了重大突破。但是，《排污费征收使用管理条例》在几年来实际应用中发挥重要作用的同时，也出现了一定的问题，还需要继续深化改革。

首先，应科学制定排污收费标准，明确超标处罚原则。企业是选择治理污染还是缴纳排污费，很大程度上取决于排污费收费标准的高低。在企业追求利润最大化或费用最小化条件下，如果排污费收费标准高于污染治理成本，企业将设法削减污染物排放以节省费用从而增加利润。基于这个原因，排污费的征收标准应高于现实预期排放目标的边际治理成本水平，从而激励企业进行污染治理。此外，按法律规定，环境保护的污染物排放标准和环境质量标准，属于强制性标准，具有法律约束力。所以，超标排放是一种违法行为，应该追究排污者的法律责任，给予其法律制裁和行政处罚，不能再仅靠征收超标排污费进行约束。

其次，要加强环境执法队伍建设，提升排污费征收效率。现阶段，由于排污申报和收费手续繁琐、方式落后，加上环境执法人员数量不足、素质不高等原因，排污收费制度始终难以有效运行。为了提升排污费征收效率，我们可以逐步简化申报和收费手续，并注重现代化、信息化征收方式的采用。同时，加强环境执法队伍建设，增加环保执法人员数量，加强对环保执法主体的法律意识和法制观念及业务素质的培养，保证排污费制度高效运行。此外，为了确保排污费专款用于污染治理，各级财政部门要严格执行"收支两条线"政策，确保排污费足额收缴，高效使用。

3）完善税收优惠政策

完善税收优惠政策，加强对环保产品和行为的导向税收优惠是推动生态建设投资的一项重要措施，要完善税收优惠政策，明确和细化优惠标准，使其具有实际可操作性。

另外，还应采用多种税收优惠形式，如差别税率、投资减免、加计扣除、税收返还等，确保对生态建设的税收优惠具有独享性，从而鼓励和刺激生态文明建设（安锦，2010）。

（1）明确优惠政策范围，增强针对性。第一，制定环保技术标准。对高新环保技术的研究、开发、转让、引进和使用予以税收鼓励。如技术转让收入的税收减免、技术转让费的税收扣除、对引进环保技术的税收优惠等。第二，制定环保产业政策，保证环保产业的优先发展。如对环保产业采用低税率，允许环保设备增值税进行进项抵扣等。第三，发展循环经济。重点研究对再生资源业的税收政策，在避免税收负效应的同时，应有利于废旧物资的回收利用。

（2）调整优惠政策手段和形式。在继续保留原有的减税免税和零税率等直接税收优惠形式外，应针对不同优惠对象的具体情况，采取加速折旧、投资抵免、成本费用扣除等间接税收优惠形式。通过不同税收优惠形式的灵活运用，激励企业采取措施治理污染，提高税收优惠的实施效果。

（3）确定政策优惠力度。一项政策的优惠力度应该以能够正好发挥出该项优惠的调节作用为宜，力度不够可能难以达到预期效果，力度过大，则又会造成税收收入的损失。所以，需要对优惠政策进行分析和评价，以确定最合适的力度，同时根据实际情况的发展不断进行调整（白羽飞和屈晓明，2007）。

（4）优惠对象调整。对于会制造更多生态环境破坏的补贴，应该予以消除；而对于能够建设性地促进环境资源的保护与有效利用的税收补贴，应该加大力度、放宽范围。例如，目前我们不应补贴矿物燃料而应补贴对气候有利的能源，不应补贴城市汽车依赖而应补贴城市轨道系统，不应放弃征收垃圾税而应补贴垃圾回收利用，如此等等。我们应力求把补贴从在环境方面的破坏性活动转移到有利于提高生态经济效益的活动中去（张敬一和范纯增，2008）。

2. 改进财政补贴及转移支付政策

西北地区生态建设模式是政府推动型的模式，政府承担生态建设主要重任；政府通过财政政策和转移支付制度向生态建设地区输入资金、技术、人才和管理，增强受援助地区生态建设能力。由于生态建设行业投资期长、风险大、收益低，生态建设者十分贫穷，缺乏市场吸引力，难以通过市场筹集大量生产要素；而且财政政策援助、转移支付制度存在许多缺陷，财政支持政策力度严重不足，急待加以改善（吴晓青 等，2003）。

1）消除不利于生态安全的财政补贴政策

中国已经从计划经济转向社会主义市场经济，政府已经大量减少使用补贴政策，但仍有一些补贴的实施会对生态环境产生负面影响，威胁区域生态安全，这在西北落后地区表现得尤为明显。例如，化肥农药，尽管政府没有实行直接补贴政策，但在一些环节上还有优惠政策，这些优惠政策体现在化肥和农药的价格控制，对生产企业的投资优惠政策等。低价的化肥和农药导致农民大量不合理地使用化肥和农药，进而对农业生态环境和人类健康产生负面影响（安锦，2010）。

2）加大财政投入力度

西北地区各省区财政部门应设立生态经济发展基金，组成专家委员会，对生态经济有关项目、企业、技术进行评估、审核。采取由专项资金直接拨款，或通过财政贴息、低息或无息贷款的形式，对具有一定预期效益的行业、项目、企业、技术予以资助，推进产业结构优化升级，扩大低能耗产业在工业中所占的比重。支持再生资源和新能源开发，提高企业的技术创新能力和科技成果转化率。生态经济产业是一种挑战性的产业，该产业投资大、建设周期相对较长。因此，应设立专项基金，给予生态经济产业资金支持，以促进该产业快速、健康地发展。同时，改变政府预算内投资范围太宽、包揽太多的格局，对促进西北地区生态经济发展的基础性、战略性产业予以投资倾斜。政府应增加投入，促进有利于西北地区发展的环境保护与基础设施建设。政府通过投资性的支出，既可以为企业创造公平的竞争环境，也可以调动企业建设生态经济的积极性。此外，增加政府专项补助支出，帮助单一资源型地区和城市解决资源枯竭问题、接续产业的发展问题，下岗职工生活、再就业问题，提高对采煤沉陷区资金补助比例，增加发展替代产业的补助和人员培训投入，给予资源枯竭地区和城市下岗职工安置资金补助，保证对下岗职工基本生活保障的补助和对城市居民最低生活保障的补助支出（李琦和韩冰，2007）。

3）推行政府绿色采购制度

由于政府采购数额巨大，实施绿色采购具有很强的杠杆作用，可以促进绿色产业和技术的发展，促进绿色消费市场的形成。实施绿色采购能够直接减少政府日常活动对环境的影响，还可以为社会各界树立良好的榜样。首先，应制定专门的《政府绿色采购法》，明确规定政府绿色采购的主体、责任，选择政府采购所涉及的优先领域，分行业、分产品制定绿色采购标准和清单，制定公开产品相关环境信息的规范，并公布政府绿色采购的实际执行情况，建立人大和公众等对政府绿色采购的监督机制。其次，财政部门在进行政府采购预算时，应对进入绿色"清单"产品的购买给予一定的"价格补贴"，以此来保证采购人购买绿色产品时有资金来源。对绿色产品生产企业和开展绿色产品开发的企业给予必要的财政补贴，对于更新、改造生产设备和工艺手段的资源消耗型企业也应给予必要的财政补贴，以补偿生产企业对环境的治理费用和保护稀缺资源，引导、鼓励更多的企业从事绿色生产。

3. 完善生态补偿政策

生态建设活动的一个特性是建设者往往不是受益者；生态建设者不一定能够享受到生态建设收益；同时，生态建设往往要造成暂时性经济损失及各种困难和不便，影响正常的生活、生产。只有给生态建设者一定补偿和补助，才能调动广大群众生态建设的积极性。目前，生态补偿存在三大问题：①补偿空白多，许多生态建设活动没有补偿；②补偿标准低，补偿的数量少，补偿力度不足；③补偿不科学，补偿的数量、等级、强度、范围、对象、期限等设置不合理，生态补偿难以顺利展开。经济社会与资源环境协调发展、人与自然和谐相处是社会和谐的重要标志之一。建立生态补偿机制，是构建和谐生态的关键。通过建立生态补偿机制，提供强有力的政策支持和稳定的资金渠道，真正实现生态环境保护与建设投入的制度化、规范化和市场化（吴晓青等，2003；谢晶莹，2008）。

1）完善生态补偿的政策措施，逐步加大生态补偿力度

一是要进一步完善公共财政体制，着力调整优化财政支出结构。扩大补偿资金来源渠道，除中央专项资金和省财政部安排一定专项资金外，从受益于森林生态效益、有一定经营收入单位提取一定比例；建立健全有关重点防护林和特种用途林补助资金管理办法和制度，确保补助资金管理制度化、规范化。逐步加大财政转移支付中生态补偿力度，加快形成省市县三级财政合力支持生态补偿和生态环境保护的格局。二是要进一步完善水、土地、矿产、森林、环境等各种资源费的征收使用管理办法，加大资源费使用中用于生态补偿的比重，通过合理规划、政策引导，加大资金、项目支持力度，积极推动区域间产业转移和要素流动，鼓励开展异地开发等跨区域的生态补偿，支持欠发达地区加快改善发展环境，努力把欠发达地区培育成为新的经济增长点。三是要探索受益地区对保护地区的生态补偿机制。在省一级，研究探索受益地区对保护地区的生态补偿机制，按照"污染者付费、受益者补偿"的原则，明确补偿的范围、内容、方式、途径等问题。可先在水资源的利用、水污染治理等方面进行试点，试行生态受益地区、受益者向生态保护区、流域上游地区和生态项目建设者提供经济补偿，建立异地环境补偿制度（陈振发，2007；谢晶莹，2008）。

2）建立区域生态环境保护标准，实现生态补偿规范化

在财政转移支付项目中增加生态补偿项目，建立有利于生态保护和建设的财政转移支付制度；改进各种资源费的征收和管理工作，提高资源费的征收标准，并将生态补偿纳入资源费的开支项目。在资源费的使用项目中，增加对上游区、水源涵养区、大型水库区及搬迁移民的补偿，并适当增加经费，提高补偿标准。同时，要逐步增加生态环境保护各类专项资金额度，适当提高主要生态公益林的补助标准。在资金使用和项目安排上，要体现对欠发达地区或流域生态环境的支持，从基础设施项目，如水电站的经济收益中提取适当的比例，作为生态补偿的专项资金，并用于解决生态保护和基础设施建设项目遗留的生态移民问题。另外，要推广收取矿山自然生态环境治理备用金的做法，备用金额度应与环境治理和恢复费用相适应。

3）加快资源整合步伐，提高生态补偿综合效益

生态资源整合是实现区域资源市场价值和综合效益最大化的过程。只有对生态资源加以整合，才能实现经济社会的可持续发展。对此，我们应在以下几个方面下工夫：首先，要坚持以推进生态建设、促进区域协调发展为主线，积极借鉴国内外的成功案例，以及先进地区的成功经验，不断完善政府对生态补偿的调控手段，进一步发挥市场机制作用。其次，要强化部门协调和区域协调，完善管理体制，创新管理方法，统筹安排使用补偿资金，切实发挥政策的积极效应，提高资金的使用效益。最后，要认真听取社会各方面的意见，尤其是基层群众的意见，做到集思广益，同时要充分发挥科研机构和专家学者的优势，特别是资深专家学者的积极作用，发挥他们的带头人作用，促进生态补偿决策的民主化、科学化，从而实现生态系统良性循环（谢晶莹，2008）。

4）优化生态补偿机制的产权制度

生态补偿机制、配套政策制度安排中，产权制度的设计与供给是最重要的。

（1）排他性产权。大量的事实表明，我国北方地区草原的退化和大面积荒漠化，主要是因为养牧人竞争性和掠夺性使用草场造成的。所以，政府应当设计和供给那些具有法律意义的排他性使用权制度，通过这种制度的硬性约束，使竞争性使用草场变为排他性使用，使掠夺性使用草场转变为保护性、开发性使用。如果产权制度的安排达到这种效果，民间治理模式就会活跃起来，那些滞留在消极治理者手中的严重退化或荒漠化草场，就会通过市场交易转移到积极治理者的手中。那些治理难度极大但有望恢复植被的地块，完全沙漠化地块也会有人投资治理。

（2）转变政府职能。通过这项制度安排，把政府主导型治理转变为政府服务型治理。政府可根据生态系统良性循环的技术要求，制定相关标准，确定人的获利性经济行为是否可以介入、以什么样的方式介入、介入的程度如何。凡是人的获利性经济行为可以介入的生态系统主要是局部生态系统，政府应当主要通过供给制度产权界定、法律法规来解决问题；凡是人的经济行为不能介入的生态系统，政府应当主要通过供给资金的方式解决问题。随着政府职能的转变，政府主导型模式会逐渐淡出，民间模式会逐渐成为主导模式。

（3）有效的激励和约束机制。政府设计和供给有效的激励和约束机制，也是优化治理模式的一种不可或缺的制度安排。如果能从制度上保障养牧人从治理荒漠化草原中得到合理的回报，养牧人的治理积极性就会被充分调动起来，与此有关的人力、物力、财力的投入就会大量增加。与此同时，如果能从制度上保证使用草原的内在成本难以外在化，例如，由于养牧人的掠夺式使用造成草场退化或荒漠化，政府强制性要求在限定的期限内治理达标，否则就将承包权转移给他人。还有，那些从承包户手中购得草场使用权的人，也必须在规定的时间内治理达标。否则，政府强制性收回使用权，转让给他人治理等。草场承包人就不敢轻易破坏草场植被，就不敢不及时、有效地治理已经被破坏的草场，使其尽快恢复植被。随着有效的约束与激励机制的建立，民间治理模式的优势会因此而逐渐显现（刘明远，2006）。

7.6.4　生态安全保障法制政策

西北地区环境破坏严重，保护和恢复生态环境已经迫在眉睫。探索建立一套有效的国内环境问题综合控制、全过程控制机制和国际合作机制及国际环境危机处理机制，是非常必要和紧迫的。国内外区域经济发展的实践经验表明，法治在促进和保障一定地区的经济和社会发展中有不可替代的作用。美国自 18 世纪后期以来为开发相对落后的本国中西部地区，除了推行灵活多样的土地开发政策外，还陆续颁行《沙漠土地法》《鼓励西部植树法》《地区再开发法》等，加快了中西部地区的发展进程；日本通过实施 1950

年制定的《北海道开发法》，使落后的北海道地区迅速实现了经济现代化。再如，我国改革开放以来，东部沿海地区之所以经济发展迅速，其中一个重要的原因就是依靠法治手段将有关政策措施的稳定性、连续性、先进性及实用性加以肯定，从而推动和规范了东部沿海地区经济和社会实现全面现代化。法律是进行西北地区生态安全保障的重要基础（张桥飞等，2007；周珂等，2002）。

我国非常重视采取法律举措保护西北地区生态环境，尤其是西部大开发以及可持续发展战略的实施，极大地促进了我国环境法的迅猛发展。迄今为止，我国已制定了 6 部环境保护法律，8 部资源管理法律，20 多项环境与资源保护的行政法规，近百项环境保护行政规章，300 多项环境标准，并在实践中为保障西北地区生态环境的建设发挥了重要的作用。然而，西北地区生态安全法制体系与可持续发展目标、生态环境的要求差距颇大，存有诸多不足之处。为了我国西北地区生态环境建设的顺利进行，必须切实改进现行法律、法规的不足，完善西北地区生态安全法制保障（张桥飞等，2007）。

1. 加强西北地区生态环境立法，建立健全生态环境法律保障体系

（1）在西部开发的基本法中强调生态环境的保护与建设。社会各界呼吁制定促进西部开发的基本法，而为严格贯彻"开发与保护并重""生态安全第一"的方针，避免出现不可挽回的生态破坏和资源损失，应在该法中设专章规定西北地区生态环境的保护与建设，以此作为西部大开发的必要条件与基本内容。民法作为财产基本法，应建立适应西部开发的物权制度。通过制定《物权法》，修改《土地法》、《草原法》、《森林法》、《水法》等法律，在西北地区实行特殊的物权制度，特别是土地、草原、山林、水面的所有权和使用权制度。例如，延长森林和草地的承包期、将承包权物权化等，合理的财产权利设计，强化财产权，特别是私有财产权的法律保护，将有助于通过财产法保护环境和自然资源，使国家生态安全与公民和全社会的利益更紧密地结合，避免"公有物悲剧"现象的产生。

（2）转变立法观念，尽快制定统一的西部生态环境保护法。应当明确生态环境保护基本国策的法律地位，把生态环境的内在要求写入宪法，将西部生态环境建设上升为国家意志；制定一部综合性的《西部生态环境保护法》，将西部生态环境、资源、社会经济发展紧密结合起来，在总体上对西部生态环境保护的方针、体制、制度等做出统一规范，解决各单项自然资源法和环保法现无法解决的有关西部生态环境和资源系统保护的全局性问题，使自然资源的合理利用得到法律上的保障，并进一步突出西部生态环保型经济的内涵。

（3）填补西北地区生态环境立法空白，建立健全各项法律制度。

继续完善和改进原有的各项制度，使之更符合可持续发展战略的要求，同时建立一些对环境保护行之有效的新制度。我国西北地区生态环境的法律保障体系建设应在宪法的指导下，以资源环境保护法为基本法，以《土地法》《草原法》《森林法》《野生动物保护法》《大气污染防治法》《海洋保护法》《可持续发展法》等为骨干法律体系，建立健全排污权交易制度、绿色技术标准、绿色环境标志制度、绿色包装制度、绿色卫生检

疫制度、生态税收补偿制度等法规、制度、标准体系，促进西北地区生态环境建设的健康发展。

（4）强化有关西北地区资源开发和生态保护建设的专门性及地方性立法。

虽然目前国家环境资源保护的法律法规已不少，但其中原则性规范多，难以全面照顾各地区的普遍适用性，而在资源开发、生态安全与可持续发展方面的立法相对薄弱，特别是西北地区环境资源立法不完善、不全面，量少质低，针对性不强，没有突出地方特色；加上受制于条块利益割据，使得有限、零散的基本规范未能协调形成综合调整机制。有鉴于此，亟待抓好 3 个方面的工作。

其一，应抓紧制定《西北地区国土综合利用与整治条例》《鼓励西北地区绿化法》《退耕还林（草）条例》等专项法律法规；研究制定长江法、黄河法、修改水土保持法、防洪法、环境保护法等，对天然林禁伐、退耕还林（草）、封山绿化、加强民族文化和文物资源保护、提高人口素质等突出问题做出特别规定；针对西北防治荒漠化的紧迫性，将现有如《森林法》、《水土保持法》、《草原法》等有关荒漠化防治的零星条款或政策规范加以系统化，使之成为防沙治沙之专门法律及实施条例。

其二，制定与完善自然灾害防治法。西北地区的自然灾害十分严重，主要表现为山地灾害与风沙灾害。据统计，我国发生的滑坡、崩塌、泥石流和沙尘暴、土地沙化等基本集中在西北地区。因此，加强自然灾害防治法的立法，包括国家在西部开发之初既已实施的封山育林、退耕还林还草、平垸行洪等措施的法律化，力求以严格规范的手段保障各项灾害防治工作的进行。

其三，统筹规划，突出重点，有针对性地加强和完善西部环境资源地方立法，既可弥补国家暂时的有关立法空白，又能突出西北地方立法"探索先行"的特色，增强国家大法在西北地区实施的可操作性，同时也要推动西北各省区（市）资源开发与生态保护立法合作与协调机制的形成。为此，必须建立对西北地区地方立法的国家备案制度，通过备案审查，维护国家法制的统一和尊严。

（5）汲取国外经验，进行循环经济立法。虽然我国基本上没有循环经济的立法实践，但国际国内的形势要求我国转变经济发展模式，发展循环经济。针对我国严重的环境污染，国家于 2002 年出台了《清洁生产法》，鼓励企业开展清洁生产，以从源头上控制污染，防止环境污染对我国经济和人民健康带来的危害。但是，清洁生产不是最终目标。因为清洁生产只是循环经济的初级阶段，它只着眼于生产和服务领域，而循环经济包括资源、生产、分配、交换、消费、再生资源等多个领域，更有利于从全过程对污染进行控制，所以一些发达国家已经从清洁生产过渡到循环经济。例如，德国从 1996 年开始实施《循环经济和废物清除法》，日本于 2000 年制定了《循环型社会形成推进基本法》，这两国立法的共同目标就是确保全社会对物质的循环利用，抑制天然资源的消费，减轻环境负荷。我国也应开展有关循环经济的立法调研，及早出台循环经济立法，以便为国家提供良好的生态安全保障法律体系。

2. 强化西部生态环境保护的执法力度

（1）健全环保执法机构，规范执法行为。充分发挥各级环保机关的职能，对环境保护工作实施统一监督管理；不断健全环保职能机构，强化和完善生态安全行政执法体系，避免各个执法机构因职责不清相互争权和推诿；加强执法装备的改善和执法行为的规范，从而保障生态系统结构和功能的良性循环。我国环境保护法中采用的是以司法机关执行为主的强制执法制度；环境强制执行由环境行政机关和人民法院共同完成，即由环保行政机关提出申请，由人民法院具体负责实施，强制执行措施。应强化和完善生态安全行政执法体系，避免各个执法机构因职责不清相互争权和推诿。

（2）强化执法队伍建设，提高行政执法能力。市场经济是法治经济，又是德治经济，生态环境保护执法队伍的道德水准对西北地区生态环境建设具有很强的行为作用。加强生态安全行政执法能力建设，为完善生态安全执法提供有力的人员和物质保障。各地环保部门必须加强生态安全执法队伍建设，把加强西北地区生态环境建设投入作为重要的任务。我们应积极地创造条件，提高执法人员素质和执法的现代化水平，提高执法能力，更好地为西北地区生态安全保障服务。

（3）完善刑罚处罚和司法保障体系。第一，污染防治要向行政责任与刑事责任相融合的行政刑法方向发展，并修正现行刑法相关罪名（如将"重大环境污染事故罪"改为"严重污染环境罪"，由结果犯修改为行为犯）；增设新的罪名，即适当借鉴英美环境刑事立法之严格责任制度，完善刑罚处罚体系，以强有力的手段遏制西北草原、植被破坏严重、土地沙漠化人为加剧的趋势。第二，生态保育要逐步扩大民事保护的范围而适当缩小刑事责任的范围，关键在于民法物权法的完善（如对西北自然资源财产权、承包经营制的特别规定）、对跨行政区划的特殊环境区域或综合协调保护、正确处理环境资源开发保护与经济发展的关系等。第三，西北生态建设的执法和司法要强化。本来我国生态建设立法一般号召性规范多、义务性强制性规范少，执法环节薄弱，而司法功能更为欠缺。在西北地区，"重经济、轻环保"倾向明显，急功近利，实施掠夺性开发，对经营项目疏于环保监管，退耕还林和禁伐屡行无效等，迫切需要强化环境行政执法力度，推行环境保护目标责任制与行政执法责任制，规范执法行为，健全环保执法机构，改善执法装备，提高执法水平。同时，还应加强执法监督管理，强化司法的保障功能。

3. 建立健全西北地区生态环境法律的相关制度

（1）完善环境资源调查制度。做好西北地区环境与资源状况的调查，开展西北国土资源与生态环境现状调查，为完善西北开发生态保护建设立法提供科学依据。

（2）基于调查，制定科学的生态功能区划和生态保护规划，将环境保护与生态建设纳入西北开发的整体部署中，实行综合决策，使西北地区的交通、通信、水利、能源等基础和生态建设协调发展。

（3）完善西北地区生态安全监测预警网络系统，对生态安全状况进行动态监测，力求将环境污染和生态破坏消灭在萌芽状态，根本改变目前的生态监测分散管理状态，加强统一规划与协调管理，确立生态安全统一的衡量标准，该标准要将生态系统维持在既能满足当前需要又不削弱子孙后代满足其需要的状态。

（4）建立环境资源补偿制度。结合目前的开发政策，可以试行如下补偿制度：一是资源输出地区与资源输入地区之间的环境补偿。例如，国家实施"西气东送"工程，作为资源输出地的西北地区因生产、输送天然气而导致环境污染、植被破坏等生态损失，应由受惠的东部地区给予补偿。二是江河上游地区生态保护与下游地区资源开发或减灾受益地区之间的环境补偿。

（5）完善环境影响评价制度。该制度设计旨在让人们掌握环境容量及人们的行为对环境的影响程度，其虽已成为我国环境法的基本制度，但仍有诸多尚待完善之处，例如，评价内容中经常忽视对环境容量的评价；对环境影响程度的认定仍缺乏科学统一的标准；对大型区域开发、工程建设的评价仍缺乏可操作性；缺乏公众参与评价的程序保障机制等。

（6）完善排污总量控制制度。我国过去主要采取浓度控制方法来控制污染物的排放，实际上无法控制污染物排放的总量，无法考虑环境容量的要求，因而难以有效改善环境质量。虽然我国从1996年提出全面推行污染物总量控制制度，但迄今我国已颁布的主要环保法规中均未对该制度做明确的规定，从而使实行污染物排放总量控制的实施无根本保障，成为环境立法中亟待补救的缺陷。

4. 大力开展西北地区生态环境保护的普法教育

人类社会面临的环境危机是由人造成的，必须由人来解决。人的利己的个体本位思想意识导致了环境危机，因此，解决环境危机必须解决人的利己本性。仅仅靠法制建设而没有公众的参与，保护环境是空口号；没有全民良好的环境意识，保护、建设良好环境也是不可能的。

西北地区生态环境问题带有明显的人为加剧其危害性的特征，如乱开滥垦、长期超载放牧导致草地退化，乱砍滥伐、毁林开荒导致水土流失严重，要求环保部门放松监管，即简化投资审批手续而利于项目建设等，说明西北地区广大干部群众环保法制意识淡薄，认为生态安全与环境保护是国家和中央政府的事情，与自己局部区域无关或影响甚微。

因此，加强公民的生态环境问题的危机感，利用多种形式全面提高公民的环境意识和守法观念，是进行西北地区生态环境建设的关键所在。宣传、教育、司法等部门应当把环境保护的宣传教育列入计划。要树立西北地区生态安全事关国家全局的观念，最基本的就是通过环保法制宣传、教育、实施公众参与机制等手段，大力开展"生态环保是一项基本国策"和《环境保护法》以及有关资源保护的宣传教育活动，深入开展环境国情、国策教育，积极宣传环境污染和生态破坏对个人和社会的危害，普及环境科学和环境法律知识，提高全民，特别是各级领导干部的环境意识和环境法律信仰，树立保护环境人人有责的社会风尚，提高群众的环保意识与守法观念，从而为西北地区生态环境建设建立深厚的群众基础。

5. 加大西北地区生态环保的法律监督力度

"如果说法治在法律调整机制中是把法律规范、法律关系和实现义务的活动等法律现象聚合起来的重要手段，那么法律监督则是使法治在法律调整各个阶段得到有力保证的重要法律措施,一个国家如果没有严格有力的法律监督,也就没有法治。"而法律监督的真正价值不是在于形式,而是在于力度。因此,在西北地区生态环境建设中,要大力加强环境法律监督,通过权力机关监督、行政机关监督、舆论监督、各政党和社会团体组织监督、人民群众监督、司法监督等形式,为推动我国经济可持续发展战略的实施和西北地区生态环境建设的顺利进行,提供重要的制度保障和舆论支持。

充分发挥三级生态环境质量监督管理机构的作用。《中华人民共和国环境保护法》第一章总则第 7 条明确规定:"国务院环境保护行政主管部门,对全国环境保护工作实行统一监督管理。县级以上地方人民政府环保行政主管部门对本辖区内的环保工作实施统一的监督管理,国家海洋行政主管部门、港务监督、渔政渔港监督、军队环境保护部门和各级公安、交通、铁道、民航管理部门,依照有关法律的规定对环境污染防治实施监督管理,县级以上人民政府的土地、矿产、林业、农业、水利行政主管部门,依照有关法律规定对资源的保护实施监督管理。"其中,环境保护部门对环境保护工作实施统一监督管理。国务院发布的《全国生态环境保护纲要》进一步明确了生态环境保护是环境保护的主体。确定环保部门工作职能为统一监督管理的原因在于环境保护涉及政府的所有部门,它牵涉到所有的人,是一个社会和自然共存的庞大生态系统工程。政府的许多主管部门的工作性质和职能,如计划、统计、外贸、农业、林业、水利、国土资源、海洋、气象、旅游和工业主管部门等,都和这个生态系统工程有着直接和间接的关系,都等于是这个生态系统工程的独立组成部门,要想整体运行良好,就必须进行统一监督管理,从而保障生态系统结构和功能的良性循环。

参 考 文 献

刘沛林. 2004. "十五"生态建设的重点应加强国家生态安全体系建设. 衡阳师范学院学报(社会科学版), 25(1): 1~5

曲格平. 2002. 关注生态安全之一: 生态环境问题已经成为国家安全的热门话题. 环境保护, 5: 3~5

崔胜辉, 洪华生, 黄云凤, 等. 2005. 生态安全研究进展. 生态学报, 25(4): 861~868

肖笃宁, 陈文波, 郭福良. 2002. 论生态安全的基本概念和研究内容. 应用生态学报, 13(3): 354~358

陈星, 周成虎. 2005. 生态安全国内外研究综述. 地理科学进展, 24(6): 8~20

刘丽梅. 2006. 生态安全的影响因素及建设对策研究. 内蒙古财经学院学报, 5: 31~34

杨京平. 2000. 生态安全的系统分析. 北京: 化学工业出版社

陈国阶. 2002. 论生态安全. 重庆环境科学, 24(3): 1~3

曲格平. 2002. 关注生态安全之三: 中国生态安全的战略重点和措施. 环境保护, 8: 3~5

岳淑芳, 邸利, 窦学诚, 等. 2005. 退耕还林还草是西北地区生态安全格局构建的主要途径. 草业科学, 22(6): 11~15

陈怀, 赵晓英. 2000. 西北地区不同类型区生态恢复的途径与措施. 草业科学, 17(5): 65~68

李转德. 2003. 西北地区生态环境现状与可持续发展对策. 甘肃环境研究与监测, 16(1): 19~22

唐克旺, 王研, 王芳, 等. 2002. 西北地区生态环境现状和演化规律研究. 干旱区地理, 25(2): 132~138

邵波, 陈兴鹏. 2005. 中国西北地区经济与生态环境协调发展现状研究. 干旱区地理, 28(1): 136~141

杨新民, 李玲燕. 2005. 西北地区生态环境存在问题与生态修复对策. 水土保持研究, 12(5): 98~106

兰维娟, 王俊, 毛鹏军. 2007. 西北地区生态环境问题与可持续发展探讨. 农机化研究, 10: 5~8

孟全省. 2000. 黄土高原生态环境建设的基本模式和保障. 宁夏农林科技, 5: 52~54

马宁, 张兴昌, 高照良. 2009. 黄土高原水土流失因素及生态建设的基本思路分析. 产业与科技论坛, 8(4): 129~133

白志礼, 穆养民, 李兴鑫. 2003. 黄土高原生态环境的特征与建设对策. 西北农业学报, 12(3): 1~4

刘平乐, 田翠萍, 孟立宁, 等. 2008. 论黄土高原地区淤地坝建设的重要性. 甘肃科技, 24(7): 6~8

刘平乐. 2006 论淤地坝建设在我省黄土高原地区的地位和作用. 甘肃科技, 22(4): 182~184

戴静, 王彬, 刘世海. 2007. 黄土高原地区生态淤地坝效益分析探讨——以延安地区为例. 水土保持研究, 14(5): 371~373

刘子峰. 2007. 黄土高原小流域坝系建设有关问题探讨. 山西水土保持科技, 2: 1~3

常欣, 程序, 何英彬, 等. 2004. 黄土高原水土保持与农业可持续发展工程技术措施及应用. 世界科技研究与发展, 12: 69~76

王旭明. 2007. 黄土高原发展现代农业的基础工程——梯田绩效分析. 宁夏党校学报, 9(5): 75~78

张慧芳. 2007. 黄土高原沟区水土保持生态建设关键技术. 山西科技, 2: 139~140

聂向东, 李海波. 2008. 加快三北防护林建设的步伐——对榆林三北防护林工程建设现状、问题及对策的分析. 中国林业, 11A: 42

鲁塞琴. 2009. 黄土高原水土流失治理的对策与措施. 产业与科技论坛, 8(8): 107~112

高照良, 李永红, 徐佳, 等. 2009 黄土高原水土流失治理进展及其对策. 科技和产业, 9(10): 1~12

宋富强, 杨改河, 冯永忠. 2007. 黄土高原不同生态类型区退耕还林(草)综合效益评价指标体系构建研究. 干旱区农业研究, 25(3): 169~174

赖亚飞, 朱清科. 2009. 黄土高原丘陵沟壑区退耕还林(草)工程实施综合效益评价——以陕西省吴起县为例. 西北林学院学报, 24(3): 219~223

施万喜. 2009. 陇东黄土高原农业资源特点与农业可持续发展路径分析. 草业科学, 26(5): 116~122

朱创鑫, 肖清华, 张旺生. 2007. 黄土高原灌溉农业发展中的生态地质问题研究——以民和地区为例. 安徽农业科学, 35(35): 11540~11541

张民侠. 2009. 防治西北地区荒漠化, 促进社会可持续发展. 河北农业科学, 13(1): 52~56

佟艳, 樊良新. 2010. 我国西北地区荒漠化防治的对策浅析. 草业与畜牧, 3: 23~25

廖咏梅, 王琼. 2006. 我国西部地区土地荒漠化及其生态防治措施. 环境保护与可持续发展, (3): 44~47

马松尧, 王刚, 杨生茂. 2004. 西北地区荒漠化防治与生态恢复若干问题的探讨. 水土保持通报, 24(5): 105~108

中国工程院 "西北地区土地荒漠化与水土资源利用" 课题组. 2003. 西北地区土地荒漠化与水土资源利用——构建西北荒漠化地区的生产—生态安全保障体系. 水利规划与设计, 2: 1~6

陈梦熊. 2004. 西北干旱区荒漠化成因分析与防治对策. 国土资源科技管理, 6: 9~13

邓宣凯, 刘小杰. 2007. 浅谈构建土地荒漠化地区生产——生态安全保障体系. 科协论坛, 10: 72~73

段树萍, 斯庆高娃. 2008. 荒漠化地区植被治沙新技术应用研究. 内蒙古水利, 4: 79~80

闵庆文. 2004. 论西北地区的水资源安全: 问题与对策. 中国人口资源与环境, 14(1): 97~101

毛德华, 夏军, 黄友波. 2004. 西北地区水资源与生态环境问题及其形成机制分析. 自然灾害学报, 13(4): 55~61

贡力, 靳春玲. 2004. 西北地区生态环境建设和水资源可持续利用的若干问题. 中国沙漠, 24(4): 513~517

李元寿, 贾晓红, 鲁文元. 2006. 西北干旱区水资源利用中的生态环境问题及对策. 水土保持研究, 13(1): 217~220

耿艳辉, 闵庆文. 2004. 西北地区水土资源优化配置问题探讨. 水土保持研究, 11(3): 100~102

余涛. 2007. 西北地区水资源可持续发展对策研究. 甘肃科技, 23(11): 9~12

王恩鹏. 2006. 西北地区水资源现状与可持续利用对策的探讨. 云南地理环境研究, 18(1): 92~96

王兆华, 李立科, 赵二龙, 等. 2008. 西北地区水资源利用的问题与对策. 安徽农业科学, 36(10): 4202~

4204

任倩. 2007, 西北干旱区水资源可持续利用的流域管理浅析. 安徽农业科学, 35(32): 10427～10429

杨庶, 王江涛. 2008. 中国西北地区水资源的开发和利用. 干旱环境监测, 22(2): 106～111

朱显鹤, 郭旭新. 2005. 浅析西北地区水资源状况及发展对策. 杨凌职业技术学院学报, 4(4): 21～22

陈德华, 王贵玲, 陈玺, 等. 2009. 西北内陆盆地地下水资源可持续利用战略分析. 南水北调与水利科技, 7(3): 71～73

李亚民, 郝爱兵, 罗跃初, 等. 2009. 西北内流盆地地下水资源开发利用的问题及其对策研究. 资源与产业, 11(6): 48～54

王志强, 韩文峰, 谌文武, 等. 2008. 地下水库是西北地区水资源有效利用的重要方式. 甘肃水利水电技术, 44(4): 232～235

王文瑞, 南忠仁. 2004. 西北干旱内陆区废水利用与生态环境建设. 干旱区资源与环境, 18(8): 143～148

张文莉, 魏东洋. 2005. 解决西北干旱地区缺水与水体污染的有效途径——污水资源化. 甘肃科技纵横, 34(3): 14～15

张军驰, 张祖庆. 2008. 西北地区水环境安全面临的挑战和对策. 中国环境管理干部学院学报, 18(4): 44～47

王世金, 何元庆, 赵成章. 2008. 西北内陆河流域水资源优化配置与可持续利用——以石羊河流域民勤县为例. 水土保持研究, 15(5): 22～26

李锋瑞. 2008. 西北干旱区流域水资源管理研究. 冰川冻土, 30(1): 12～19

沈清林, 苏中原, 李宗礼. 2005. 西北干旱内陆河流域生态安全保障体系建设初步研究——以石羊河流域为例. 中国水利, 21: 20～23

陶明娟. 2006. 西北半干旱区城市可持续发展状况动态分析——以兰州市为例. 淮海工学院学报(自然科学版), 15(4): 76～79

马远, 龚新蜀. 2009. 基于可持续发展的西北地区城市生态系统安全研究. 科学管理研究, 27(6): 105～109

史素珍. 2006. 论西北地区城市绿化和生态环境建设. 安徽农业科学, 34(20): 5318～5321

曹萍, 朱志玲. 2002. 浅谈西北地区城市自然生态环境问题——以银川市为例. 水土保持研究, 9(3): 196～198

方创琳, 黄金川, 步伟娜. 2004. 西北干旱区水资源约束下城市化过程及生态效应研究的理论探讨. 干旱区地理, 27(1): 1～7

薛翔燕. 2007. 兰州生态城市建设的现状与对策探讨. 甘肃科技, 23(12): 6～8

李育冬, 原新. 2007. 生态城市建设与中国西北地区的可持续发展. 北京师范大学学报(社会科学版), 5: 138～144

谢天成, 谢正观. 2006. 西北干旱区城市生态环境规划研究——以内蒙古巴彦浩特为例. 内蒙古环境保护, 18(2): 43～50

张玉, 李灵. 2007. 西北生态脆弱区城市绿化及关键技术. 榆林学院学报, 17(6): 10～12

韩志文, 白永平. 2009. 水资源短缺背景下西北干旱区城市可持续发展研究——以甘肃省武威市为例. 开发研究, 5: 34～36

李蓓蓓. 2006. 西安生态城市建设研究. 商场现代化, 9: 191～192

康志雄. 2009. 关于构筑森林生态安全保障体系的思考. 浙江林业, 10: 32～34

段显明. 2001. 加强生态林业建设保障鄱阳湖区生态安全. 中国生态农业学报, 9(3): 45～47

黄莉莉, 米锋, 孙丰军. 2009. 森林生态安全评价初探. 林业经济, 12: 64～68

徐晓燕, 赵文治. 2006. 西北地区生态环境与植被恢复重建问题探析. 陕西林业科技, 4: 51～56

任兰增. 2003. 新疆森林的生态安全保障作用与建设. 新疆林业, 6: 8

杨学武, 姬兴洲. 2003. 河西地区生态安全建设与对策. 甘肃林业科技, 28(2): 31～34

白峰. 2010. 浅析我国西北干旱地区抗旱造林技术. 科技致富向导, 2: 92～93

姚顺波. 2005. 我国西北地区生态林业发展政策研究. 中国生态农业学报, 13(1): 170～172

金磊. 2001. 西部生态安全建设科学决策浅议. 国家行政学院学报, 2: 63～65

吴晓青, 洪尚群, 杨朝飞. 2003. 生态建设的政策保障. 云南环境科学, 22(2): 1～4

赵鑫. 2003. 黑龙江省生态省建设政策保障体系. 东北林业大学学报, 31(5): 56～58

陈振发. 2007. 生态省建设保障体系的探讨. 环境与可持续发展, 4: 1～4

张平, 陈国生. 2005. 论生态安全建设的教育保障. 湖南师范大学教育科学学报, 4(1): 83～86

王印堂. 2003. 生态教育与西北的生态环境. 青海民族研究, 14(4): 85～87

王小军, 魏金平. 2008. 甘南生态环境保护的保障机制研究. 甘肃科技, 24(3): 7～8

胡鞍钢. 2010. 关于设立国家生态安全保障基金的建议——以青海三江源地区为例. 攀登, 29(1): 2～5

安锦. 2010. 推进西部地区生态环境保护的财税政策研究. 中国乡镇企业会计, 5: 43～44

白羽飞, 屈晓明. 2007. 我国生态环境保护的财税政策研究. 环境保护, 20: 53～55

李琦, 韩冰. 2007. 东北地区生态经济建设的财税政策探究. 税务与经济, 6: 103～106

张敬一, 范纯增. 2008. 生态经济效益呼唤激励型税收政策. 生态经济, 11: 90～93

谢晶莹. 2008. 建立生态补偿机制: 推进生态建设的制度保障. 环渤海经济瞭望, 7: 29～31

刘明远. 2006. 西部生态建设补偿机制、配套政策与制度安排. 北方经济, 3: 35～37

张桥飞, 秦迪, 张庆龙. 2007. 我国西部生态环境建设的路径研究——从法律保障的视角探讨. 西部资源, 2: 34～36

周珂, 王权典, 陈特. 2002. 我国西部生态安全的法制保障. 中国人民大学学报, 4: 98～106

陈国生. 2003. 论我国生态安全建设的法律保障. 南华大学学报(社会科学版), 4(3): 75～81

李艳芳. 2004. 我国生态安全的现状与法律保障. 法商研究, 2: 69～74

彩　图

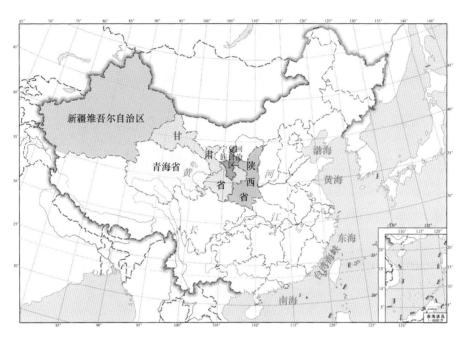

图 1.1　西北地区位置

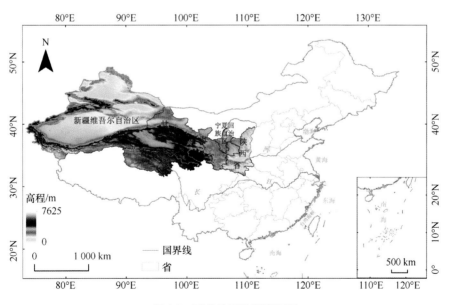

图 1.2　西北地区地形高程图

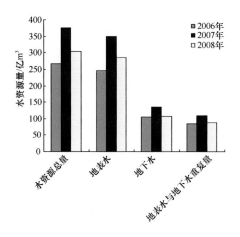

图 4.1　陕西省水资源量变化

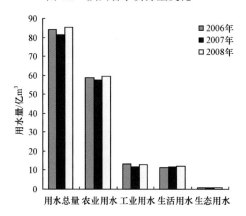

图 4.2　陕西各行业用水变化

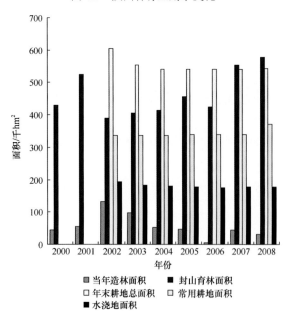

图 4.23　耕地、造林面积变化

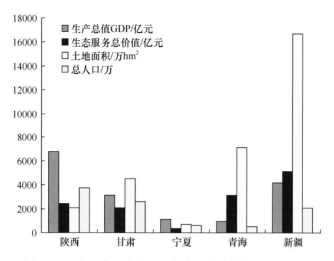

图 5.7　西北五省（自治区）生态服务总价值和土地面积

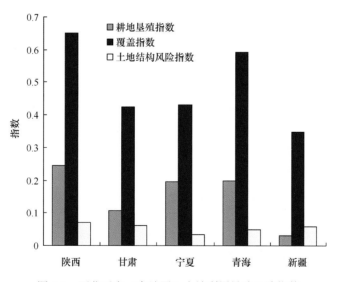

图 5.8　西北五省（自治区）土地利用垦殖风险指数

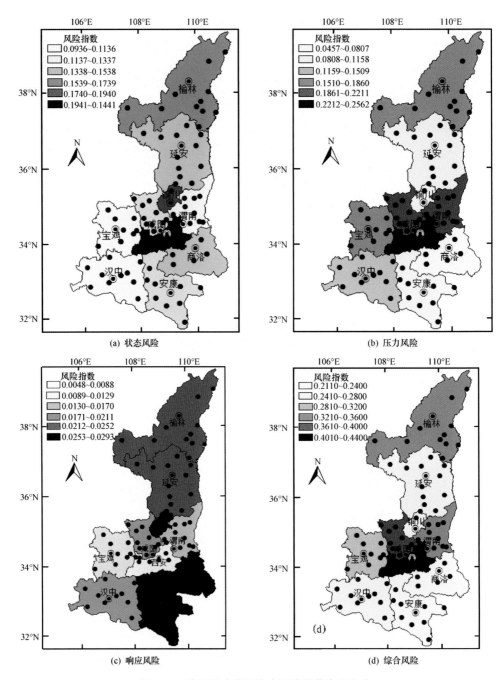

图 5.11　陕西省水资源生态风险指数空间分布